building conversion & renovation

building conversion & renovation

AUTHOR
Arian Mostaedi

PUBLISHERS
Carles Broto & Josep Mª Minguet

EDITORIAL TEAM
Editorial Coordinator: Jacobo Krauel, Joan Fontbernat
Architectural Adviser: Pilar Chueca
Graphic Design & Production: Héctor Navarro
Text: Contributed by the architects, edited by Amber Ockrassa and Jacobo Krauel
Spanish Translation: Francesc Rovira

Cover photograph: © Ulrich Schwarz

© All languages (except Spanish language)
Carles Broto i Comerma
Ausias Marc 20, 4-2. 08010 Barcelona, Spain
Tel.: +34-93-301 21 99 · Fax: +34-93-302 67 97
www.linksbooks.net · info@linksbooks.net

© Spanish language
Instituto Monsa de Ediciones, SA
Gravina, 43. 08930 Sant Adrià de Besòs. Barcelona, Spain
Tel.: +34-93-381 00 50 · Fax: +34-93-381 00 93
www.monsa.com · monsa@monsa.com

ISBN English edition: 84-89861-91-9
ISBN Spanish edition: 84-95275-98-8
D.L.: B-2481-03

Printed by FILABO, S.A. Barcelona, Spain

Está prohibida la reproducción total o parcial de este libro, su recopilación en un sistema informático, su transmisión en cualquier forma o medida, ya sea electrónica, mecánica, por fotocopia, registro o bien por otros medios, sin el previo permiso y por escrito de los titulares del Copyright.

No part of this publication may be reproduced, stored in retrieval system or transmitted in any form or means, electronic, mechanical, photocopying, recording or otherwise, without the prior written consent of the owner of the Copyright.

building conversion & renovation

Architectural

Design

8   Introduction

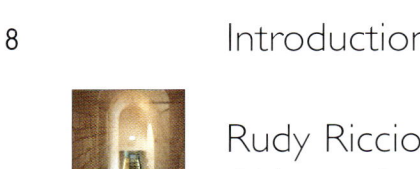
10 Rudy Ricciotti
    Abbaye de Montmajour

18 Ignacio Mendaro Corsini
    Centro Cultural Templo de San Marcos & Archivo Municipal de Toledo

28 de Architectengroep (Bjarne Mastenbroek)
    Conversion and Extension of a Culture Education Center

38 Guido Canali
    Antico Mulino del Maglio

50 Günther Domenig
    Centre of Documentation Reichsparteitagsgelaende Nuremberg

62 Manuel de las Casas
    Instituto Hispano-Luso "Rei Alfonso Henriques"

76 Benoîte Doazan & Stéphane Hirschberger, architectes
    Rénovation du Marché Couvert

88 de Architectengroep (Dick van Gameren & Bjarne Mastenbroek)
    Apartments in a sewage plant

96 Jean Nouvel
    Gasometer A

106 Stéphane Beel & Lieven Achtergael
    Conversion of the Tack Tower into an Arts Production Center

114 Roberto Luna / Arata Isozaki
    CaixaForum

126 Klaus Block Architekt
    St. Mary's Church Conversion and Library

134		**Hendrik Vermoortel / Rita Huys / Buro II / Buro I** Buro II & Buro I Offices
142		**Renzo Piano Building Workshop** Lingotto Factory Conversion
150		**Josep Benedito & Agustí Mateos** Casa Llojta de Mar
158		**Gabetti & Isola, Fusari** Restoration of the Former "Ceramiche Titano" Building
168		**Markus Wespi & Jérôme de Meuron** House in Flawil
176		**Crone Nation Architects** Establishment Hotel
182		**Prof. Jürg Steiner** The Cocking Plant / Exhibition space
190		**Jahn Associates Architects** Grant House
202		**Correa + Estévez, arquitectos** (Maribel Correa y Diego Estévez) Rehabilitación del Instituto "Cabrera Pinto" como centro museístico y cultural
212		**Jean-Paul Philippon** Musée d'Art et d'Industrie
220		**schneider + schumacher** Memorial "Soviet Special Camp Nr.7/Nr.1. in Sachsenhausen"
230		**Paulo Mendes Da Rocha** Pinacoteca do Estado

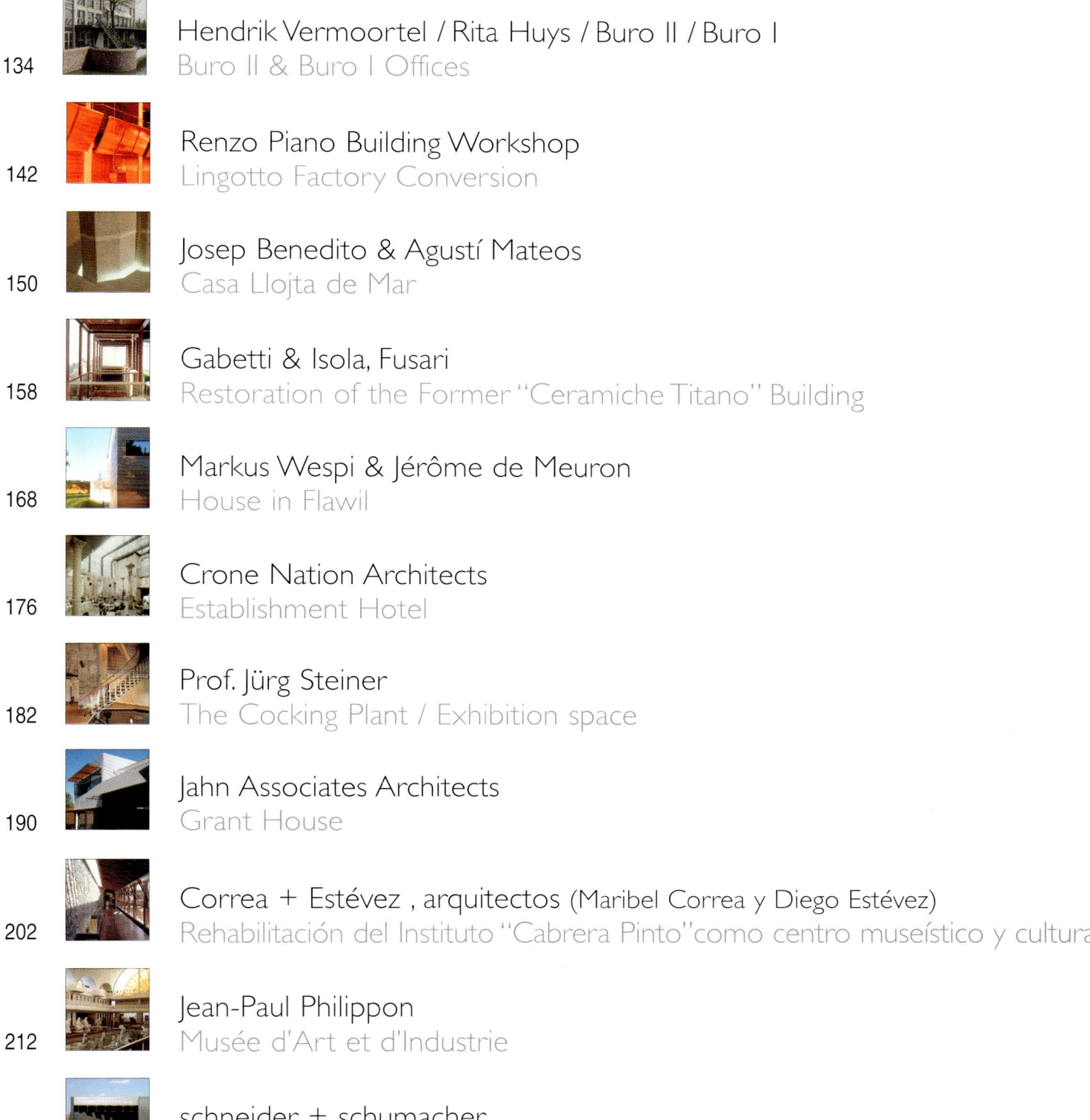

INTRODUCTION

When the pace of daily life and innovations in the world around us seem to be accelerating beyond our control, we yearn for some reminder of our continuity with the past – something, perhaps, to slow us down. Hence, a rekindled interest in the value of historical buildings as monuments to bygone eras.

Given their historical and aesthetic importance, the successful conversion of old buildings does, however, require some constraint. On the one hand is the architect's natural desire to start anew and give free rein to the imagination – in short, to show off a bit; and on the other is the need to safeguard historically significant buildings or simply let the poignant beauty of the old speak for itself. Where does restoration and conversion end, and mere meddling begin? Ideally, converting old structures to new uses involves delving into the past, not to rewrite history, but rather to breathe new life into it.

Each of the projects found on the following pages was selected for having successfully found that difficult middle ground between personal expression and respect for the past; at once highlighting the best in an old structure and bringing it up to modern standards with the addition of new elements and functions.

Cuando el ritmo de vida y las innovaciones del mundo moderno parecen acelerarse y escapar de nuestro control, suspiramos por algún recuerdo que nos muestre nuestra continuidad con el pasado: algo, quizás, que nos ayude a frenar. Así, se retoma un cierto interés por los edificios históricos, como ocurrió con los monumentos para las civilizaciones pasadas.

Debido a su importancia histórica y estética, el éxito de la reconversión de los edificios antiguos siempre va acompañado de diversas limitaciones. Por un lado está el deseo natural del arquitecto por empezar de nuevo y darle rienda suelta a la imaginación, o sea para lucirse un poco; y por el otro está la necesidad de salvaguardar los edificios históricos significativos, dejando simplemente que la profunda belleza de lo antiguo hable por si sola.

¿Dónde acaba la restauración y la reconversión, y dónde empieza la pura intromisión? En principio, cambiar los usos de las viejas estructuras significa ahondar en el pasado, no para rescribir la historia, sino más bien para darle un nuevo balón de oxígeno.

Cada uno de los proyectos presentados en este libro se ha seleccionado por su acierto a la hora de encontrar ese punto medio entre la expresión personal y el respeto por el pasado; enfatizando lo mejor de una estructura antigua y llevándola al mismo tiempo hasta los cánones modernos con la adición de nuevos elementos y funciones.

Rudy Ricciotti

Abbaye de Montmajour

Arles, France   Photographs: Seige Demailly

The project for the creation of a visitor's center within the vaulted cellars of the 10th century Benedictine Abbaye de Montmajour was won in competition. As these Romanesque ruins are cherished for their considerable historic, aesthetic and architectural appeal, the basic idea behind the winning scheme was to respect the original monolithic structure as much as possible, creating a sort of stage set. Thus, the visitors' center acquires a transitory feel, as opposed to the timelessness of the surrounding structure.

The design team also chose to highlight the difference between the new and the old – present and past. This dichotomy is seen in details such as the blue glow emanating from fiber-optic tubes placed inside the water conduits, which are carved into the stone walls of the main hall, or in the colored and illuminated modules housing the lavatories inside a vaulted stone chamber. The initial work consisted of cleaning the stone and recuperating openings which had long since fallen into a state of disrepair. The new underground entrance, now fitted with wide expanses of clear glass, passes beneath an elevated steel and glass walkway – steel for the necessary structure and as much glass as possible for creating unobstructed views of the building. The walkway, which is supported by a series of single columns and detached from the side walls, continues toward the exterior, where it becomes a glass encased bridge. Of the two rectangular chambers with sloping floors comprising the visitors' center, the largest houses the entrance hall. Here, a highly impermanent and simply-designed ticket booth has been devised to contrast with the vaulted stone ceilings.

A reception desk of green polyester glass resin runs almost the entire length of one wall and, like the floating concrete slab, follows the slope of the original floor. This polished, black concrete flooring, which was poured in situ, is subtly illuminated around the edges by light fixtures placed just below the line of vision.

El proyecto para la creación de un centro de información al visitante en los sótanos abovedados de la abadía benedictina de Montmajour, del s. x, fue elegido por concurso. Teniendo en cuenta el enorme atractivo histórico, estético y arquitectónico de estas ruinas románicas, la idea básica del proyecto ganador consistía en respetar al máximo la estructura monolítica original y disponer algo así como una puesta en escena. Así, el centro de información al visitante transmite una imagen de fugacidad en contraste con la atemporalidad de la estructura que lo rodea.

El equipo encargado del proyecto decidió, además, subrayar las diferencias entre lo viejo y lo nuevo, entre el pasado y el presente. Esta dicotomía puede apreciarse en algunos detalles, como en la luz azul incandescente que emana de unos tubos de fibra óptica situados en el interior de los conductos de agua, excavados en los muros de piedra del vestíbulo principal, o en los módulos de color iluminados que alojan los servicios dentro de una cámara abovedada.

La primera tarea consistió en limpiar la piedra y recuperar las aberturas, deterioradas desde tiempo atrás. La nueva entrada subterránea, ahora provista de grandes paneles de vidrio claro, pasa por debajo de una pasarela elevada en acero y vidrio, para la que se ha empleado el mínimo acero necesario para la estructura y tanto vidrio como ha sido posible en el resto para no obstaculizar la visión del edificio. Esta pasarela, sostenida por una serie de columnas y separada de los muros laterales, continúa hacia el exterior, transformándose en un puente encajonado en vidrio.

La mayor de las dos cámaras rectangulares de suelo inclinado aloja el vestíbulo de entrada, donde se ha dispuesto una taquilla efímera y sencilla que contrasta con los techos de piedra abovedados.

A lo largo de casi toda la longitud de uno de los muros se ha dispuesto un mostrador de vidrio de resina de poliéster verde que sigue la inclinación del suelo original, al igual que la losa de hormigón flotante. Este suelo pulido y negro de hormigón moldeado in situ está suavemente iluminado desde sus bordes mediante elementos fijos de iluminación situados justo por debajo de la línea de visión.

The polished black concrete floor slab was poured *in situ* and follows the slope of the original floor. Light fixtures are concealed just beyond the sight line along the edges of the slab, creating elegant and subtle lighting effects. An impermanent ticket booth creates a deliberate contrast with the magnificent vaulted stone ceilings.

La losa de hormigón para el suelo, negra y pulida, se moldeó in situ y sigue la inclinación del suelo original. Unos elementos fijos de iluminación situados justo por debajo de la línea de visión, a lo largo de los bordes de la losa, conforman una iluminación elegante y sutil. Se ha dispuesto una taquilla efímera como contrapunto de los magníficos techos de piedra abovedados.

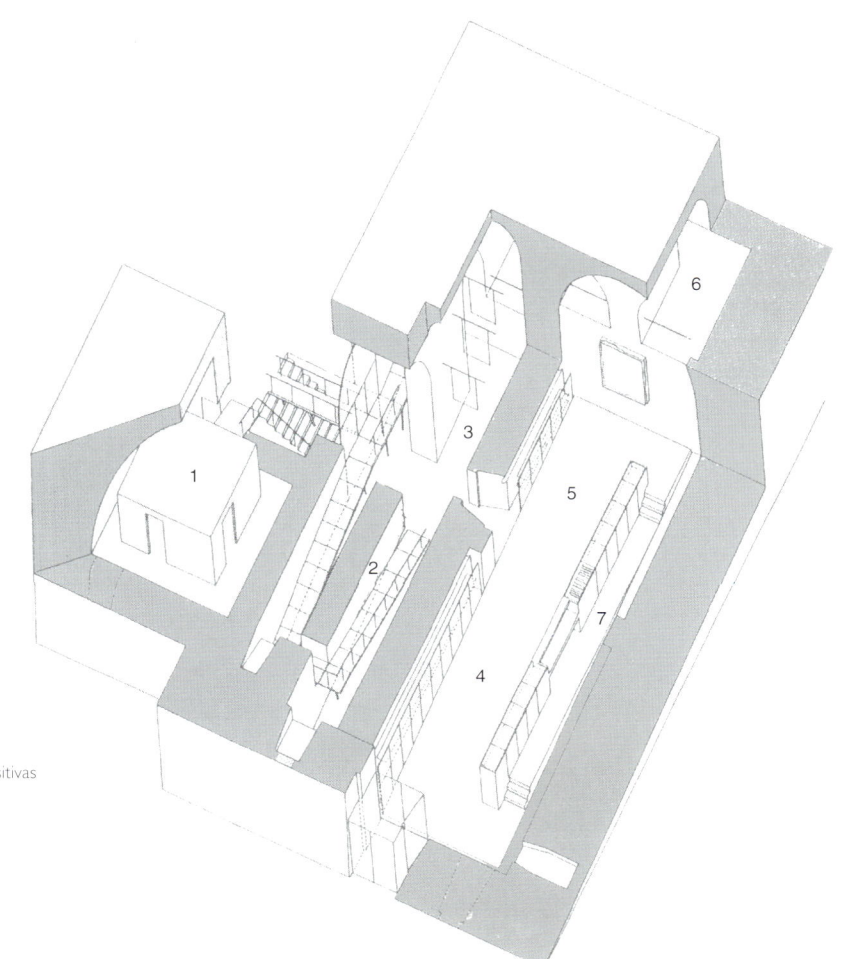

Axonometric view / Axonometría

1. Bathrooms / Baños
2. Walkway / Pasarela
3. Slide projection / Proyección de diapositivas
4. Reception space / Recepción
5. Shop / Tienda
6. Storage area / Almacén
7. Ticket desk / Mostrador

Fiber-optic cables, placed inside the water conduits, which are carved into the ancient cellar's stone walls, are another example of the deliberate dichotomy between the old and the new. The low, 15-meter-long desk running almost the entire length of one of the entrance hall's side walls is of green polyester glass resin.

Los tubos de fibra óptica dispuestos en el interior de los conductos de agua, excavados en los muros de piedra de estos sótanos antiguos, son otro ejemplo del contraste que se ha querido establecer entre lo nuevo y lo viejo. El mostrador bajo, de quince metros de longitud, que se prolonga casi por completo a lo largo de uno de los muros laterales del vestíbulo de entrada, está fabricado con vidrio de resina de poliéster verde.

General floor plan / Plano general

1. Entrance / Entrada
2. Bathrooms / Baños
3. Reception hall / Recepción
4. Shop / Tienda
5. Walkway / Pasarela
6. Ticket desk / Mostrador

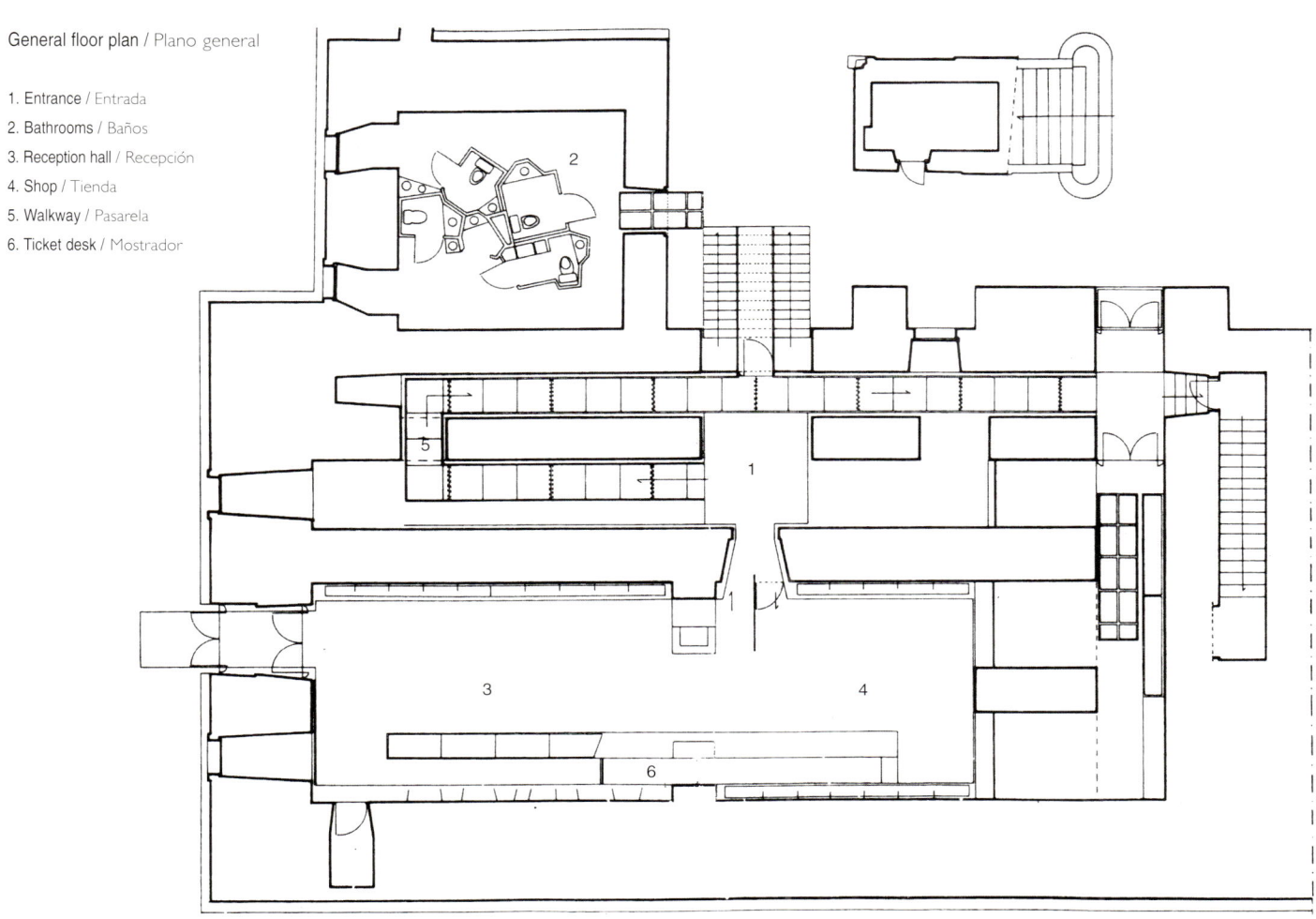

Walkway construction detail / Detalle constructivo de la pasarela

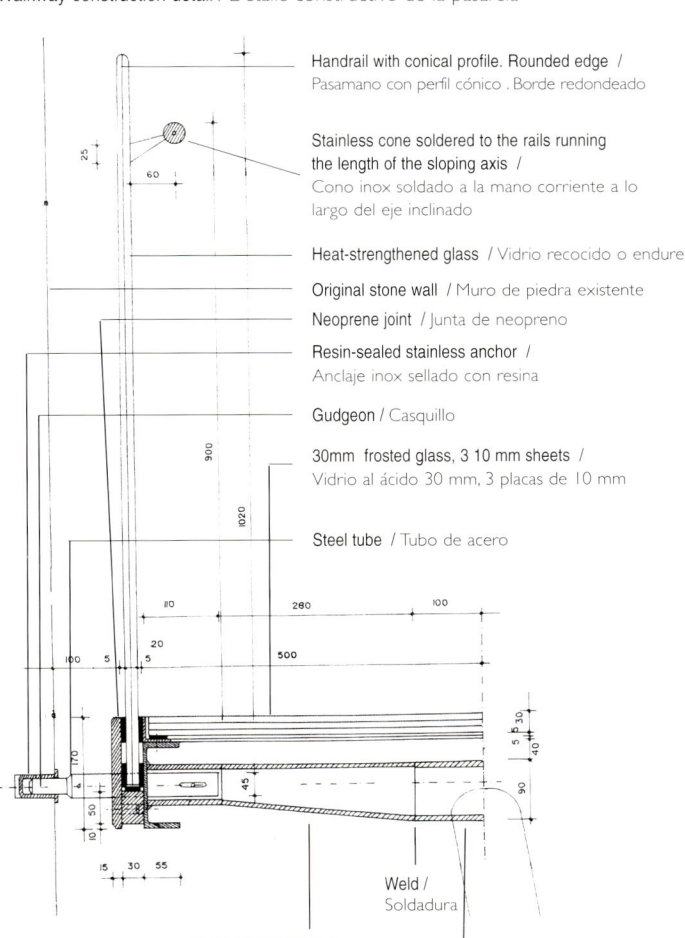

Handrail with conical profile. Rounded edge / Pasamano con perfil cónico. Borde redondeado

Stainless cone soldered to the rails running the length of the sloping axis / Cono inox soldado a la mano corriente a lo largo del eje inclinado

Heat-strengthened glass / Vidrio recocido o enduredico
Original stone wall / Muro de piedra existente
Neoprene joint / Junta de neopreno
Resin-sealed stainless anchor / Anclaje inox sellado con resina
Gudgeon / Casquillo
30mm frosted glass, 3 10 mm sheets / Vidrio al ácido 30 mm, 3 placas de 10 mm
Steel tube / Tubo de acero

Weld / Soldadura
8 mm folded sheet / Chapa plegada de 8 mm
83.9 e.8, L200 black steel tube / Tubo de acero negro Ø83,9 e.8, L 200

Ignacio Mendaro Corsini

Centro Cultural Templo de San Marcos & Archivo Municipal de Toledo

Toledo, Spain   Photographs: Lluís Casals

The project was made up of three clear and distinct, yet interconnected, parts. The first was the consolidation of the church ruins to keep it from collapsing, the second was its rehabilitation and adaptation for its new use as a cultural center and the third was the adding on of a new floor to house the Municipal Archives of Toledo. Each phase had to be linked to the others, forming part of the whole with the creation of private patios and a public square.

When building the Municipal Archives, which was to occupy part of the plot where the old convent once stood, the architects took on the commitment to reconstruct an urban fabric whose public face was the most architecturally degraded portion of the complex of buildings.

An immense plinth-like wall was built which follows the foundation lines of the old convent and which brings out the true dignity of the existing building: the monumental volumetry of the church with its lateral naves and sacristy.

The strength of wall engineering, so commonplace and deeply rooted in our cities, was sought. The wall was built of concrete and, in spite of the voices raised against a project of such characteristics in a historically significant city, the design scheme refers precisely to the timelessness of this material which the Romans and Arabs used long ago and which is still in current usage. Large voids were opened up in this wall which, in their own way, further highlight the transparency of the inner patios.

Special care was taken with the planks of the formwork, which is, in places, done with thick steel plates, placed in a seemingly random formation, creating voids and lamps.

During the course of the work, the discovery of archaeological remains obliged changes in the design scheme, thereby turning a problem into the project's virtue – the remains of the past now live alongside the new architecture. Thus, the entranceway via the archaeological remains has been given a minimalist treatment in the effort to give a natural response to a cultural requirement; modifications have been made to the Archives whenever a Roman furnace or Arabian well was found. Far from covering them up, they have been put on display, adjusting forms, lighting and architectonic resources accordingly.

El proyecto presenta tres actuaciones claras y distintas enlazadas entre sí: la primera consistente en la consolidación de la ruina de la iglesia para evitar su derrumbe, la segunda en su rehabilitación para adecuarla a su nuevo uso como Centro Cultural, y la tercera, de nueva planta, para albergar el Archivo Municipal de Toledo. Todas estas actuaciones debían estar encadenadas, formando parte de un conjunto con la configuración de patios privados y la plaza pública.

Cuando se afrontó la construcción del Archivo Municipal, en el exterior y ocupando parte del solar del antiguo convento, los arquitectos entendieron que el compromiso era la reconstrucción de un tejido urbano cuya imagen inmediata era la peor muestra de la arquitectura del primitivo convento, y que respondía a un corte traumático que nunca fue pensado para tener esa imagen lejana.

Con un gesto claro y siguiendo las trazas del antiguo claustro, se configuró un inmenso muro que, a modo de gran zócalo, pone en valoración lo realmente digno del edificio primitivo: la monumental volumetría de la iglesia con sus naves laterales y la sacristía.

Se buscó la potencia de una arquitectura muraria, tan común y tan arraigada en las tramas de nuestras ciudades. El muro se construyó en hormigón y, a pesar de que salieron voces en contra de una actuación de este tipo en una ciudad patrimonio de la humanidad, ésta responde precisamente a la intemporalidad de este material que ya utilizaron los romanos y los árabes y que hoy en día sigue siendo actual. Se provocaron grandes huecos en este muro que, de forma distinta, ponen en valoración las transparencias de los patios interiores.

Se cuidó de forma especial la tabla de madera de los encofrados, y a veces el encofrado se realizó mediante elementos de gruesos chapones de acero que quedaron perdidos formando embocaduras de huecos y linternas.

En el transcurso de esta obra las circunstancias obligaron a realizar cambios en el proyecto debido a la aparición de restos arqueológicos. Así, convirtiendo el problema en la virtud del proyecto, los restos del pasado acaban conviviendo con la nueva arquitectura. De este modo, la entrada a través de los restos arqueológicos se hace ligera, intentando dar una respuesta natural a un requerimiento cultural. Por eso el Archivo se modifica cuando aparece un horno romano y un aljibe árabe, que lejos de taparse se descubren, justificando formas, luces y recursos arquitectónicos.

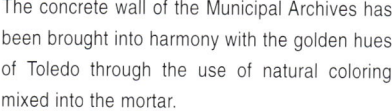

The concrete wall of the Municipal Archives has been brought into harmony with the golden hues of Toledo through the use of natural coloring mixed into the mortar.

El muro de hormigón del Archivo Municipal debía entonar con los dorados de Toledo, lo que se consiguió mediante la utilización de colorantes naturales embebidos en su masa.

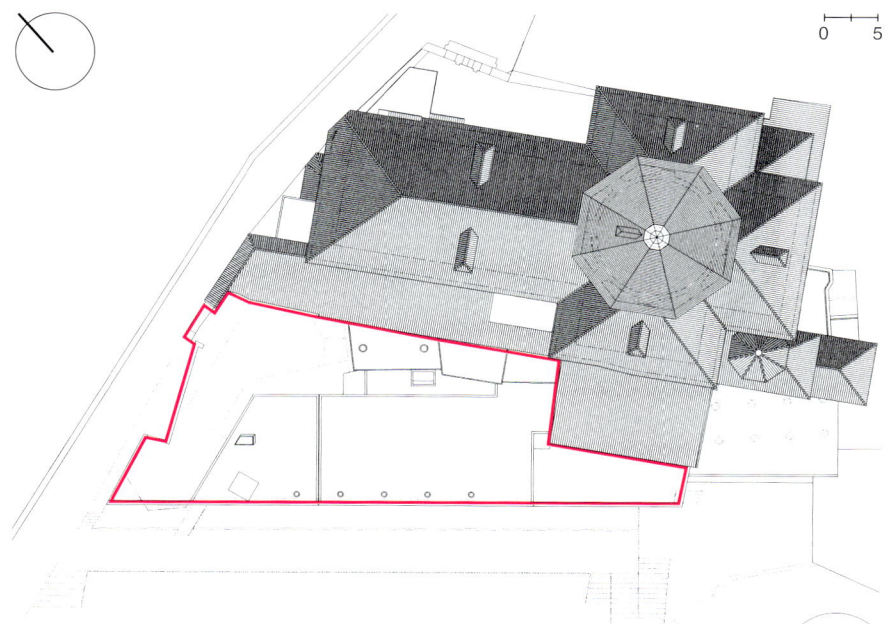

After punching large voids into the wall, subjective elements were recuperated for the new facade – elements which, while justified from the perspective of functional necessity, speak to us of surprise, transparency and variations of light and shade.

Al provocar grandes huecos en el muro se recuperaron para la nueva fachada elementos subjetivos que, justificados desde la necesidad funcional, nos hablan de sorpresa, transparencias y de claro-oscuros.

Roof floor plan / Planta cubierta

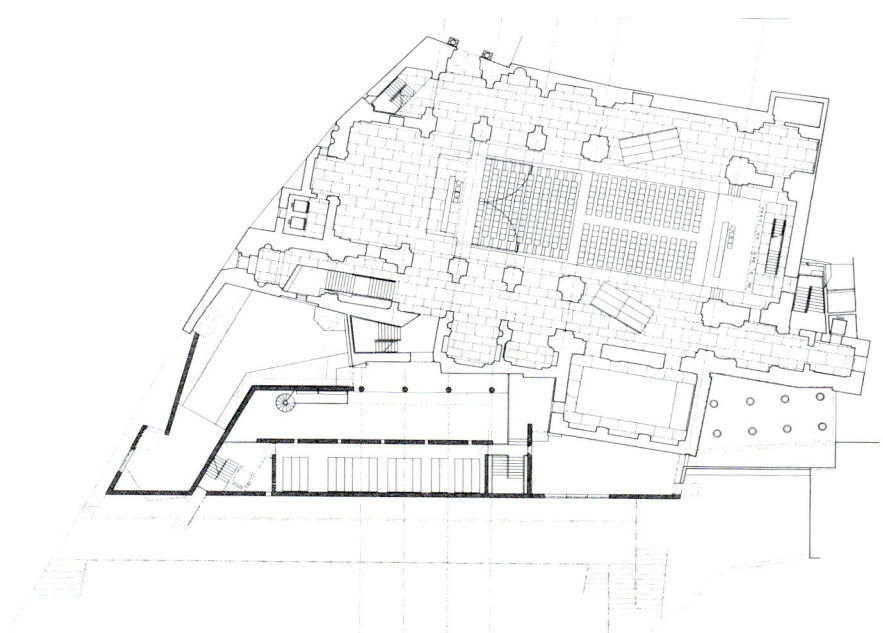

Ground floor plan / Planta baja

Basement floor plan / Planta sótano

South elevation / Alzado sur

0 5

Longitudinal section / Sección longitudinal

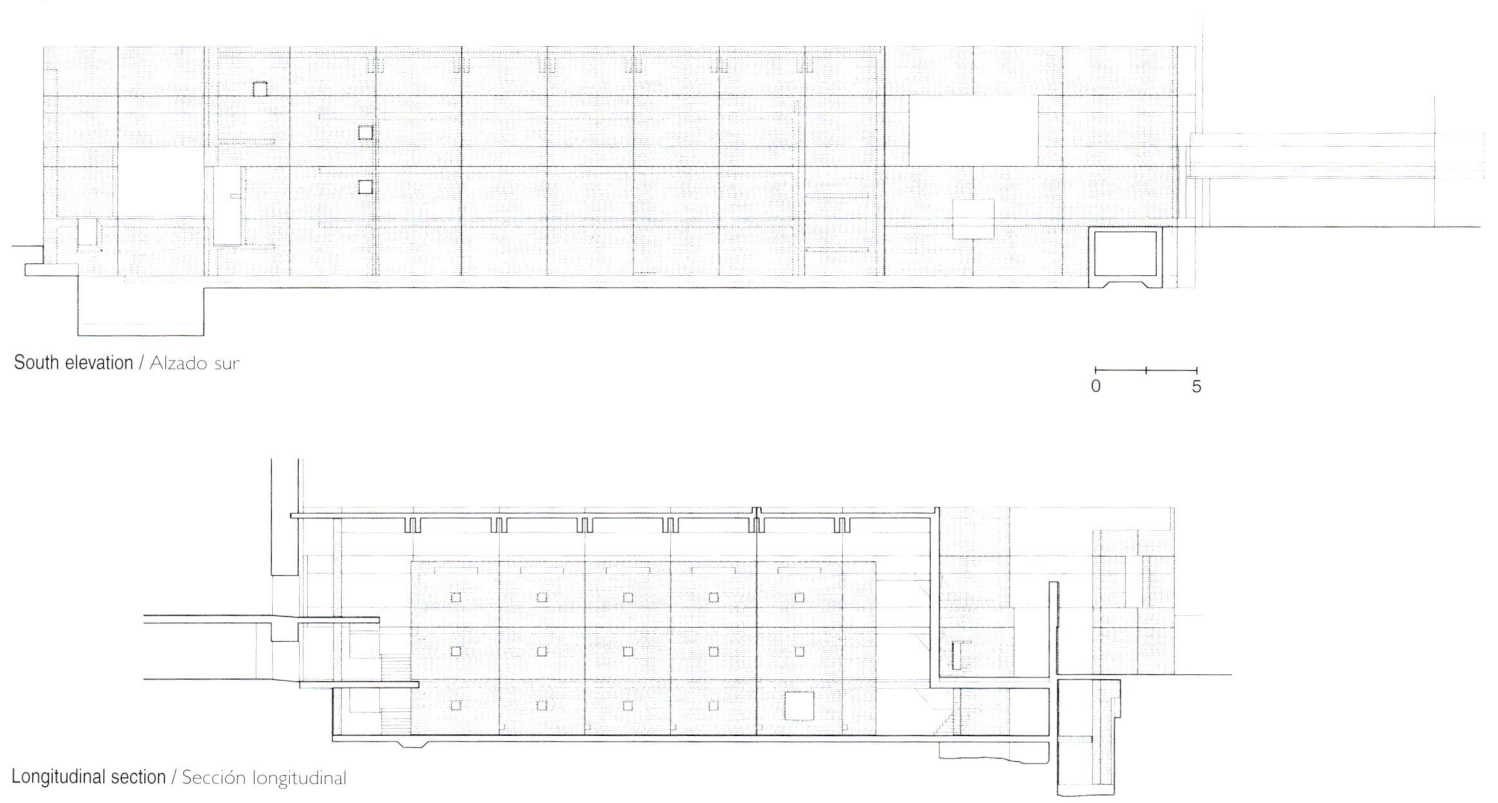

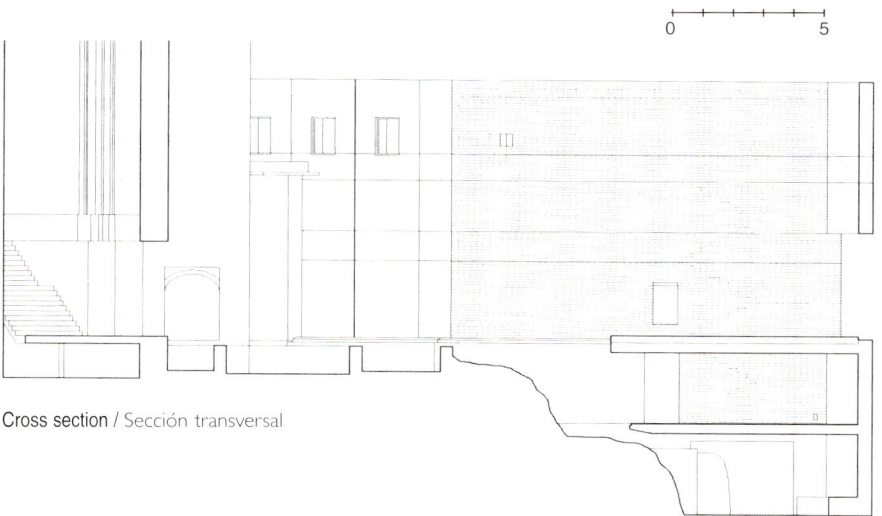

Cross section / Sección transversal

The discovery of archaeological remains obliged changes in certain aspects of the project. The architects, however, made use of this factor to allow the current stratum of Toledo's history to view the previous ones by letting the ruins live alongside the new architecture.

La aparición de restos arqueológicos obligó a cambiar algunos aspectos del proyecto.
A pesar de ello, los arquitectos aprovecharon este factor para que el último estrato de las capas de la historia de Toledo deje ver las anteriores, permtiendo así la convivencia de los restos con la nueva arquitectura.

de Architectengroep (Bjarne Mastenbroek)

Conversion and Extension of a Culture Education Center

Den Helder, The Netherlands   Photographs: Christian Richters

In spite of its apparent complexity, this is a surprisingly low-cost rehabilitation and extension of a former school building. Like a parasite, the new wing takes hold of the existing structure: the glazed facade of the new wing also wraps around and enfolds the long nave of the old school house and the bathroom units.

The extension is therefore extremely efficient in terms of overall floor space. All functions requiring different ceiling heights are situated on the first floor of the extension.

In this cold northern clime with short winter days, the maximizing of natural light was a central preoccupation in the extension. The entire ground floor elevation along the front of the building is glazed. Both floors of the two sides of the new wing are also completely glazed; while a sense of uniformity between the new and the old is achieved by continuing this glazing around the existing structure.

A series of smaller windows and skylights have been haphazardly punched into the various sloping planes of the new roof, creating interesting lighting effects in the interior during the day. Externally, these small windows serve to break up an otherwise imposing and bulky roof.

The new wing is covered by a steel construction with a traditional wood and bitumen roof, which is in turn covered by a skin of Western Red Cedar planking. This outer skin serves as a sort of elegant camouflage, while also shielding the front of the building from too much direct sunlight.

A pesar de su aparente complejidad, la rehabilitación y ampliación de esta antigua escuela resultaron extremadamente económicas. Como si de un parásito se tratara, la nueva ala del edificio se aprovecha de la estructura previamente existente; su fachada vidriada abraza y envuelve la nave alargada del viejo edificio escolar y sus lavabos. Gracias a esto, la ampliación resulta extremadamente eficiente en lo que se refiere a su superficie total de suelo. Todas las funciones que requerían diferentes alturas de techo se agruparon en la primera planta de la parte ampliada.

En el diseño de esta extensión, y debido al clima frío propio del norte, con cortos días de invierno, una de las principales inquietudes fue la maximización de la luz natural. La pared de la planta baja, a lo largo de toda la cara frontal del edificio, es vidriada, como lo están también las dos plantas de ambas caras de la nueva ala; prolongando este acristalamiento alrededor de la estructura existente se consigue transmitir una sensación de uniformidad entre la parte nueva y la parte vieja del edificio.

Sobre los planos inclinados de la nueva cubierta se han practicado, en azarosa disposición, una serie de pequeñas ventanas y tragaluces que producen interesantes efectos de luz durante el día. Desde el exterior, dichas ventanas suavizan una cubierta que, de otro modo, resultaría excesivamente imponente y voluminosa.

La nueva ala del edificio está constituida por una construcción en acero con una cubierta tradicional de madera y revestimiento de betún, a su vez recubierta por una piel de maderos de cedro rojo occidental. Esta piel externa actúa a modo de elegante camuflaje, protegiendo a la vez la parte frontal del edificio de un eventual exceso de luz solar directa.

The long nave and bathroom units of the original school house are the anchor around which the new project is wrapped. Three of the facades have been almost entirely glazed in order to bring in the maximum amount of natural light - a central theme in this project due to the cold northern clime.

La nave alargada y los lavabos de la antigua escuela constituyen el ancla alrededor de la cual se ha trabado el nuevo proyecto. Tres de las fachadas se han acristalado casi por completo para hacer penetrar al interior la mayor cantidad posible de luz natural, una inquietud básica del proyecto debido al clima gélido propio del norte.

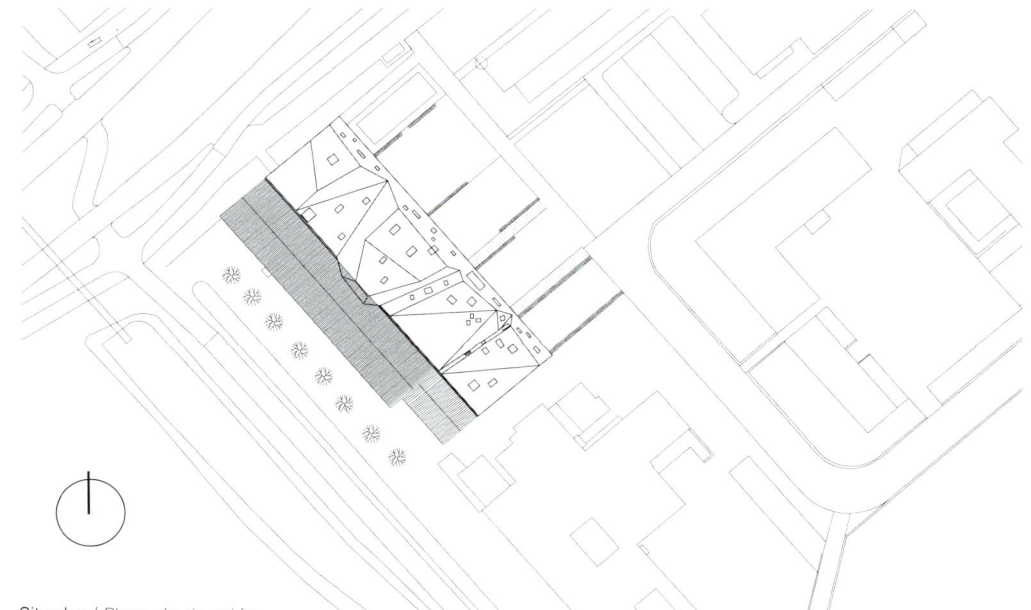

Site plan / Plano de situación

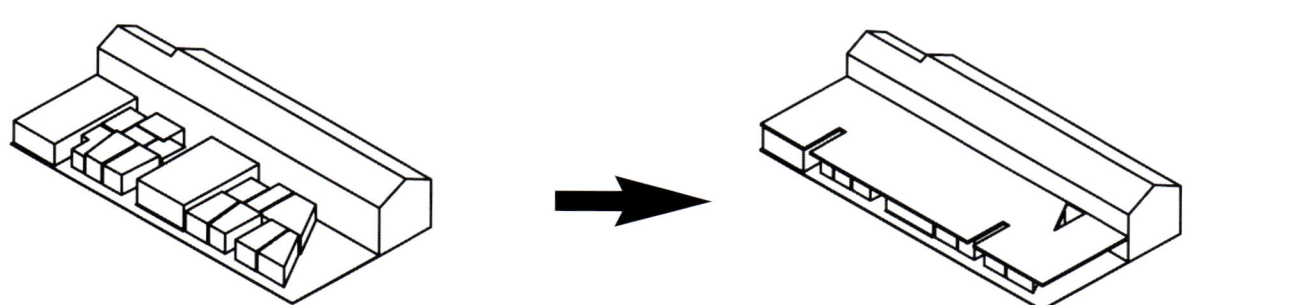

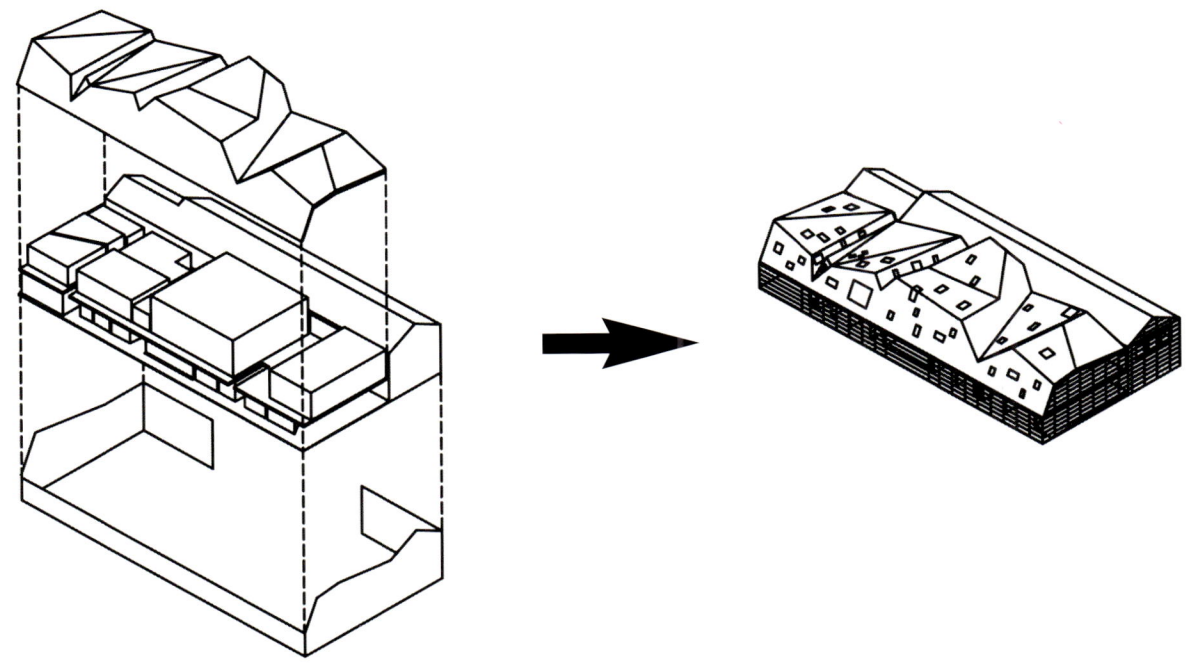

The new wing is covered by a steel construction with a traditional wood and bitumen roof, on top of which is a skin of Western Red Cedar wood planking, which serves as camouflage and heat insulation.

La nueva ala del edificio está constituida por una construcción en acero con una cubierta tradicional de madera y revestimiento de betún, a su vez recubierta por una piel de maderos de cedro rojo occidental que actúa como camuflaje y aislamiento térmico.

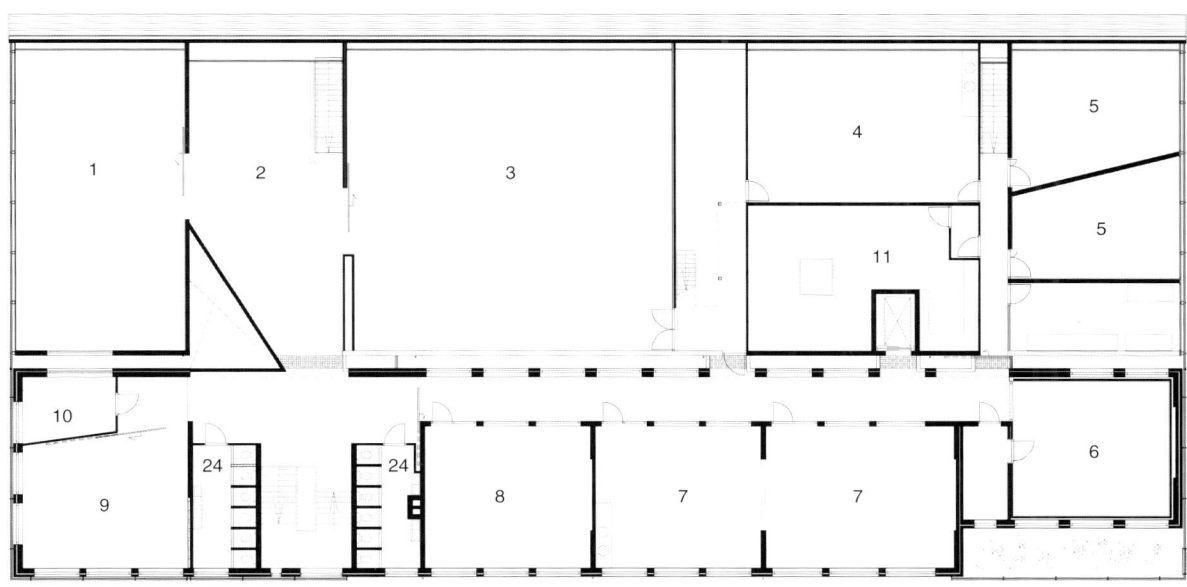

Upper floor plan / Planta alta

Ground floor plan / Planta baja

1. Rehearsal (piano room) / Sala de ensayo (Sala de piano)
2. Foyer / Vestíbulo
3. Conference/performance hall / Sala de actos
4. Photography studio / Estudio fotográfico
5. Music room / Sala de música
6. Soundproofed music room (drum room) / Sala de música insonorizada (Sala de batería)
7. Drawing room / Sala de dibujo
8. Storage room / Almacén
9. Meeting room / Sala de reuniones
10. Sound control room / Sala de control de sonido
11. Photo lab / Sala de revelado
12. Sculpture room / Sala de escultura
13. Pantry / Despensa
14. Dance room / Sala de danza
15. Assembly room / Montaje
16. Heating / Calderas
17. Audio-video / Audio-vídeo
18. Wardrobe / Guardarropa
19. Administration / Administración
20. Consulting / Asesoría
21. Coordination / Coordinación
22. Media archive / Mediateca
23. Sculpture storage / Almacén de esculturas
24. Bathroom / Baño

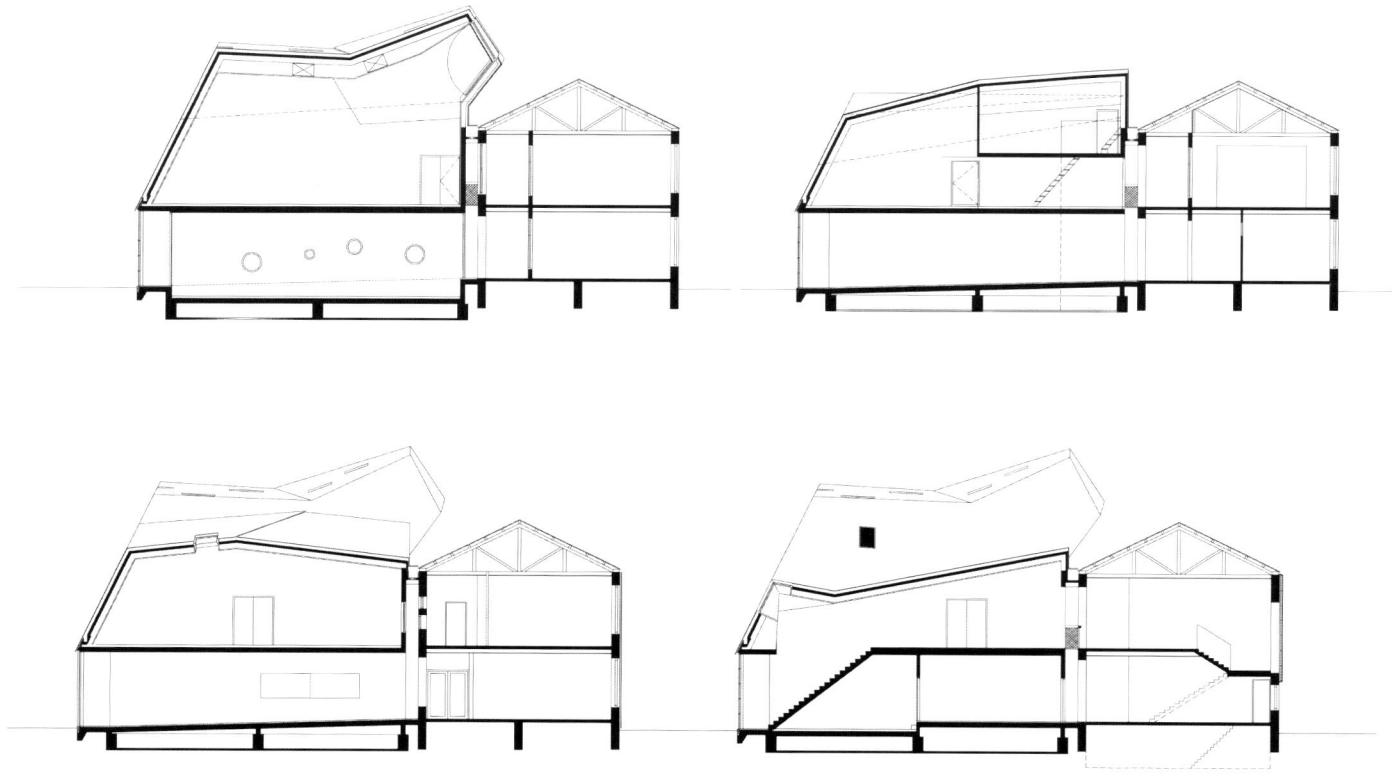
Cross sections / Secciones transversales

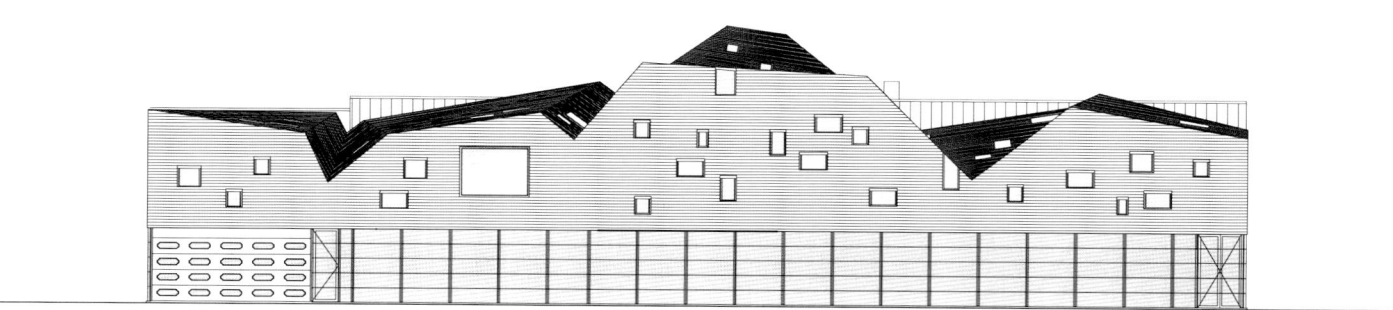
Main facade / Fachada principal

Back facade / Fachada posterior

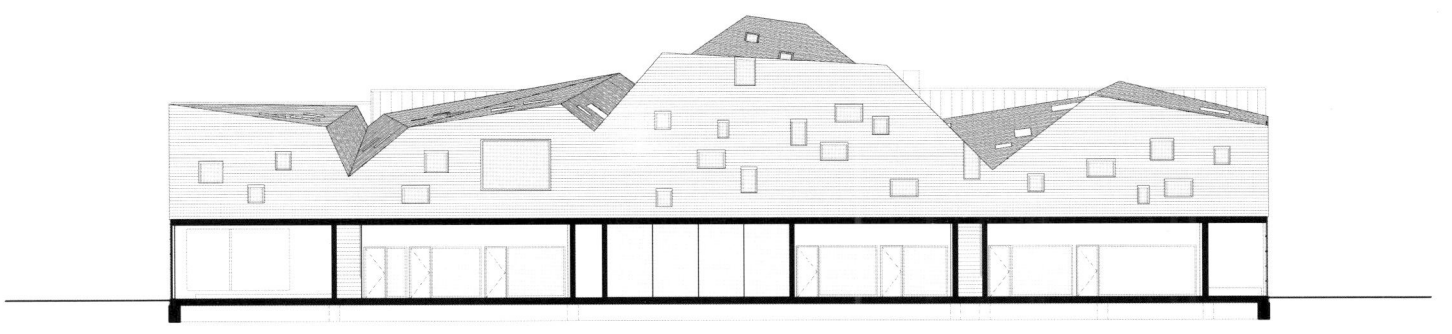
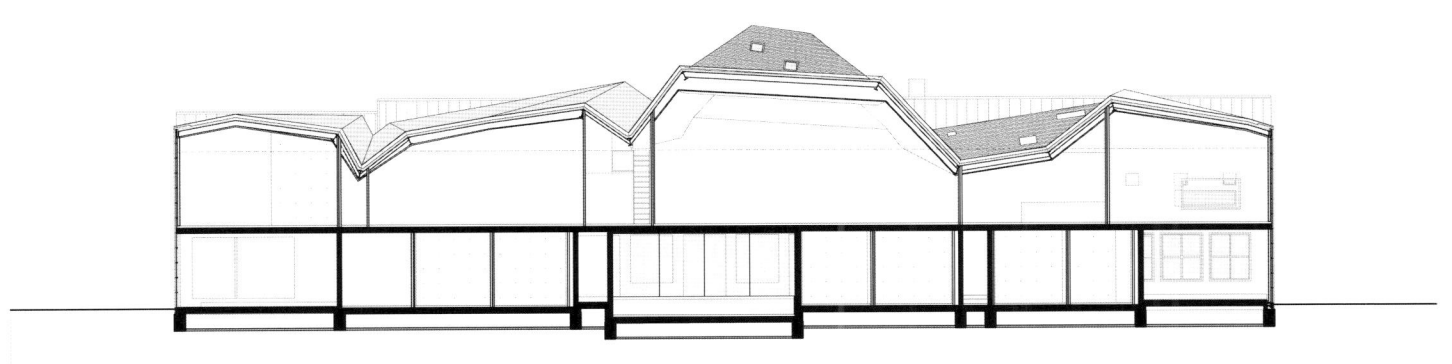
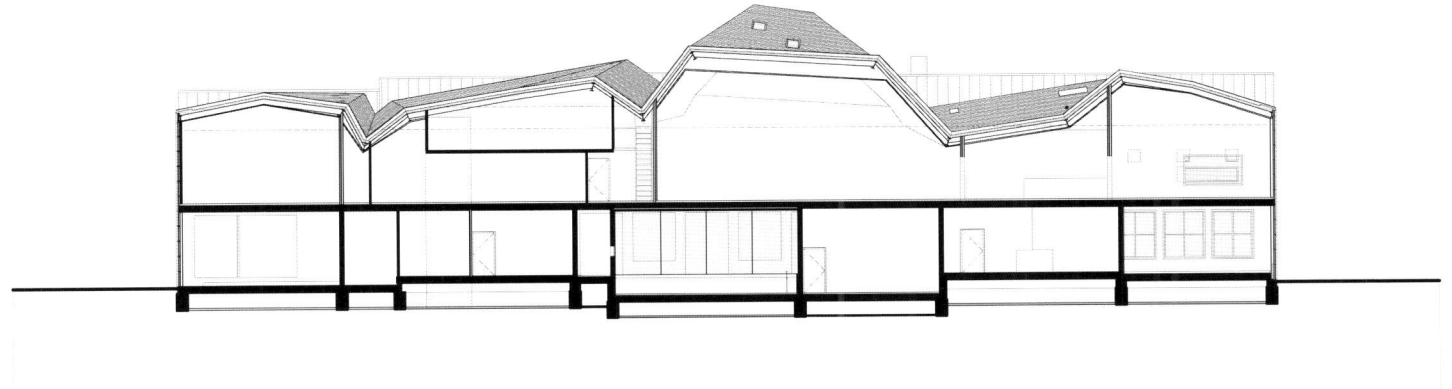
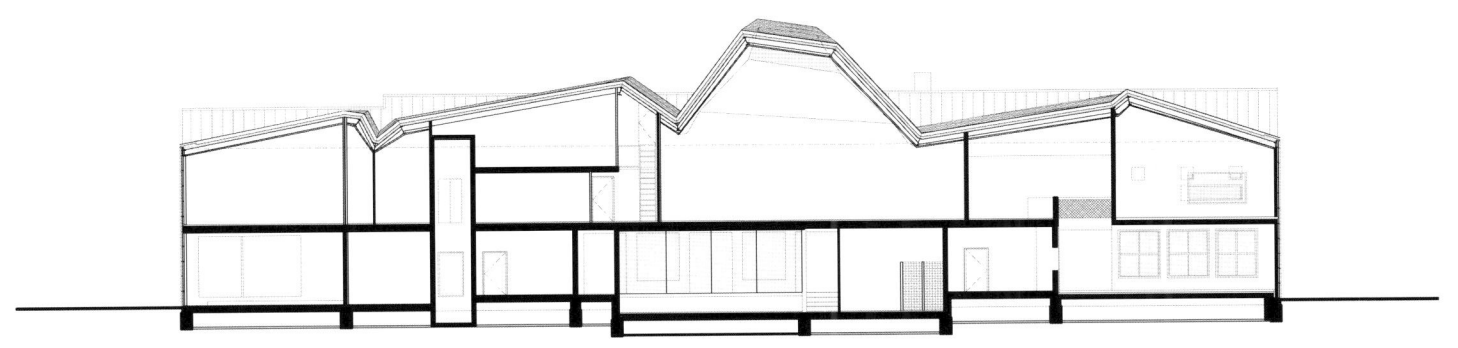

Longitudinal sections / Secciones longitudinales

Guido Canali

Antico Mulino del Maglio

Sassuolo, Modena. Italy

Photographs: Paola De Pietri, Alberto Muciaccia, Stefano Botti & Francesco Castagna

The object of the reform work was an old building whose nucleus dates from 1558. It had been used for productive functions, such as carpentry, until 1896, when it was turned into a mill.

The base of the floor plan is a rectangle, the length of which runs alongside the canal and is divided into three areas.

The main, northernmost space, where production took place, has a brick body and common pitched roof (corresponding to the mill). The grinding block is in the basement and, on the first floor, there is a large grain storage room with wooden trusses overhead.

Fortunately, the space which once housed the grinding block was in fairly good condition when it was acquired by the current owners – even the wooden scoops and millstones were still intact. The rest of the building, on the other hand, showed signs of having been subjected to a number of alterations.

The idea behind the project was to leave the millstone room intact, carefully restoring it while highlighting the theme of water, which had once been inseparably linked to the functioning of the mill. Thus, a glass bulkhead was installed, allowing observation of the interior of the waterworks and the scoop mechanism, both of which have been completely restored.

Adhering to client demands, a large apartment (1000 m^2) was created in the northern body and two independent apartments (104 m^2 and 130 m^2) were installed in the southern volume, plus a service room of 40 m^2. The entrances to the master bedrooms are located above the canal at the middle of the building. Natural light filters through the skylight and is reflected off the swimming pool in the basement. Metal walkways cross the void of the foyer on the different floors, linking the building's two wings.

In the central volume, the garden has been turned into a kind of room/porch. Large sliding windows set behind a portion of the old wall allow this space to be either open or closed, depending on the season.

Throughout the scheme, particular attention was paid to the use of traditional materials for the indispensable integration of the old factory.

Structural calculation: Francesco Canali
Collaborator: Angela Cacopardo

El edificio objeto de la reforma era un antiguo edificio cuyo núcleo tienen una antigüedad que se remonta al 1558. Inicialmente, éste había albergado otras funciones productivas, como una carpintería, hasta que en 1896 se transformó en un molino.

La planta del edificio es de base rectangular, en cuyo lado largo está alineado al curso del canal y está subdividida en 3 áreas.

El espacio principal, en el norte, es un cuerpo de ladrillo cubierto a dos aguas (el molino propiamente) que acogía la actividad productiva: en el sótano el bloque de la molienda y en la primera planta un gran salón cubierto con cerchas de madera para el almacenamiento del grano.

Afortunadamente, el local destinado a la molienda no estaba muy deteriorado cuando fue adquirido por los actuales propietarios, e incluso conservaba las palas de madera y las muelas de piedra. El resto del edificio tenía, en cambio, aspecto de haber sufrido diversas manipulaciones.

La idea del proyecto era dejar intacta el área destinada a moler el grano, restaurándola con cuidado y tratando de exaltar el tema del agua inseparablemente ligada a ella. De este modo, se optó por instalar en este espacio una trampilla de cristal que permitiera observar el canal interior y el mecanismo de las palas, ambos completamente restaurados.

Siguiendo las exigencias del cliente, se creó un gran apartamento de 1000m^2 en el cuerpo norte y dos apartamentos independientes (de 104 m^2 y 130 m^2) en el cuerpo sur, más una dependencia (40m^2) para el servicio. Las entradas a las habitaciones principales están sobre el mismo canal, en la parte central del edificio. La luz natural entra por un tragaluz, reflejándose en la piscina obtenida en la planta sótano. Unas pasarelas metálicas atraviesan el vacío del vestíbulo en las diversas plantas, comunicando así las dos alas del edificio.

En el cuerpo central, el jardín se ha convertido en una especie de estancia-porche que, gracias a grandes ventanas correderas que se sitúan detrás de una porción del muro antiguo, permite que sea un espacio abierto o cerrado dependiendo de la estación.

En toda la intervención se ha prestado particular atención a la utilización de materiales tradicionales para la indispensable integración de la vieja fábrica.

Cálculo estructural: Francesco Canali
Colaboradora: Angela Cacopardo

Basement floor plan / Planta sótano

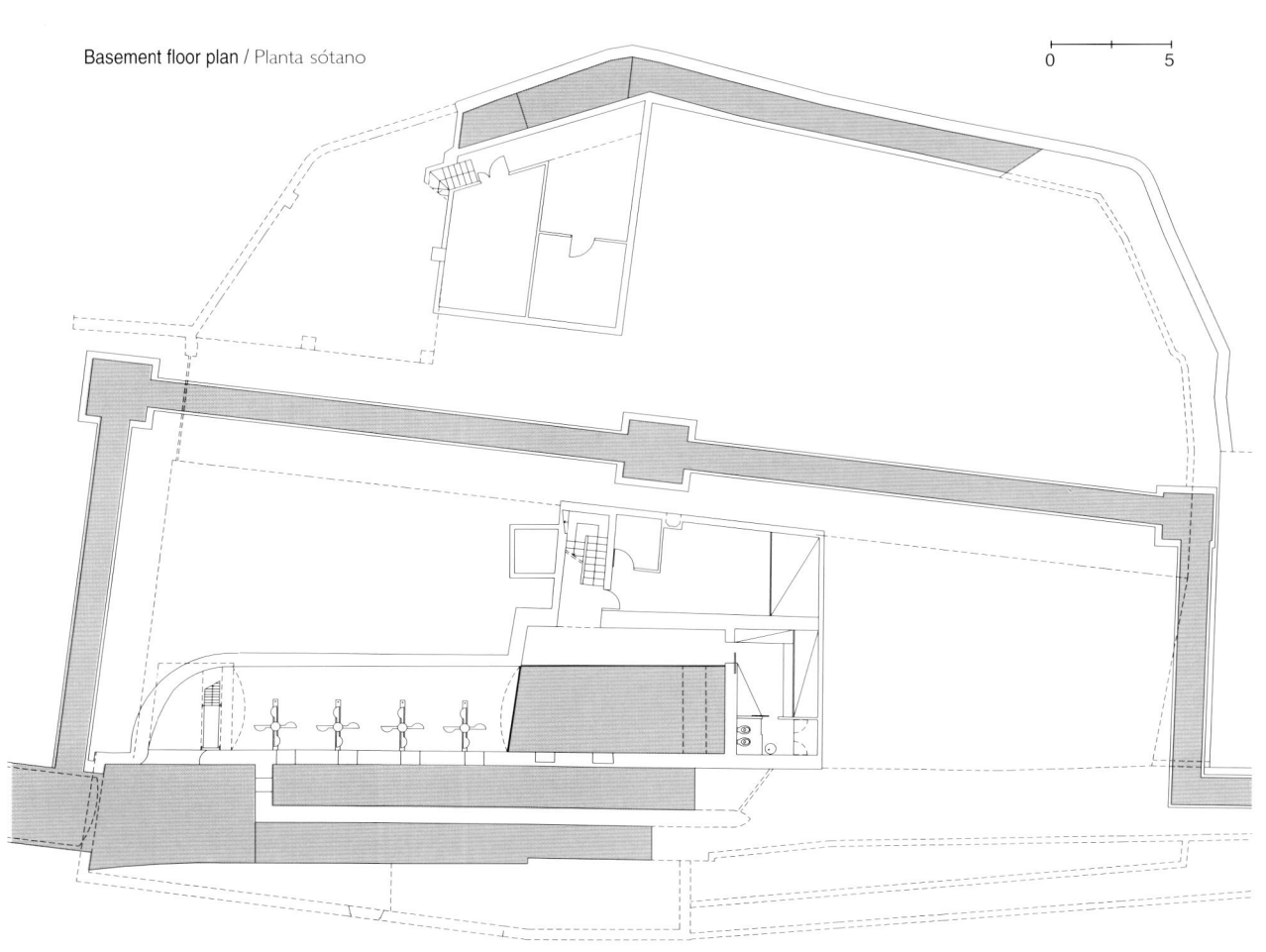

Ground floor plan / Planta baja

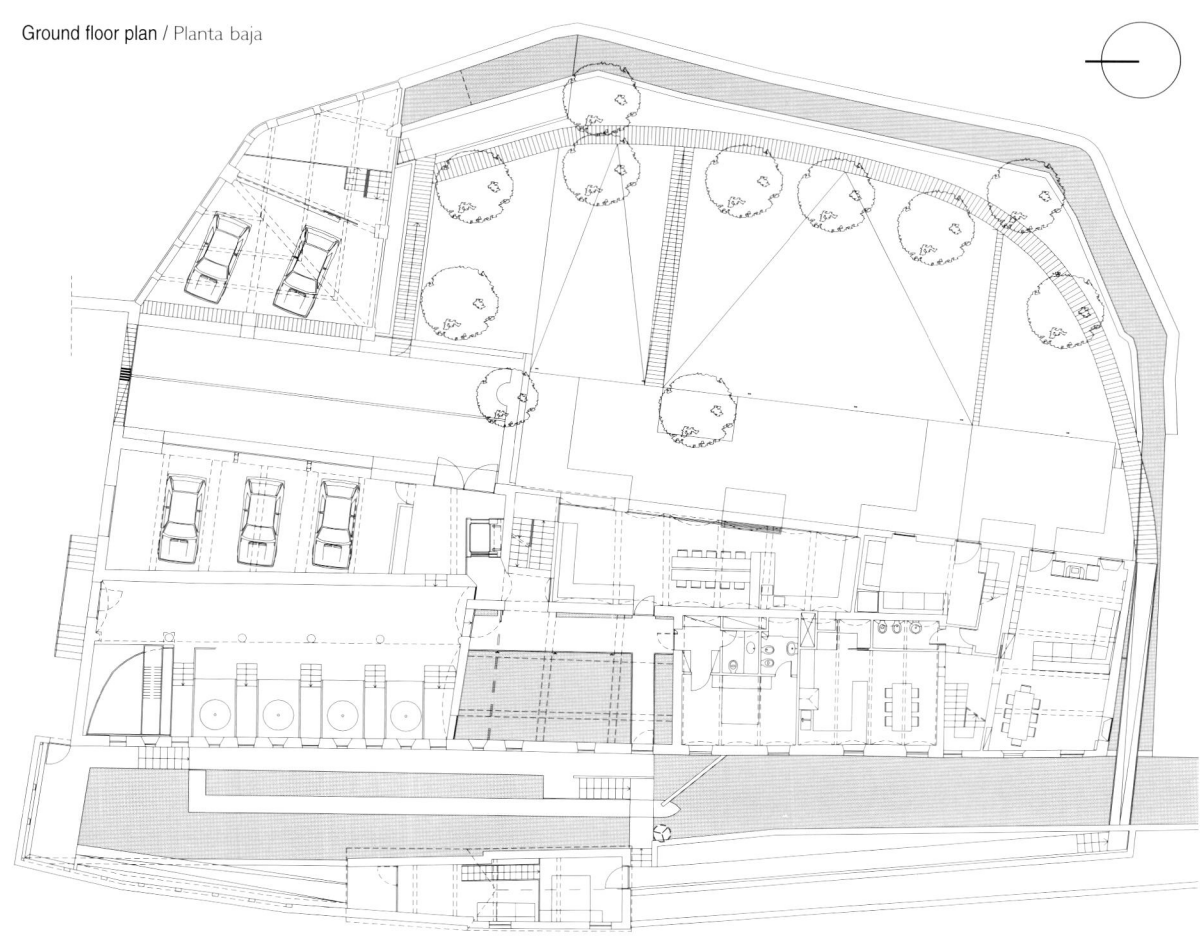

Outside, water from the old canal has been channeled through a watertight underground conduit which runs under the garden, ending up at its origin on the other side of the house.

En el exterior, el agua del viejo canal ha sido desviada, enterrándola en un conducto estanco que corre por debajo del jardín para volver al lecho originario una vez superada la casa.

First floor plan / Primera planta

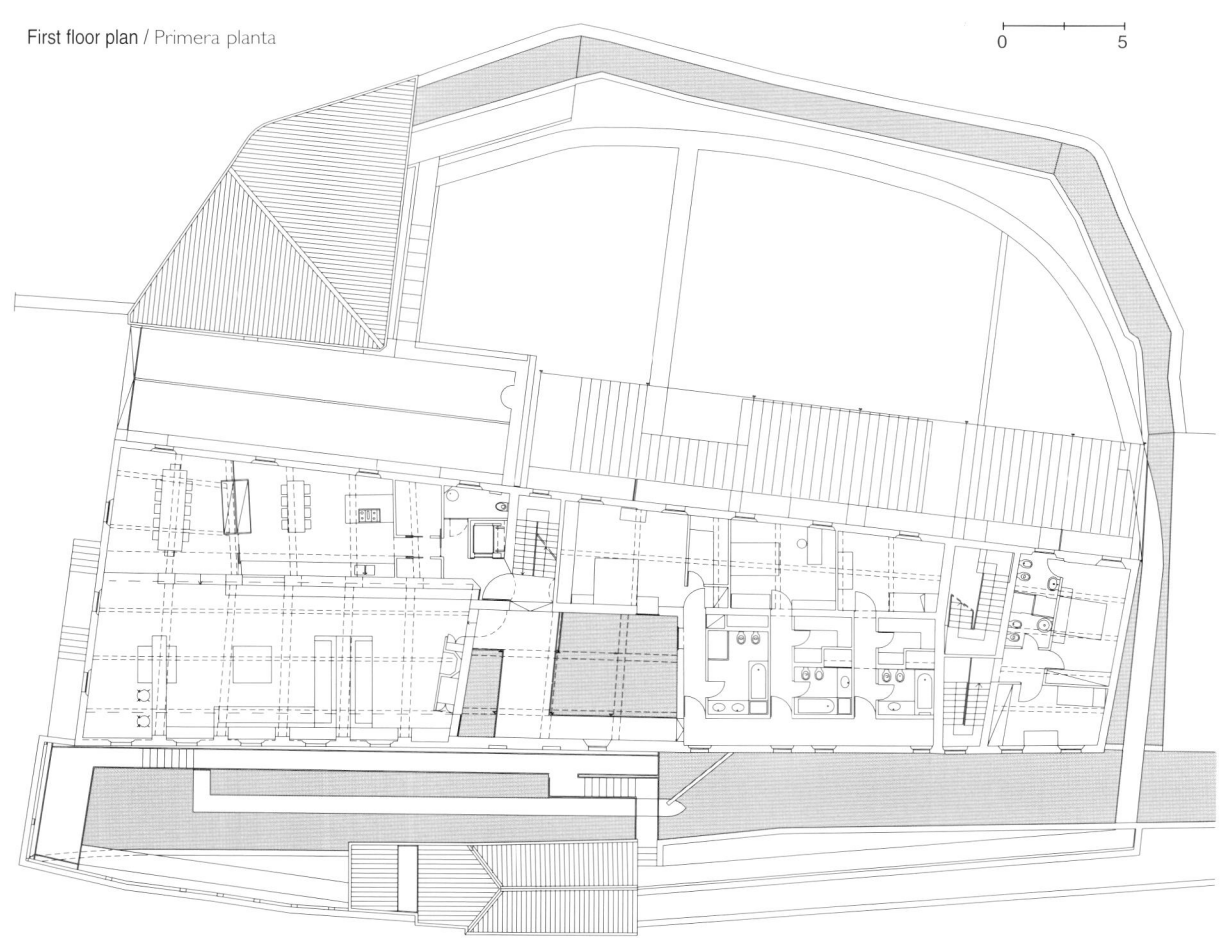

Second floor plan / Segunda planta

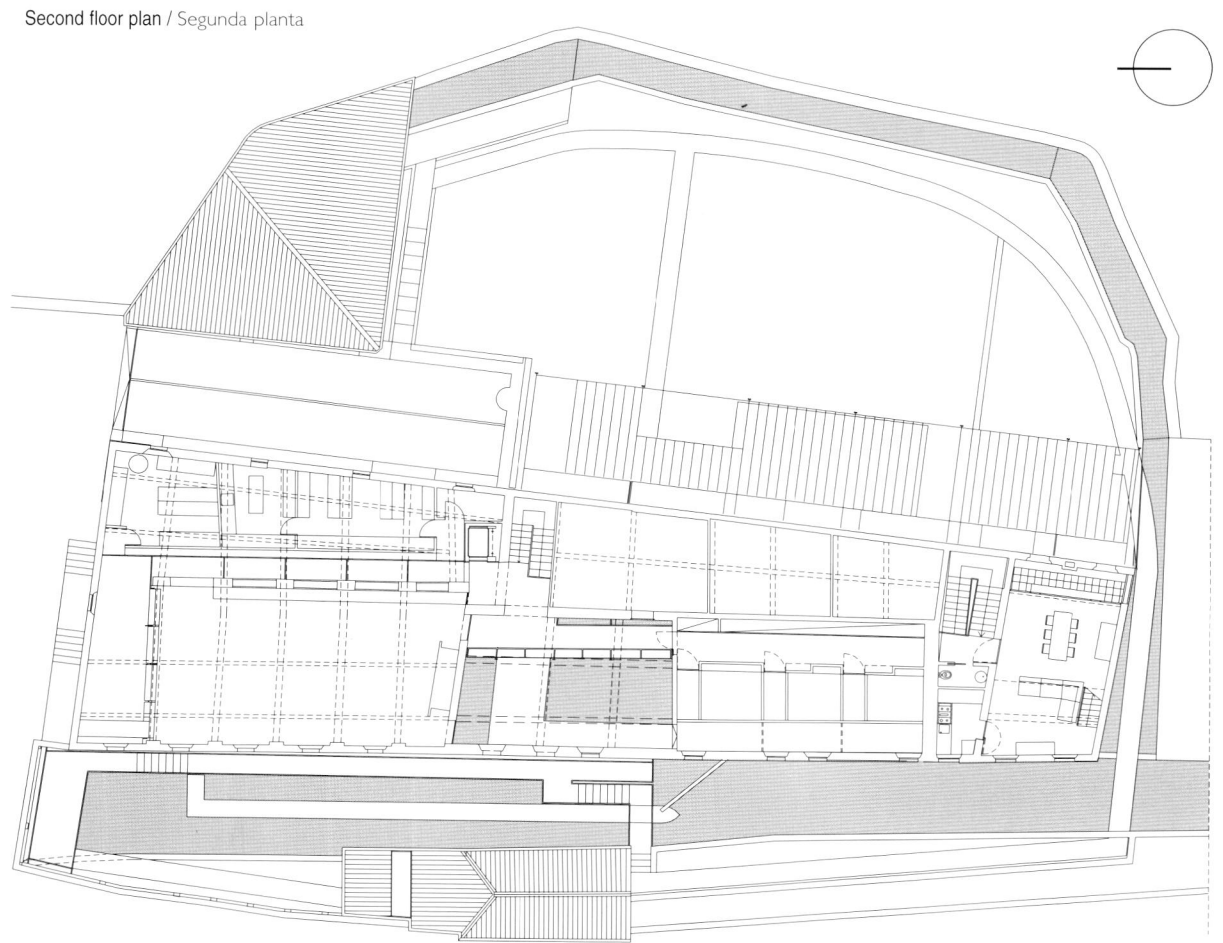

The dining and living rooms are located on the top floor of the volume of the former granary. Two hand-worked skylights with stainless steel frames concealed between the existing beams illuminate the space.

Dentro del volumen del ex-granero, en la planta alta, se encuentra el comedor y la sala de estar. Dos tragaluces realizados artesanalmente con perfiles de acero inox y ocultos entre las vigas antiguas iluminan el espacio.

North facade elevation / Alzado de la fachada norte

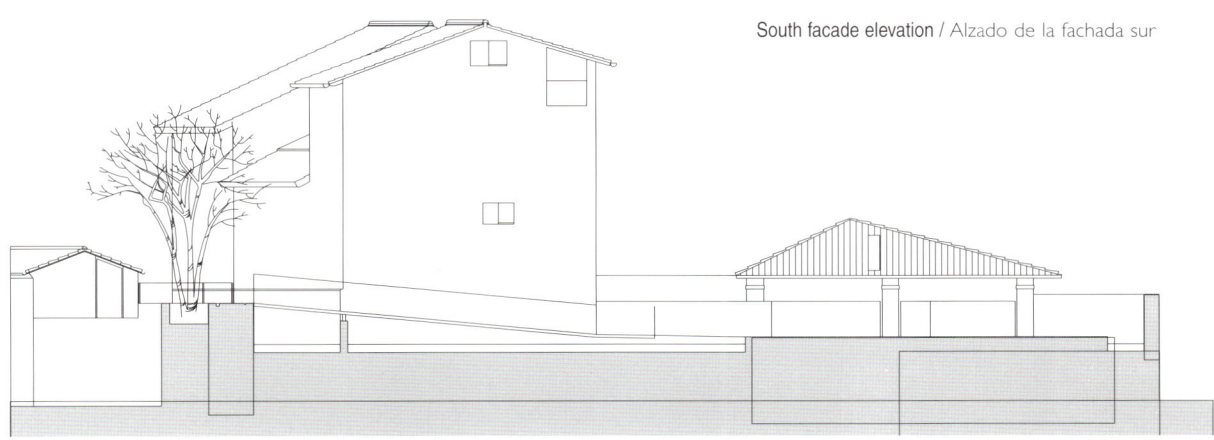

South facade elevation / Alzado de la fachada sur

Section / Sección

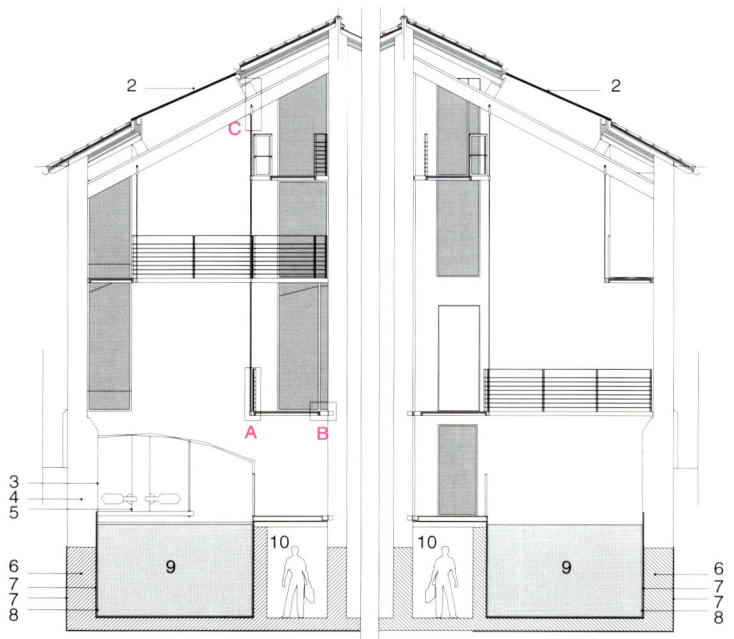

Construction detail A-B-C / Detalle constructivo A-B-C

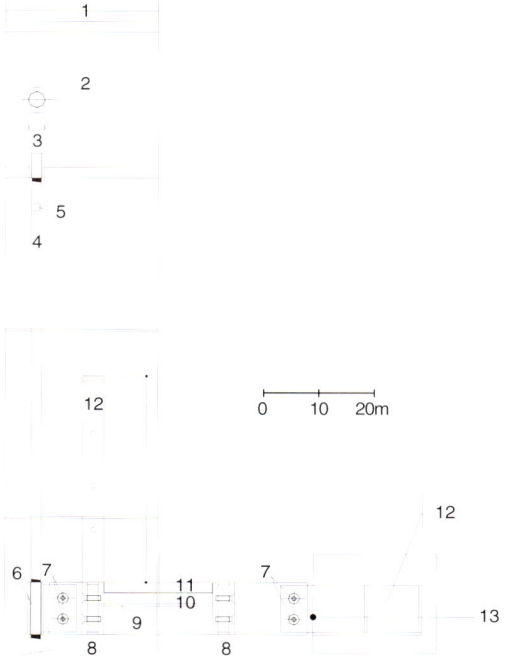

2. Skylight / Lucernario
3. Barefaced brick / Ladrillo visto
4. Old brick wall / Antigua pared de ladrillo
5. Old mill blades / Antiguas palas del molino
6. Reinforced concrete foundations / Cimientos de hormigón armado
7. Insulating casing / Vaina aislante

8. Custom-cut ceramic plate cladding / Revestimiento de placas cerámicas a medida que simulan ladrillo visto
9. Swimming pool / Piscina
10. Swimming pool pump room / Local máquinas piscina

1. Wooden shore / Puntal de madera
2. Iron beam divided into three to affix ties / Viga de hierro dividida en tres partes para colgar los tirantes
3. Stem to affix tie / Cánula para fijación del tirante
4. Chain, threaded at both ends / Cadena con rosca en los extremos Ø18
5. Reductions to facilitate chain movement / Reducciones para facilitar la puesta en marcha de las cadenas
6. Stem linking crossbars to chains / Cánula de enlace de los largueros a las cadenas
7. Channels, 10 mm diameter / Pasantes 10 mm diámetro

8. Crossbar with two iron profiles with a 40x10 rectangular section, separated by 20 mm / Larguero formado por dos perfiles de hierro con una sección rectangular de 40x10 mm, separados 20 mm entre sí
9. 5-mm-thick plate / Plancha de 5 mm de espesor
10. Flooring base / Base del pavimento
11. Flooring / Pavimento
12. Allowance for cross rigidity for the horizontal plate in load distribution / Margen para la rigidez transversal para la placa horizontal en el reparto de la carga
13. Edge of exposed wall / Borde del muro visto

Cross section / Sección transversal

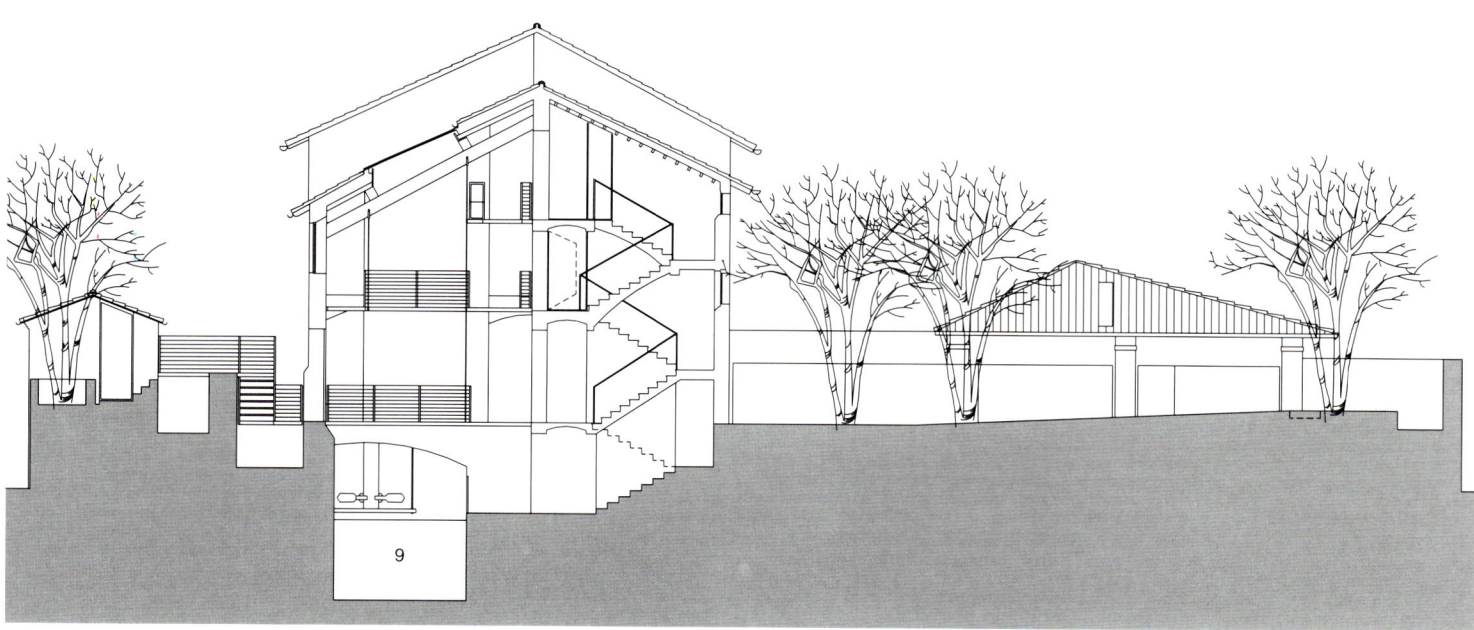

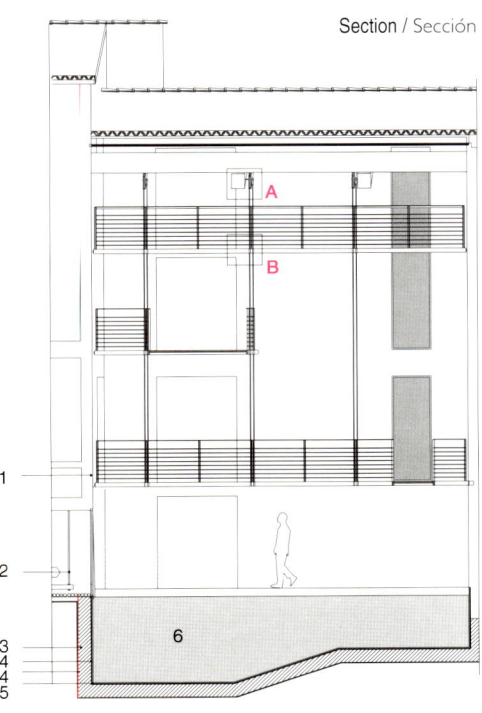

Section / Sección

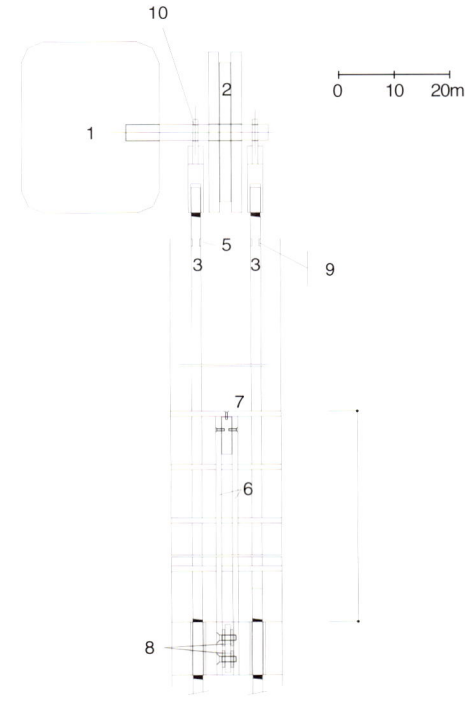

Construction detail A-B / Detalle constructivo A-B

1. Barefaced brick / Ladrillo visto
2. Old mill blades / Antiguas palas del molino
3. Reinforced concrete foundations / Cimientos de hormigón armado
4. Insulating casing / Vaina aislante
5. Cladding of custom-made ceramic plates that simulate barefaced brick / Revestimiento de placas cerámicas hechas a medida que simulan ladrillo visto
6. Swimming pool / Piscina

1. Wooden shore / Puntal de madera
2. Iron beam divided into three for affixing ties / Viga de hierro dividida den tres partes para colgar los tirantes
3. Chain, threaded at the ends / Cadena con rosca en los extremos Ø18
4. Reductions for facilitating chain movement / Reducciones para facilitar la puesta en marcha de las cadenas
5. 10 mm channels / Pasantes Ø10 mm
6. Post for handrail, comprised of two 40x10 mm profiles, separated by 20 mm / Montante para el pasamanos con dos perfiles de 40x10 mm, separados 20 mm entre sí

7. 40x10 mm handrail connected to the post separater / Pasamanos de 40x10 mm con pasantes al distanciador de los montantes
8. Washers to add thickness / Arandelas para dar espesor
9. Each of the reductions to be made in the chain area for their operation via a pin which cannot be larger than .4 cm. / Cada una de las reducciones que deben realizarse en el área de las cadenas para ponerlas en funcionamiento mediante una clavija no puede superar los 0,4 cm.
10. Milling for affixing tie / Arandelas para dar espesor

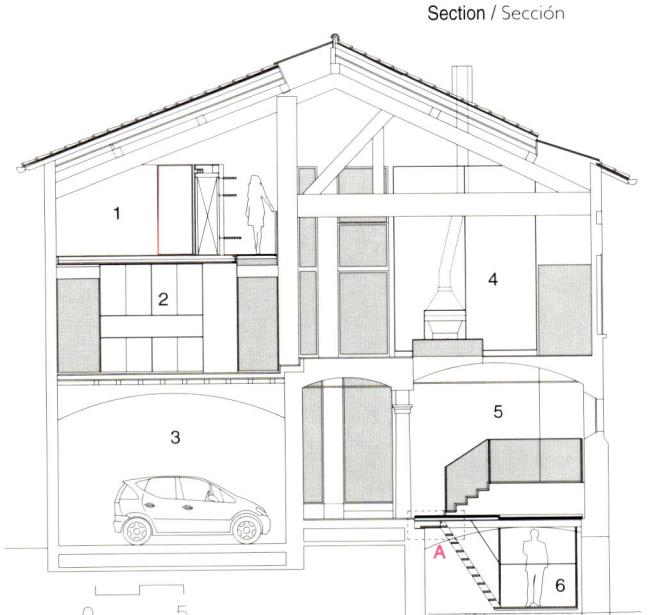

Section / Sección

Construction detail A / Detalle constructivo A

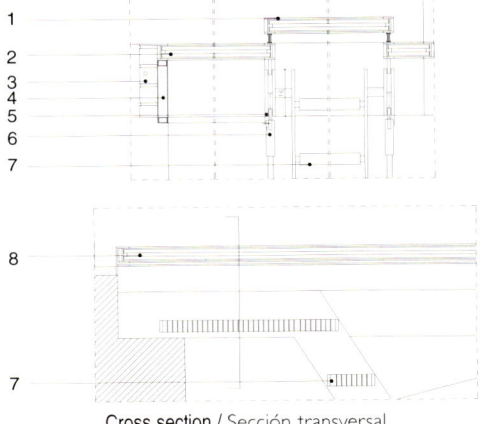

Cross section / Sección transversal

1. Services / Área de servicio
2. Dining room / Zona comedor
3. Garage / Garaje
4. Day area / Zona de día
5. Museum of old machinery / Museo de las antiguas maquinarias
6. View of old mill-works / Vista de las antiguas palas del molino

1. Movable bulkhead for accessing staircase / Trampilla móvil para acceder a la escalera
2. Large fixed window, with drawn out stainless steel fixtures / Ventanal fijo, con fijaciones de acero inoxidable trefilado
3. Half-brick cladding / Revestimiento de medios ladrillos
4. Insulated loadbearing structure / Estructura portante aislada
5. Loadbearing beams / Vigas portantes
6. Staircase suspensions / Suspensiones escalera
7. Staircase in stainless grating / Escalera en rejilla inoxidable
8. Movable, transparent glass bulkhead with stainless steel frame for accessing staircase / Trampilla móvil para acceder a la escalera realizada en cristal transparente montado sobre trefilados de acero inoxidable

Günther Domenig
Centre of Documentation Reichsparteitagsgelaende Nuremberg

Nuremberg, Germany   Photographs: Gerald Zugmann

This project was an especially extraordinary one as it called for the creation of a new Documentation Center in the remains of Hitler's Congress Hall, alongside the monumental Coliseum, designed by Albert Speer.

The new exhibit space and Documentation Center is a moving "reminder-memorial" of negative contemporary history. The issue dealt with in the exhibit is intensified by the material reality of ideological architecture, which was meant to be a physical and symbolic representation of fascist strength and power, in a space intended for mass rallies and military processions.

The program essentially consists of three parts: creation of the Documentation Center and space for changing exhibits, the meeting and connection zone and the forum space for learning and teaching.

The exhibit rooms and Documentation Center are spaces for displaying the fascist architecture. The meeting zone and educational forum have been deconstructed and deprived of their original monumentality.

The existing rooms, their walls and ceilings, largely remain in their crude concrete and brick structure. The existing ceilings have been supplied with industrial floor coverings (sealed concrete screeds).

A "beam" cuts through the rectangular geometry of the northern wing, penetrating the building and jutting out over the courtyard. The entryway has been developed to include wheelchair access and an elevator has been installed.

The changing exhibit space, lecture hall and screening room are all located on the ground floor, with the Documentation Center installed on the upper floor. A cantilevered hanging terrace perches atop the building and hangs out over the top floor.

All new architectural elements have been built with steel, reinforced concrete, glossy aluminum cladding and glass. The existing walls have been left almost entirely intact, with some openings broadened in the areas requiring passage for the exhibit.

Éste era un proyecto particularmente singular, ya que proponía la creación de un Centro de Documentación en los restos del Palacio de Congresos de Hitler, contiguo al monumental Coliseo, diseñado por Albert Speer.

El nuevo espacio para exposiciones y el Centro de Documentación constituyen un "monumento a la memoria" de la historia contemporánea más funesta. El contenido de la exposición se ve enfatizado por la realidad material de la arquitectura ideológica, que pretendía encarnar física y simbólicamente la fuerza y el poder fascistas en un espacio destinado a mítines masivos y desfiles militares.

El programa se divide básicamente en tres partes: la creación del Centro de Documentación y del espacio para exposiciones temporales, el punto de encuentro y zona de conexión, y el foro destinado a impartir cursos educativos.

Las salas de exposición y el Centro de Documentación muestran deliberadamente su arquitectura fascista; el punto de encuentro y el foro educativo, en cambio, se han desmantelado y despojado de su antiguo monumentalismo.

Las salas ya existentes, y sus paredes y techos, se han mantenido prácticamente intactas en su cruda estructura de hormigón y ladrillo. Los techos se han provisto de un revestimiento industrial para suelos (rastreles de sellado de hormigón).

Una "viga" atraviesa la geometría rectangular del ala norte, penetrando el edificio y saliendo despedida por encima del patio. La entrada se ha acondicionado para permitir el acceso en silla de ruedas, y se ha construido un ascensor.

El espacio para exposiciones temporales, la sala de lectura y la sala de proyecciones se sitúan en la planta baja, y el Centro de Documentación en la planta superior. En la azotea, una terraza en voladizo se descuelga por encima del último piso.

Todos los elementos arquitectónicos nuevos se han construido en acero, hormigón armado, chapado de aluminio brillante y vidrio. Las paredes existentes se han dejado prácticamente intactas, ensanchándose únicamente algunas aberturas para facilitar la circulación por la zona de exposiciones.

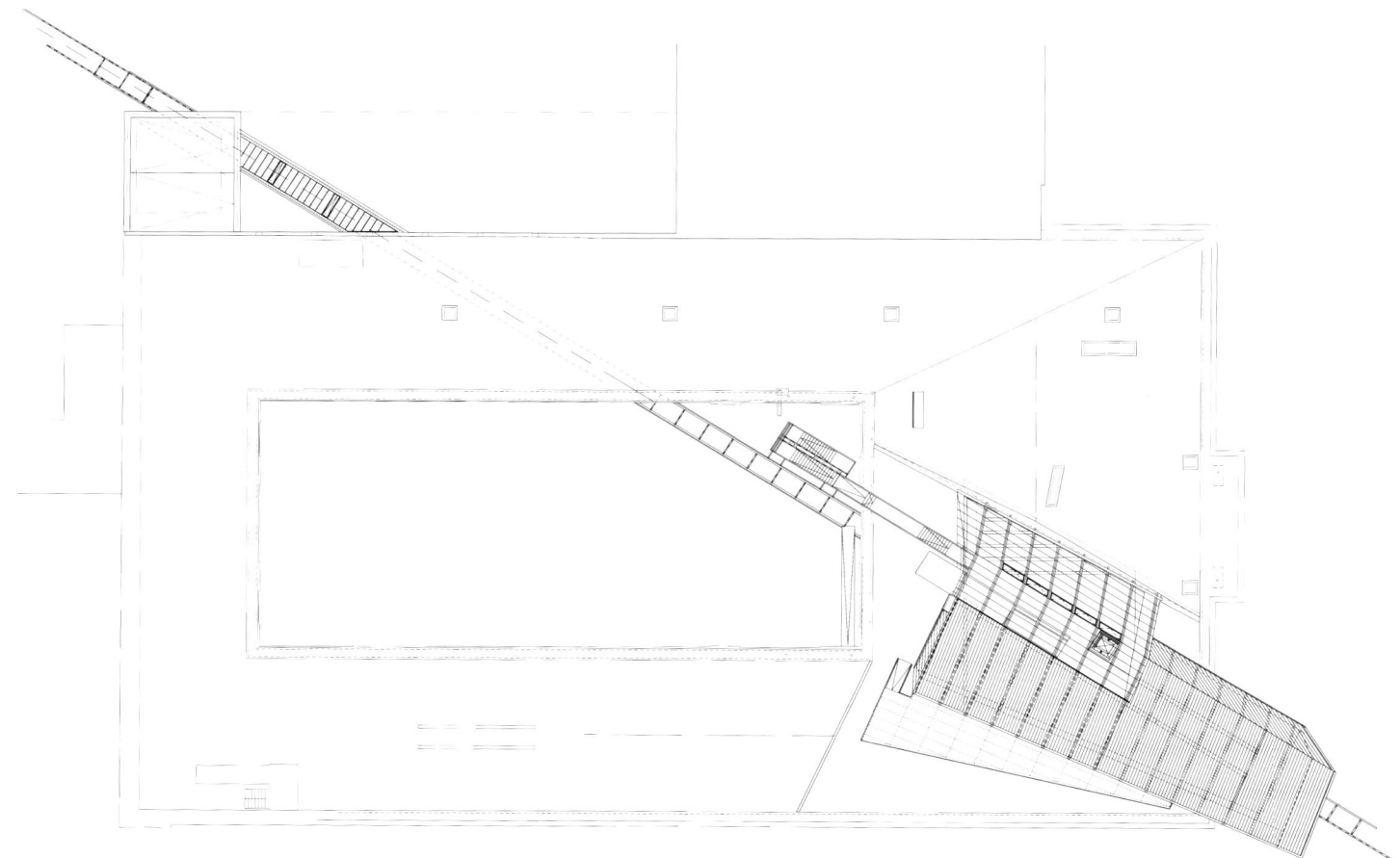

Roof floor plan / Planta cubierta

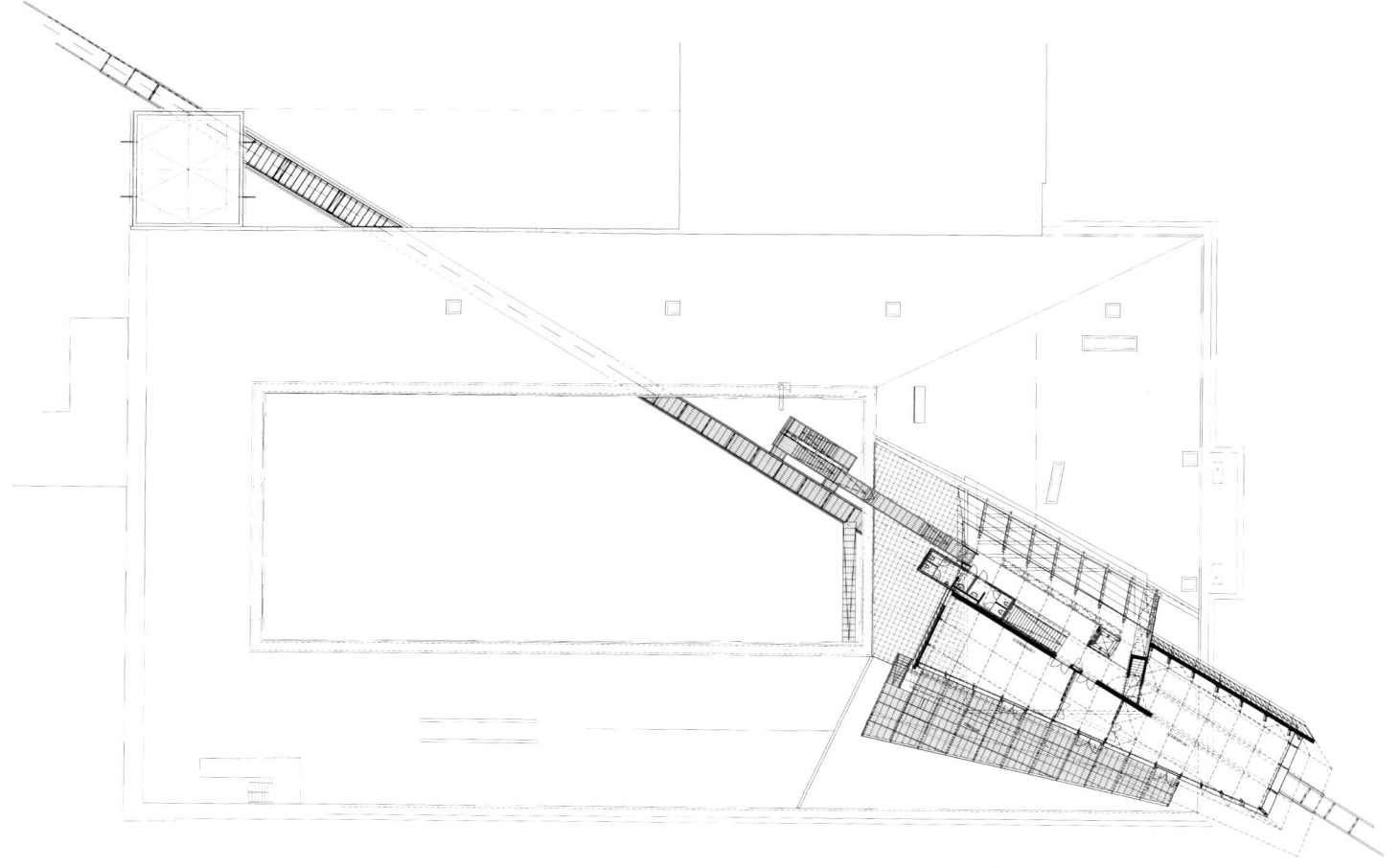

Top floor plan / Planta última

53

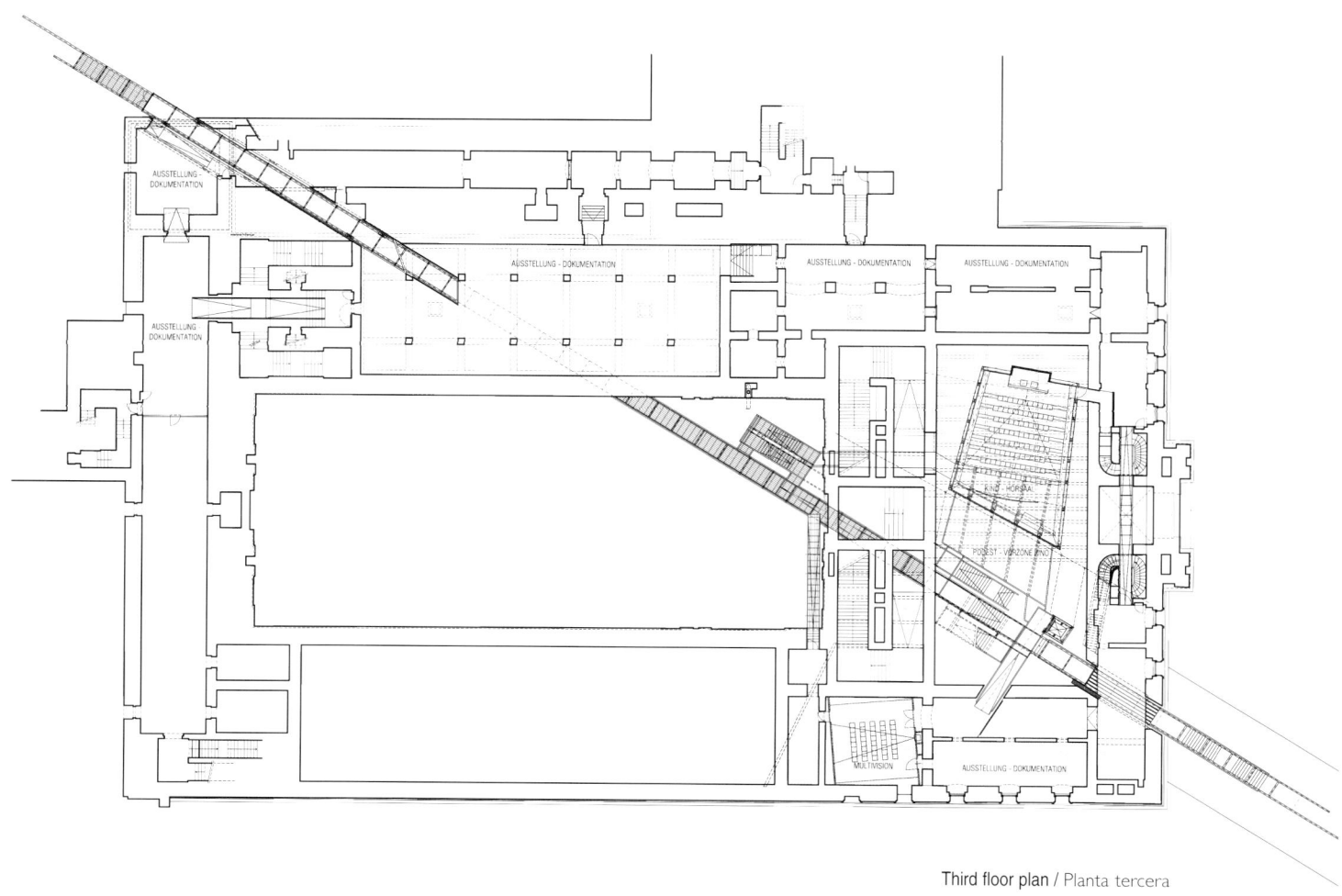

Third floor plan / Planta tercera

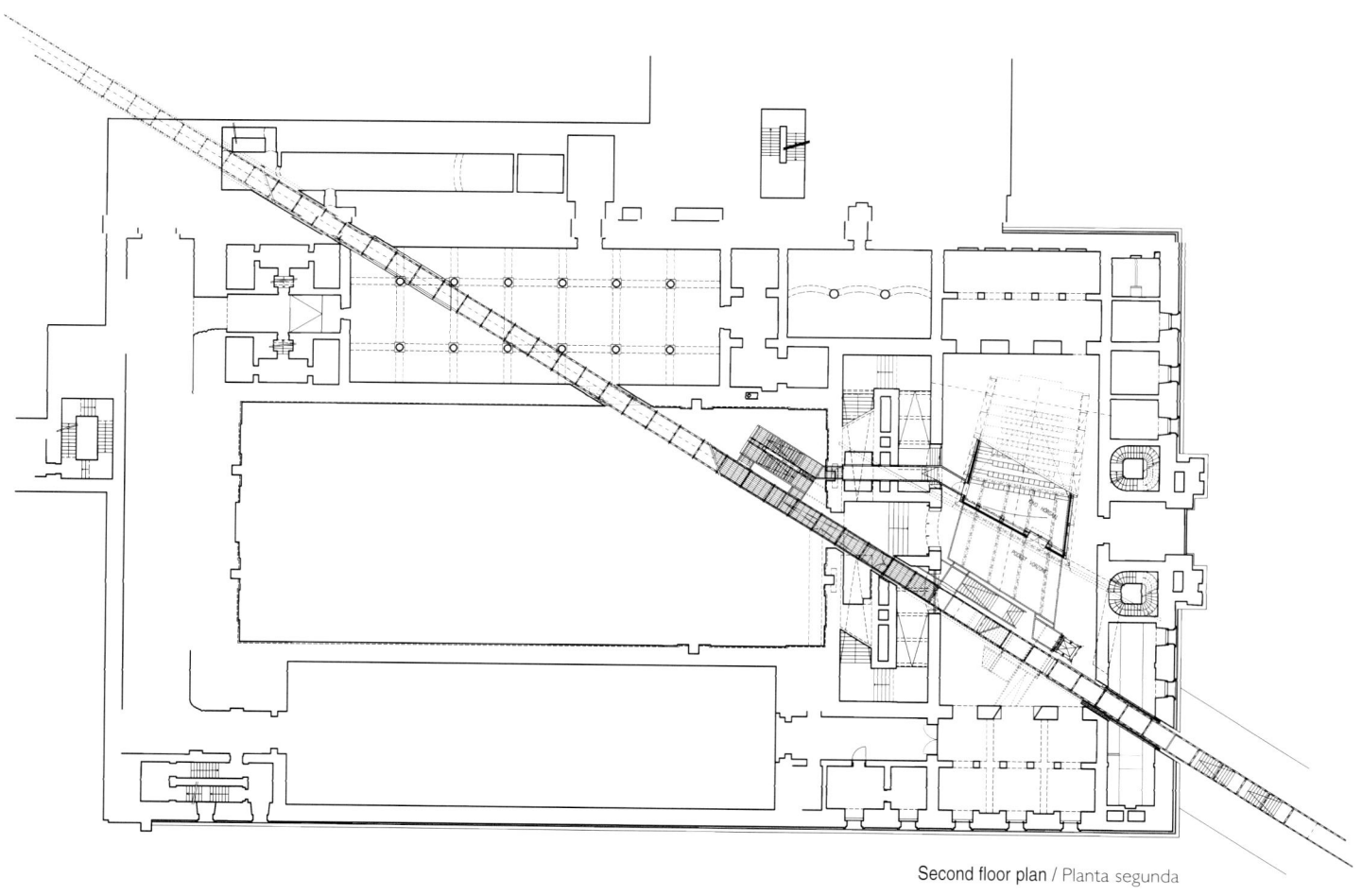

Second floor plan / Planta segunda

A sloping corridor has been wedged into the building, emerging on the facade to form the entrance to the new Documentation Center. It cuts through the building and ends up hanging over the courtyard on the other side. The original structure was meant to symbolize fascist power, while the renovation boldly refutes it.

Un pasillo inclinado atraviesa el edificio y emerge por la fachada, constituyendo la entrada al nuevo Centro de Documentación. Luego atraviesa todo el edificio y termina suspendido por encima del patio, al otro extremo. La estructura original pretendía simbolizar el poder fascista; la renovación, en cambio, lo rechaza con rotundidad.

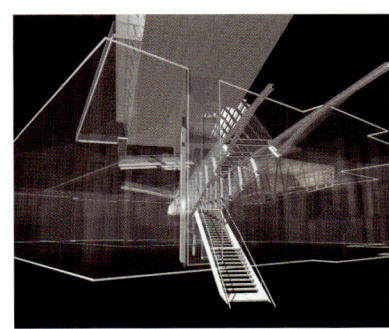

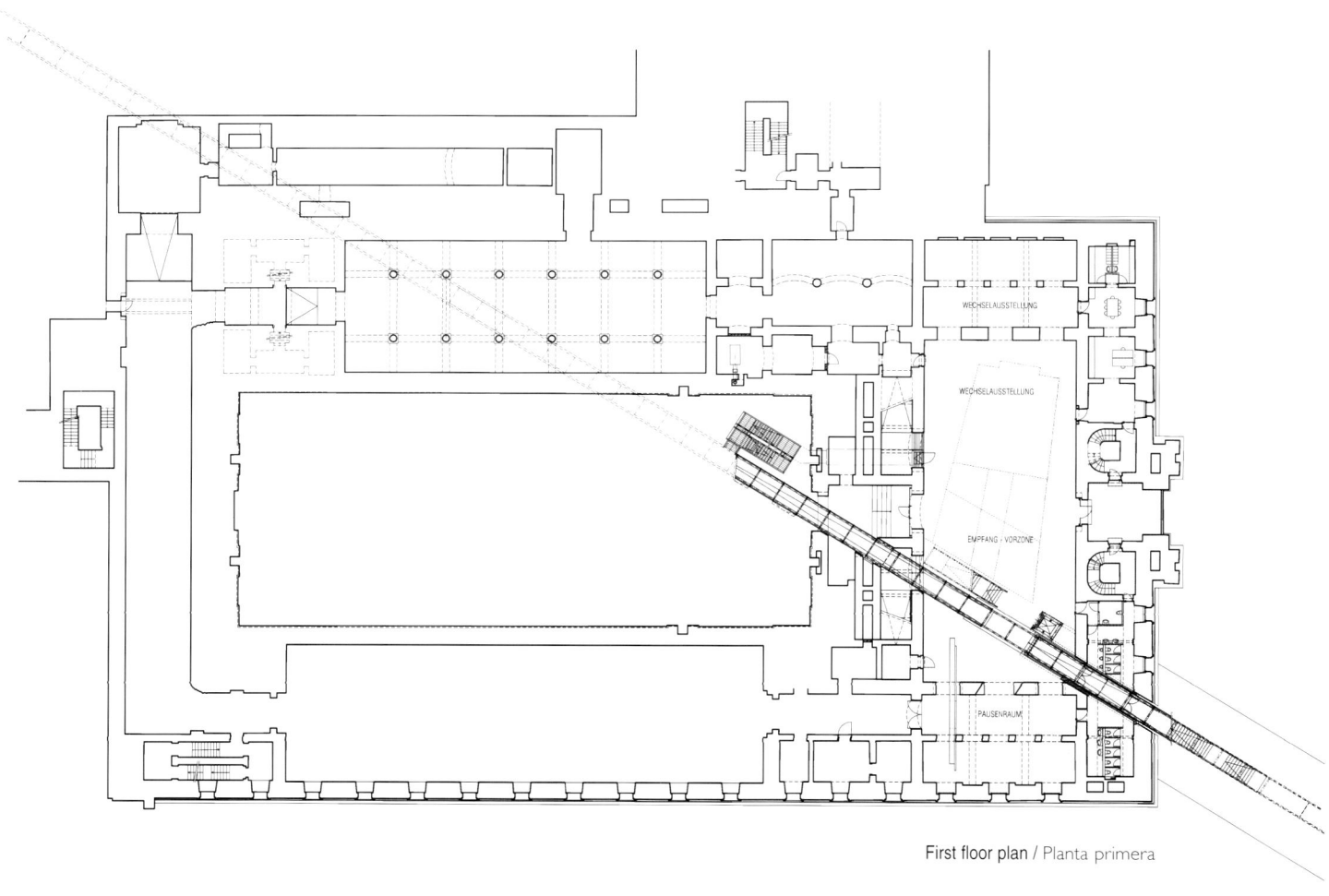
First floor plan / Planta primera

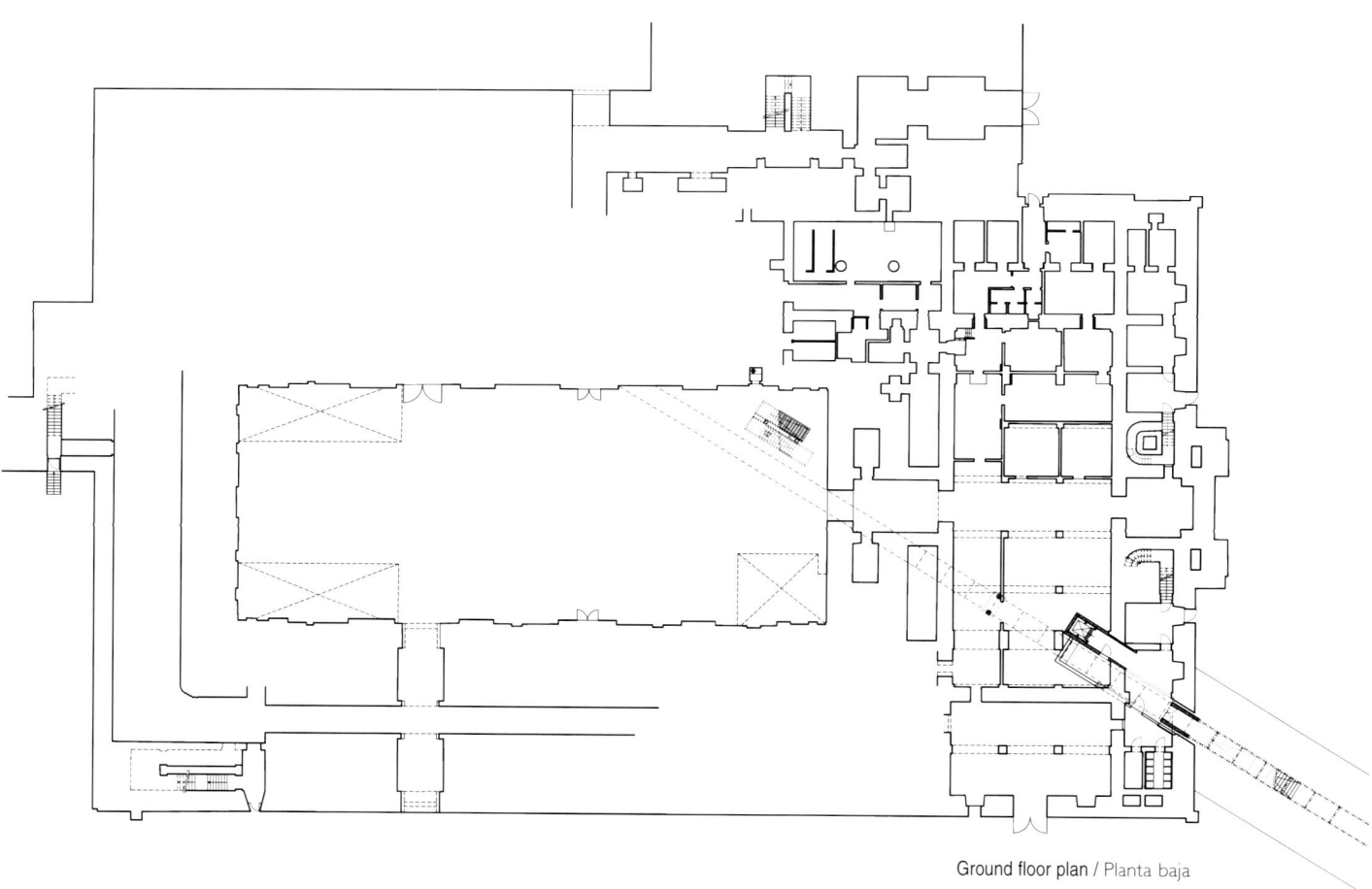
Ground floor plan / Planta baja

The unadorned concrete and brick of the original unfinished structure remains untouched; while the materials used in the renovation —steel, aluminum and glass— serve as a visual contrast between old and new, past and present.

El adusto hormigón y el ladrillo de la estructura original inacabada se han mantenido intactos; los materiales empleados en la renovación (acero, aluminio y vidrio) acentúan el contraste visual entre lo viejo y lo nuevo, entre el pasado y el presente.

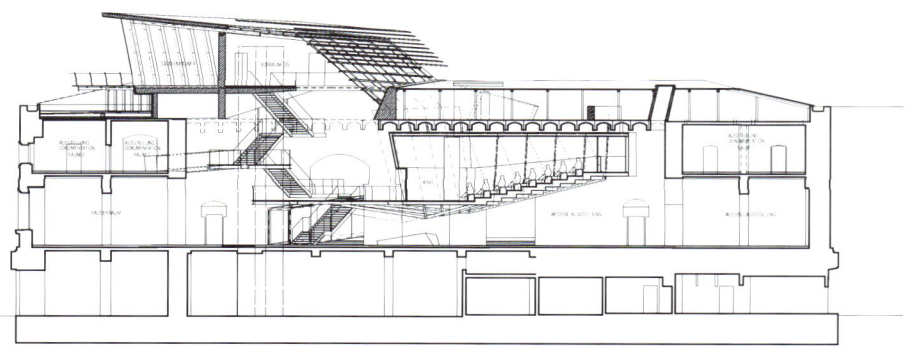
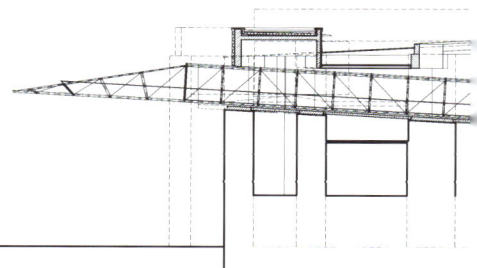

Cross section / Sección transversal

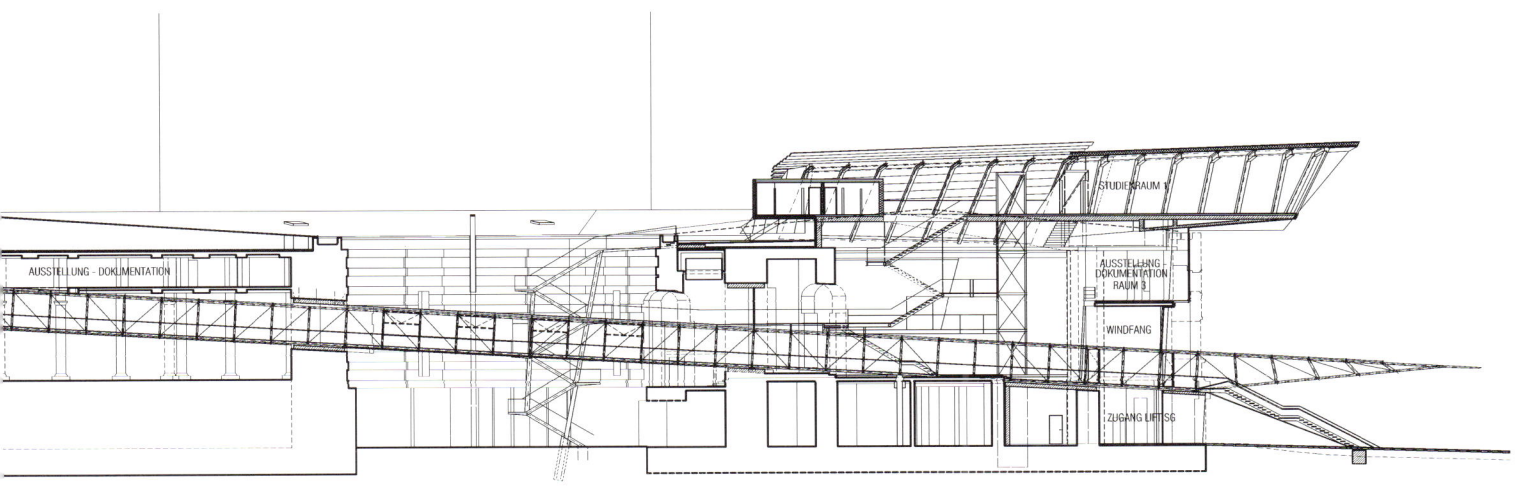

Longitudinal section / Sección longitudinal

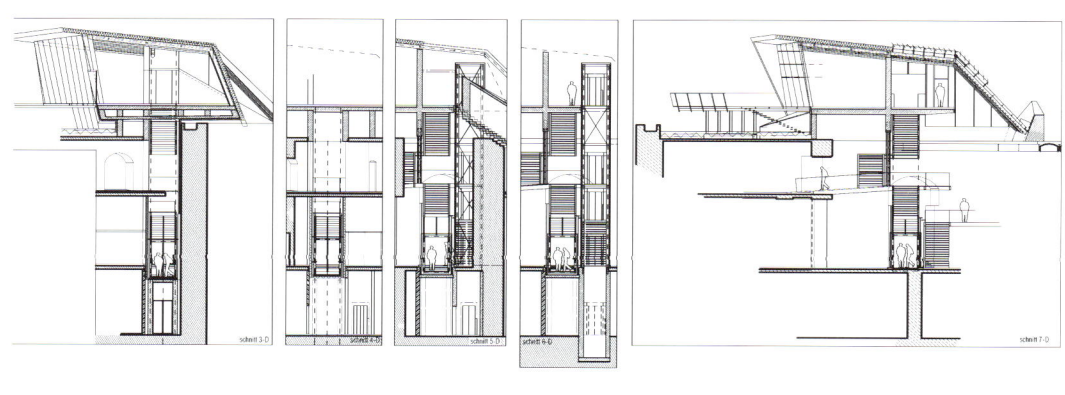

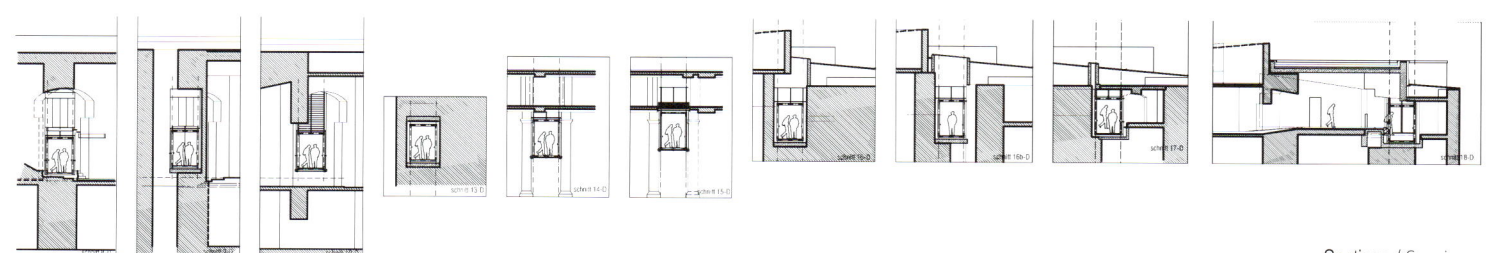

Sections / Secciones

In one way or another, all spaces have been "deconstructed" and cut into, thereby eliminating the originally intended sensation of monumentality. Nonetheless, the renovation has left the original architecture intact for educational and historic purposes.

De una forma u otra, todos los espacios se han "deconstruido" para eliminar la sensación de monumentalidad deliberadamente impuesta por la construcción original. A pesar de ello, la renovación ha mantenido intacta la arquitectura original con fines históricos y educativos.

Manuel de las Casas

Instituto Hispano-Luso "Rei Alfonso Henriques"

Zamora, Spain Photographs: Ángel Baltanás & Eduardo Sánchez

The scheme for the Institute of Spanish and Portuguese Studies, built within Gothic ruins, was simple: to enhance the beauty of the incomplete –the evocation of a past era– and to design a program with minimalist volumes.
A Z-shaped building, which delimits the church's former void, divides the space in two: a public garden formerly occupied by the church's three naves and another on the spot where the old convent's first cloister once stood.
A historical analogy thereby arises: a public space dominated by the classrooms and library, recalling the chapels and choir, and a private space where the dormitory rooms are located – some within the volume of the new floor, and others occupying the ruins of the existing nave on the southern portion of the plot.
As the nexus between the new and existing structures, the roof soars over the built body to meet the church's perpendicular nave, whose limits begin with the Chapel of Escalante, giving rise to a wide porch. This roof shelters the vaulted Great Hall, the old storeroom which will be used for ceremonies and events, as well as a cafeteria placed above this hall.
The architectural remains have been occupied, thus making manifest the original idea of enhancing the value of the ruins. The chapel (Capilla de San Buenaventura) abutting the entrance has been restored, in order to make use of it as a reception hall, and the apse has been converted into an entrance portico.
A room has been built within the Chapel of the Dean, which will be used as an exhibition and conference room. Its "floating" roof is an incomplete rectangle, dramatically bringing light into the interior and metaphorically recuperating the Hall's original volume.
The entrance to the grounds is via the oldest door at the head of the transept, thereby creating a tangential access to the ruins so that visitors see the apse only once inside.

La propuesta para la creación del Instituto de Estudios Hispano-Luso en este conjunto de restos góticos fue sencilla: potenciar la belleza de lo incompleto que evoca tiempos pasados y articular un programa con leves volumetrías.
Un edificio en forma de Z, que delimita el antiguo vacío de la iglesia, divide el espacio en dos: un jardín de carácter público que antes estuvo ocupado por las tres naves de la Iglesia, y otro que ocupa la posición del primer claustro del antiguo conjunto conventual.
Se produce así una situación análoga a la histórica, un espacio de uso público sobre el que se vuelcan las aulas y la biblioteca, a modo de capillas y coro, y un espacio de carácter privado donde se abren las habitaciones de la residencia: unas situadas en el cuerpo bajo de este volumen de nueva planta, y otras ocupando las ruinas de la nave existente al sur del solar.
La cubierta, nexo entre la nueva edificación y la existente, sobrevuela el cuerpo edificado hasta la nave perpendicular a la Iglesia, que se desarrolla a continuación de la Capilla de los Escalante, dando lugar a un gran porche. Esta cubierta protege la Gran Sala abovedada, antigua bodega que se utilizará como salón de actos, al igual que una cafetería emplazada encima de esta sala.
Los restos arquitectónicos se ocupan potenciando la idea previa de resaltar el valor de la ruina. Se restaura la capilla próxima a la entrada, Capilla de San Buenaventura, para su utilización como sala de recepciones y se consolida el ábside que va a hacer la función de pórtico de entrada.
En el interior de la Capilla del Deán, se construye un edículo que hace posible su utilización como sala de exposiciones y conferencias. Su cubierta flotante no completa el rectángulo, dejando penetrar en el interior del espacio la luz de forma dramática, y recuperando metafóricamente el volumen que tuvo esta sala.
La entrada al conjunto se realiza a través de la puerta más primitiva, en la cabecera del Crucero, provocando un acceso tangente a la ruina de tal forma que la visión del ábside aparece cuando ya se está en él.

Site plan / Plano de situación

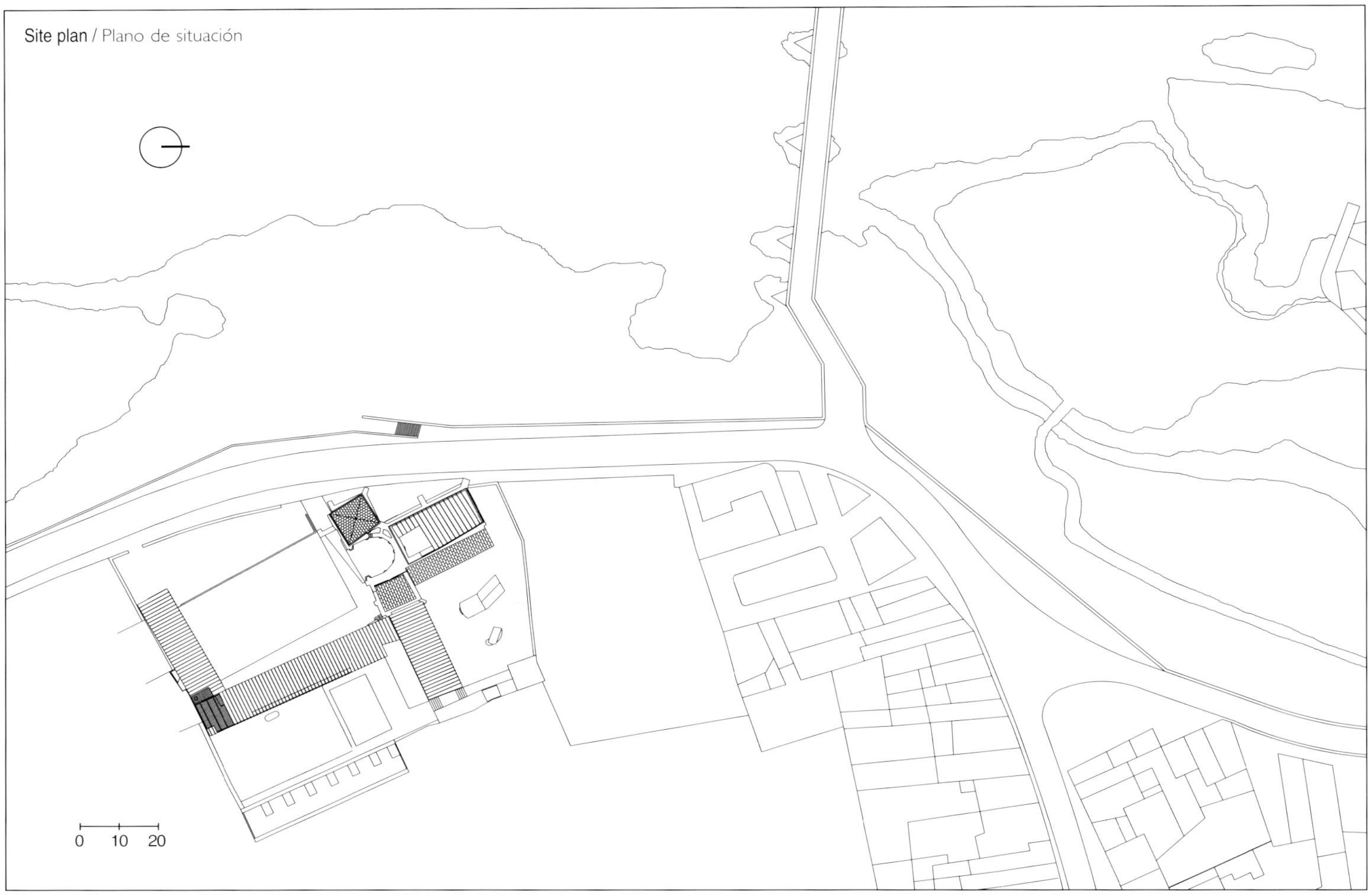

0 10 20

Ground floor plan / Planta baja

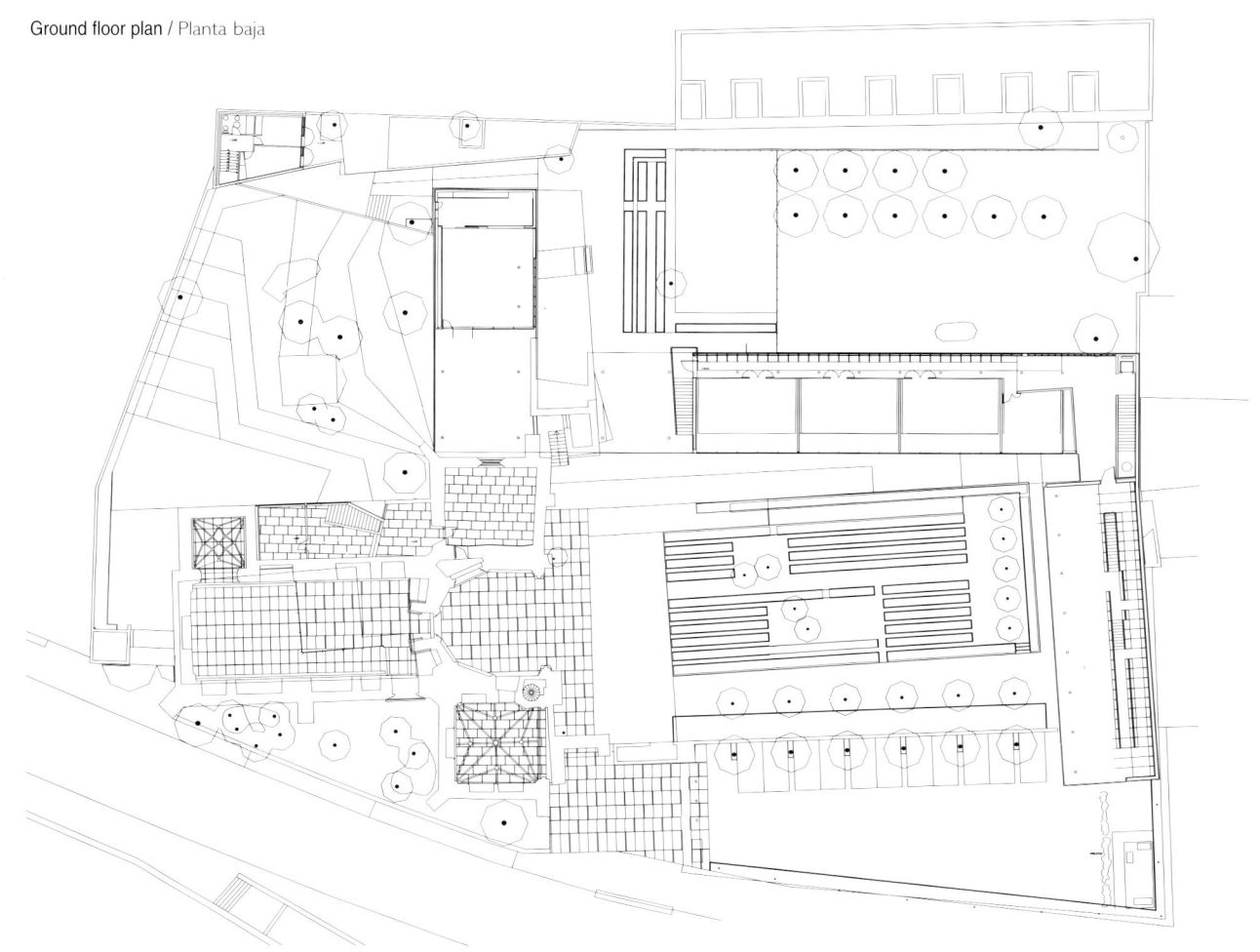

First floor plan / Primera planta

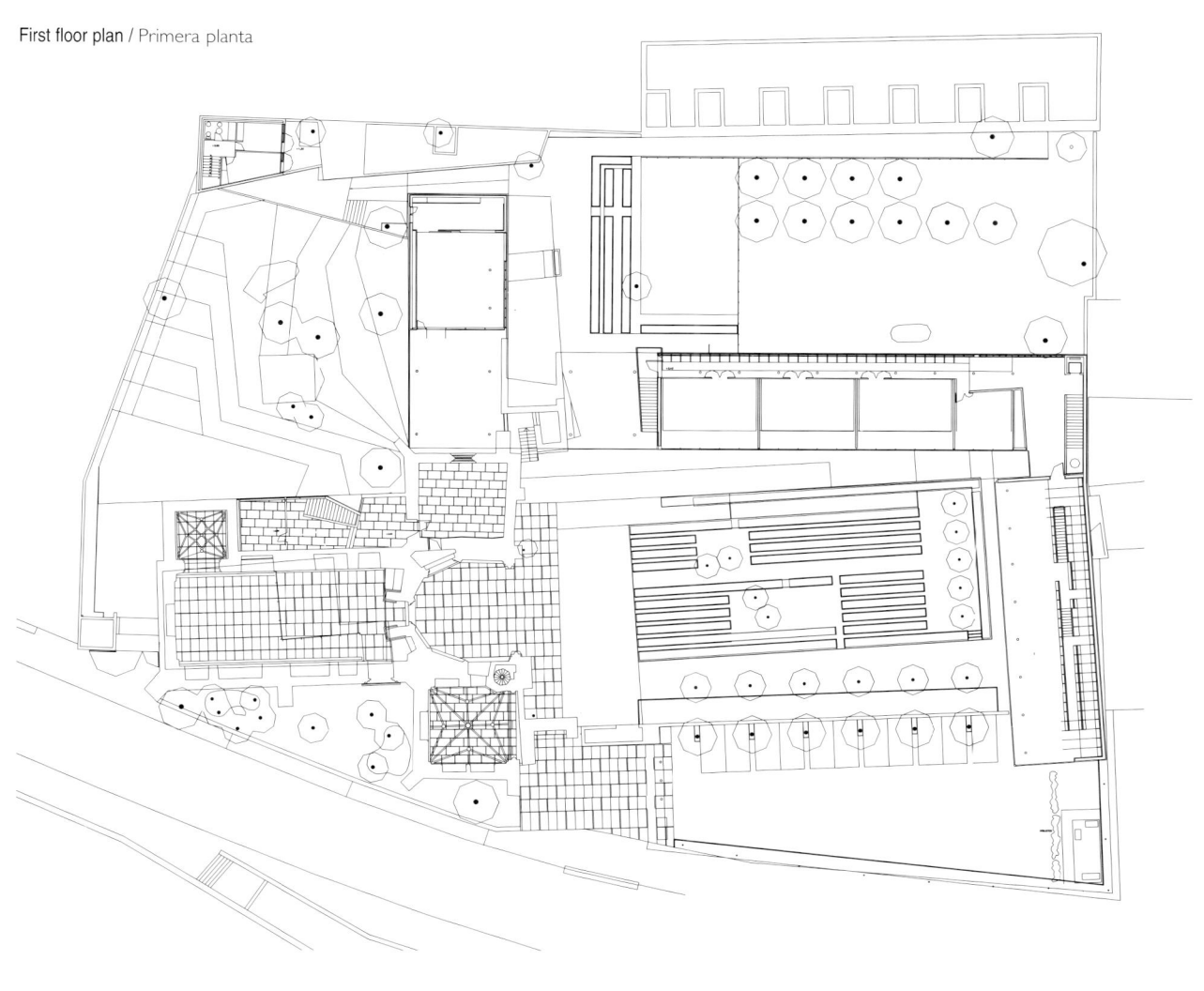

Second floor plan / Segunda planta

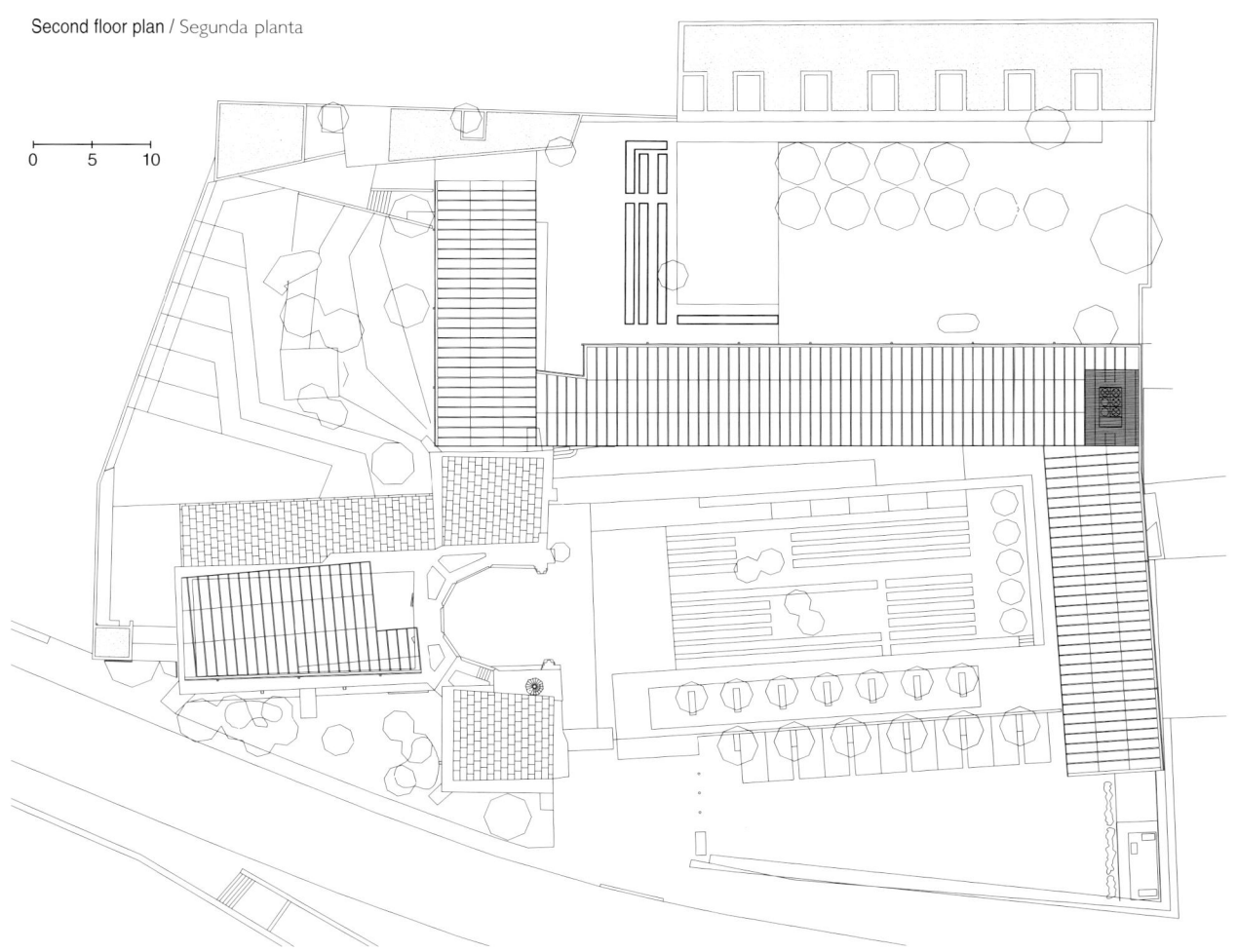

65

The original boundary wall and a new one, built over the remains of the church walls, enclose a parking lot. A row of plane trees, their branches trained into the form of a pergola, will provide a sunshade. The garden's footpaths and hedges fill in the empty spaces between the naves and chapels.

La cerca que cierra la finca y otra de nueva traza, sobre la huella del muro de la iglesia, cierran un primer recinto para aparcamiento de coches; una fila de plátanos guiada en forma de pérgola los protegerá del sol. El jardín se propone con una traza de caminos y plazas ocupando los vacíos de las naves y capillas con un sistema de setos.

Security station / Casa-Guarda

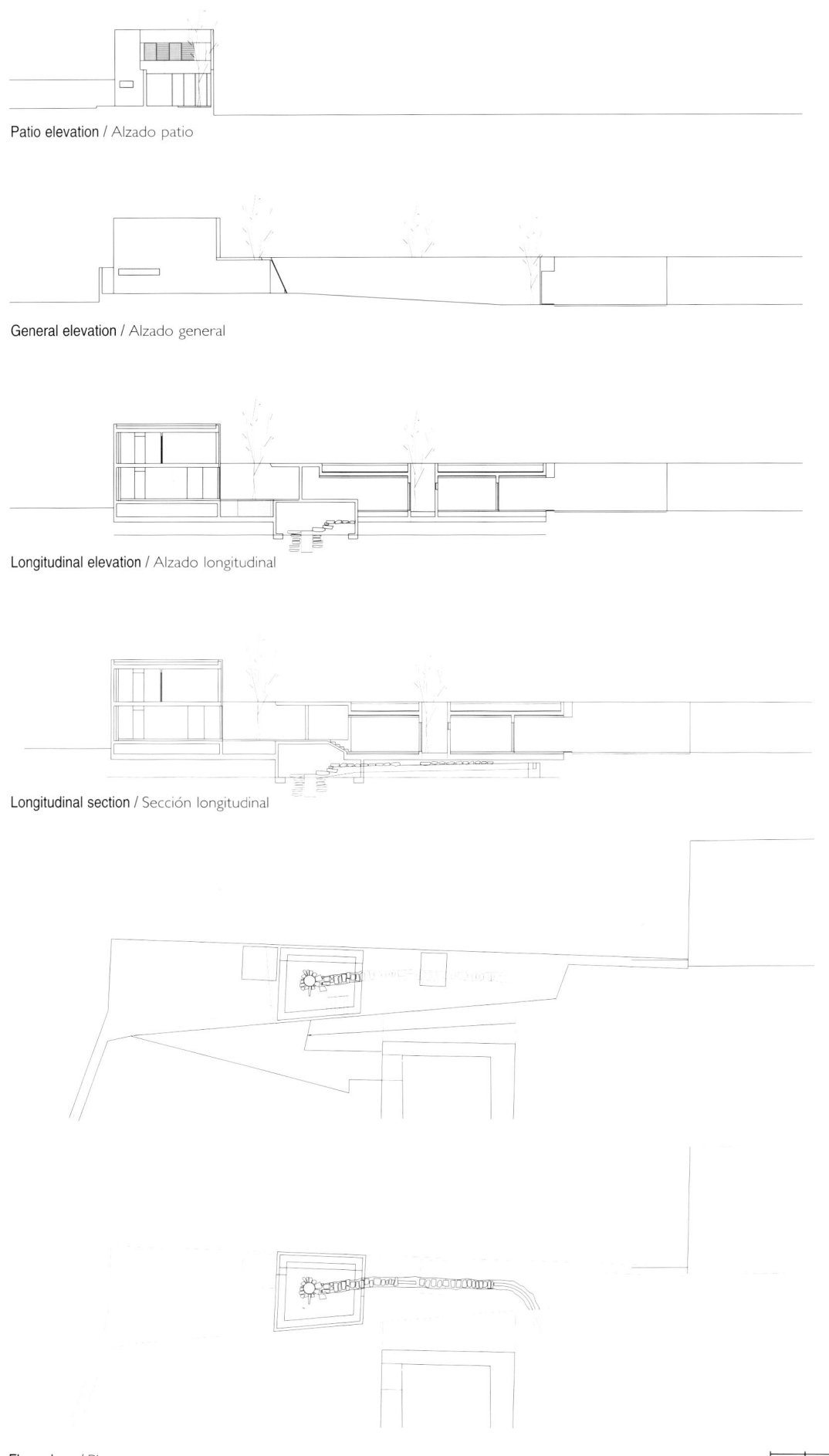

Patio elevation / Alzado patio

General elevation / Alzado general

Longitudinal elevation / Alzado longitudinal

Longitudinal section / Sección longitudinal

Floor plans / Plantas

North elevation / Alzado norte

East elevation / Alzado este

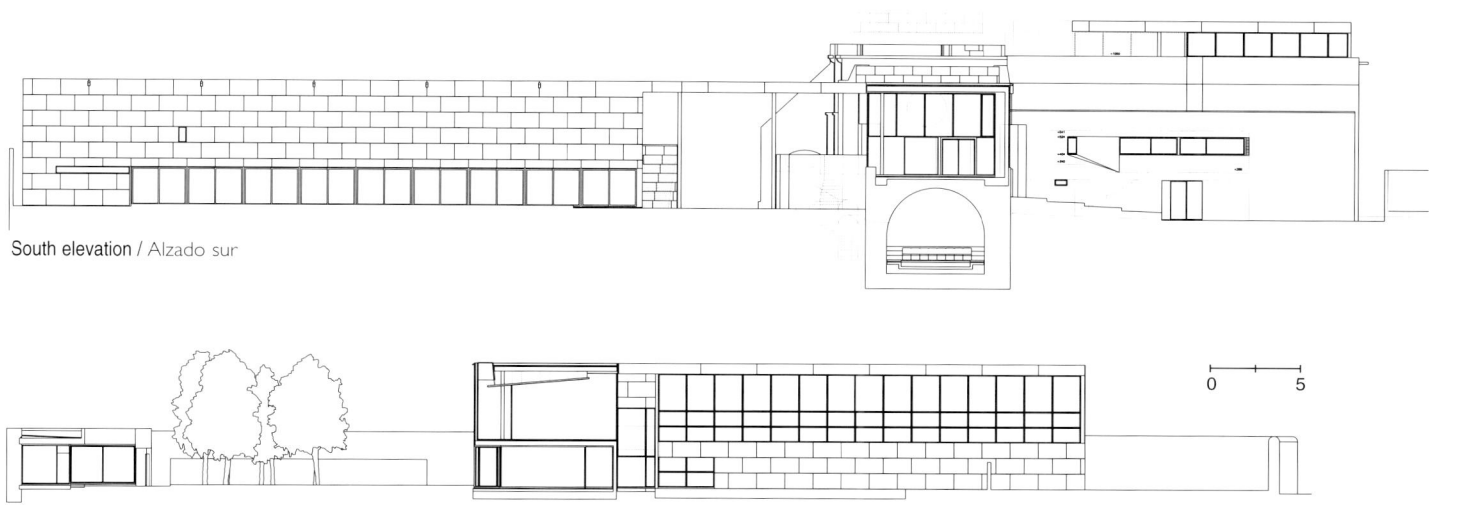

South elevation / Alzado sur

West elevation / Alzado oeste

Project on convent remains / Intervención restos conventuales

Elevation and roof sections / Despieces alzados y cubiertas

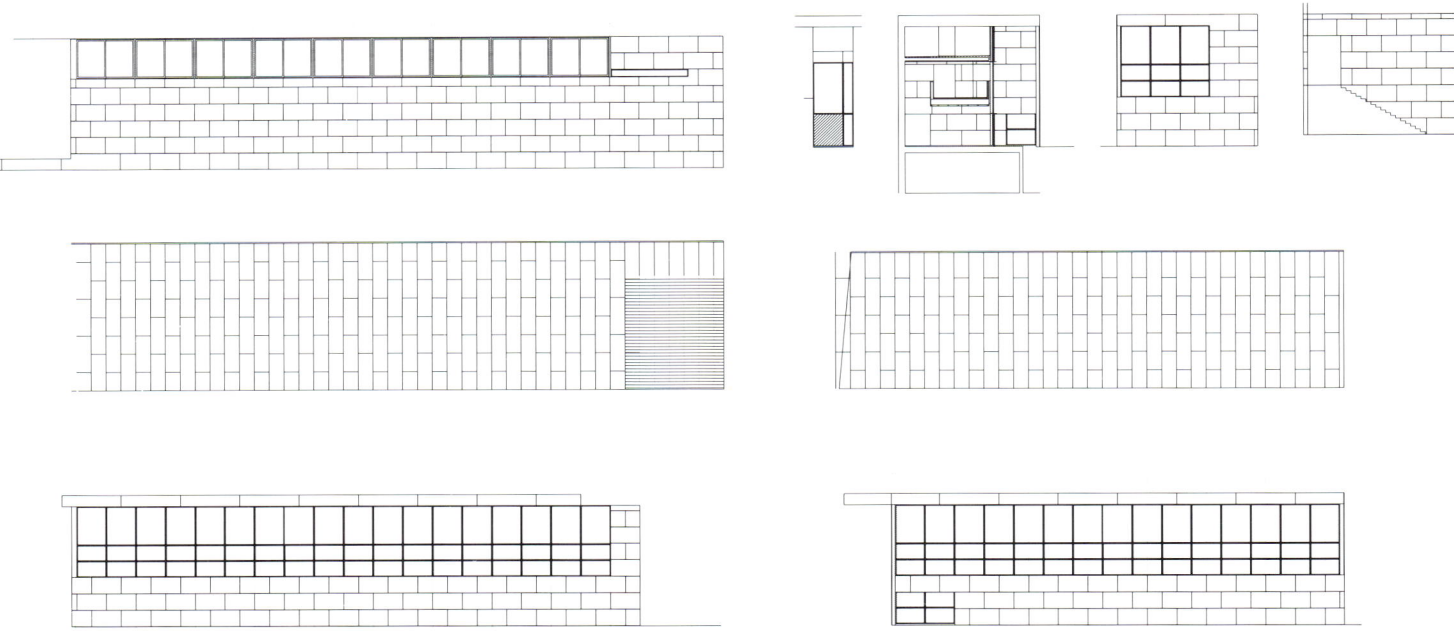

Library longitudinal sections / Secciones longitudinales de la biblioteca

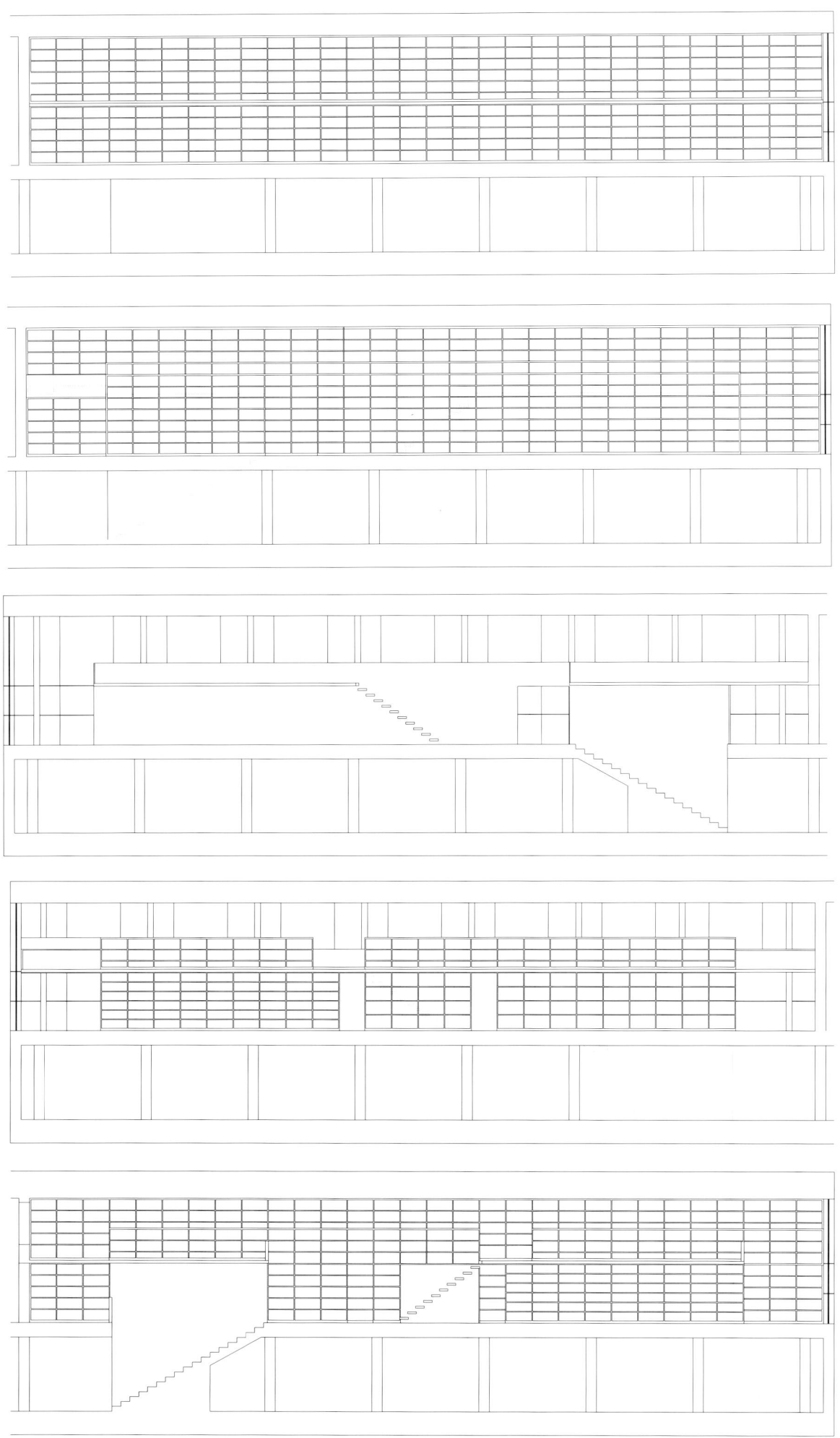

Library floor plans / Plantas de la biblioteca

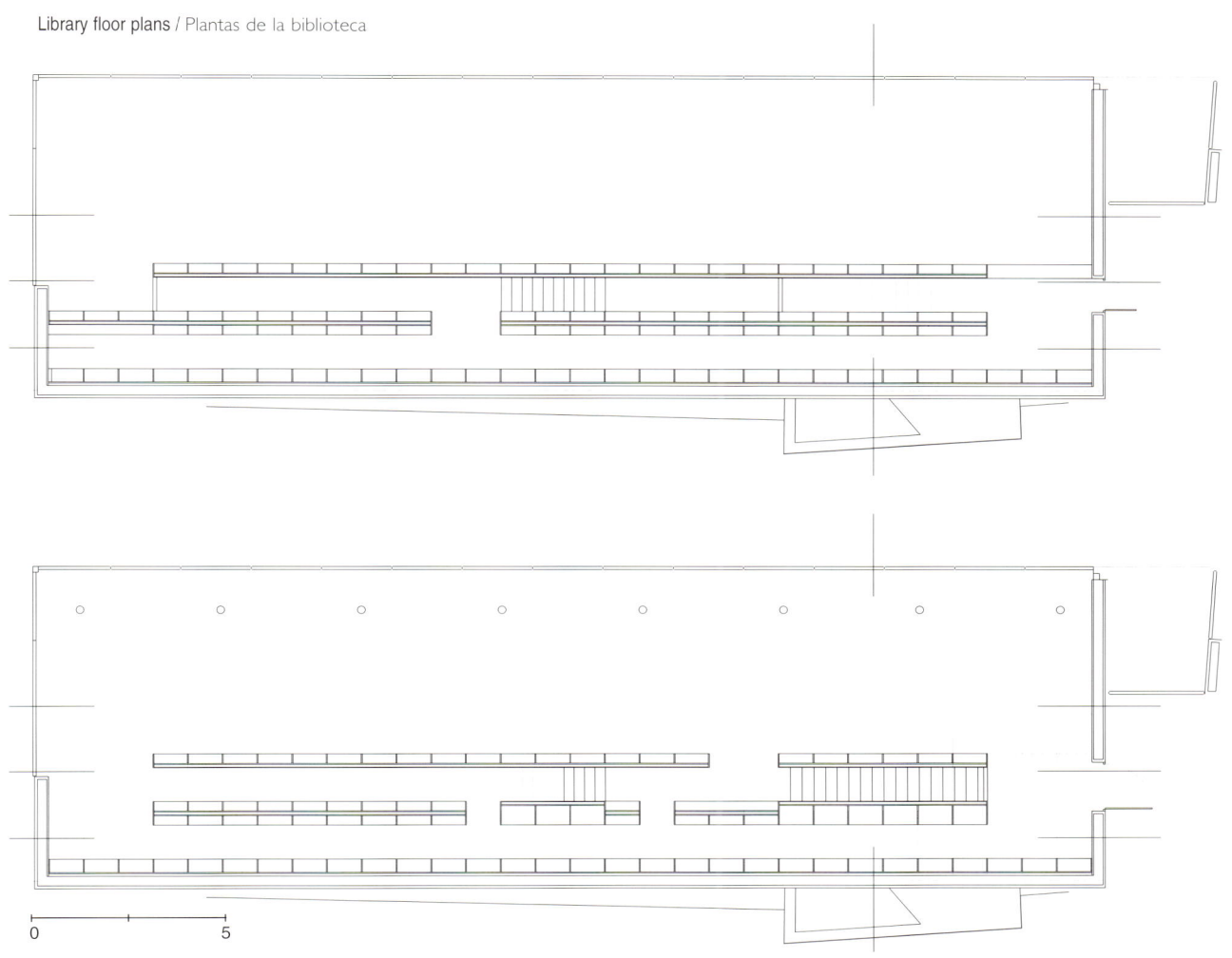

Chapel floor plan and sections /
Planta y secciones de la capilla

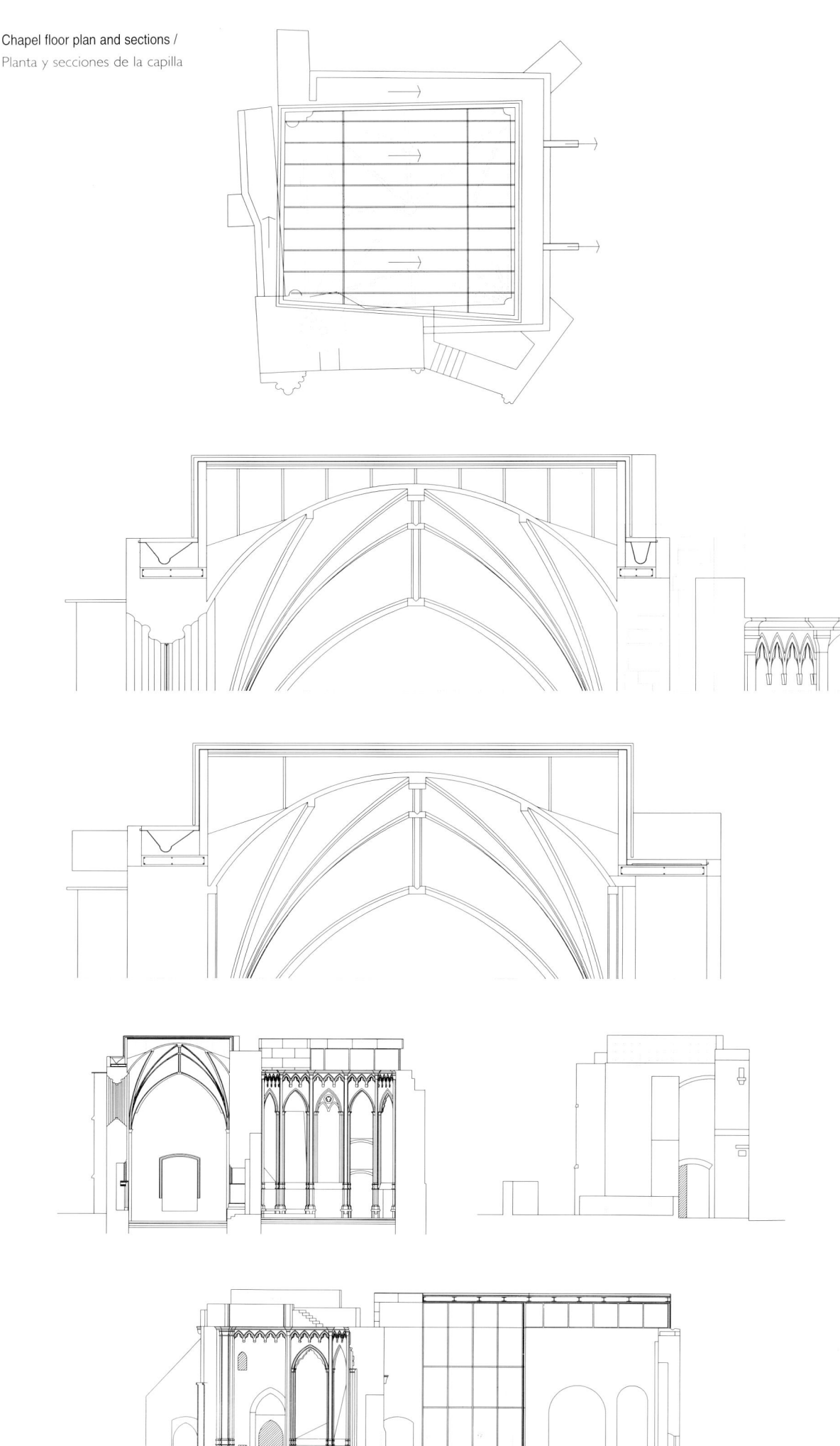

Sections / Secciones

0 2

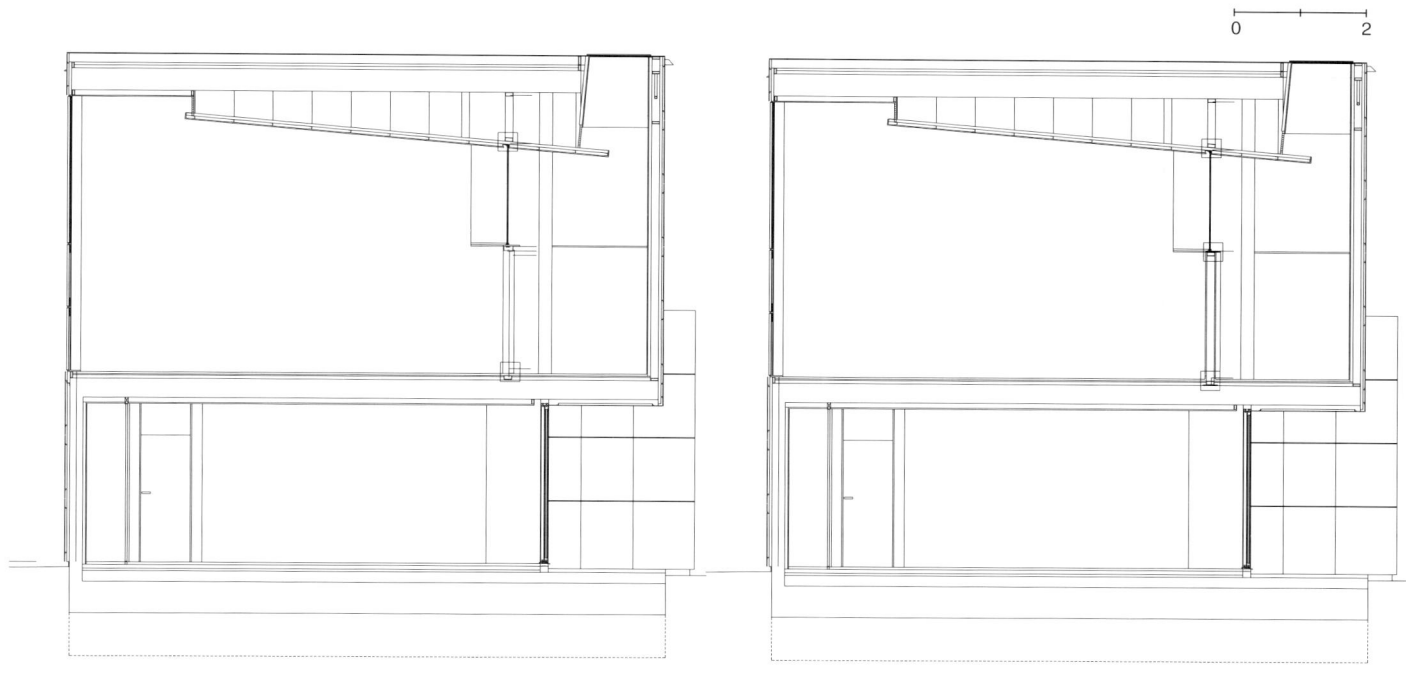

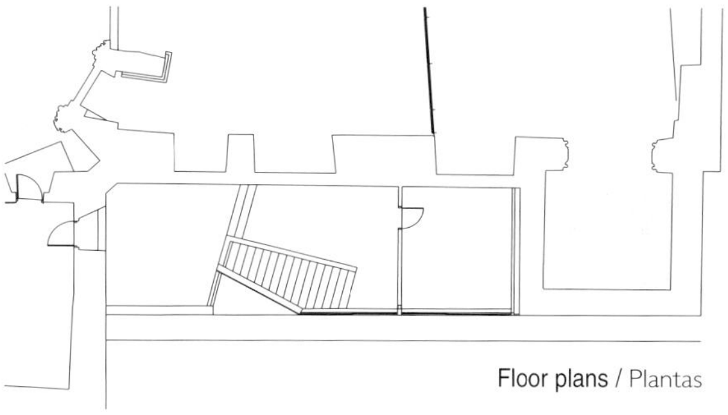

Floor plans / Plantas

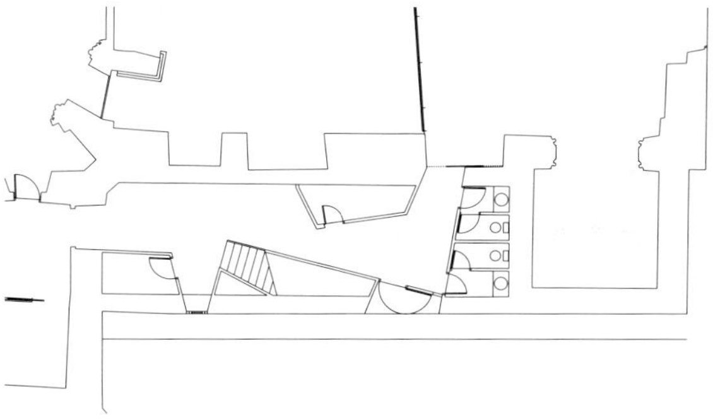

Side nave section and elevations /
Sección y alzados de la nave lateral

0 5

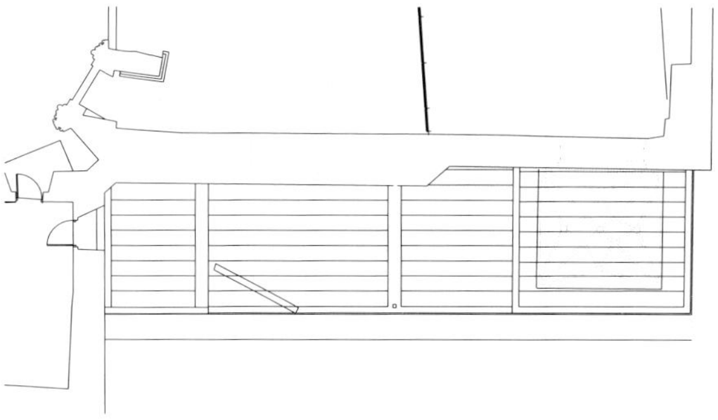

Sections / Secciones

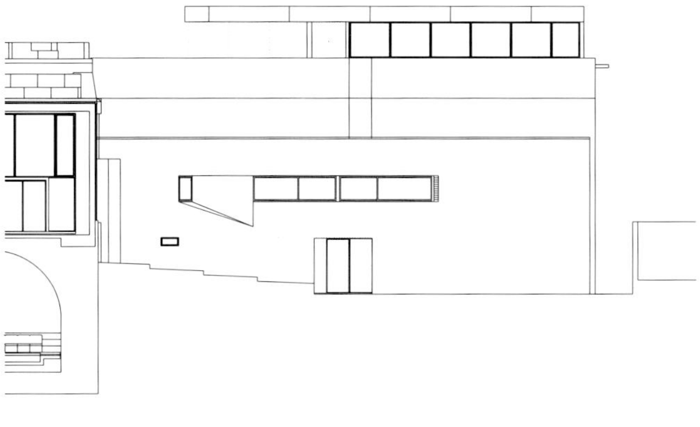

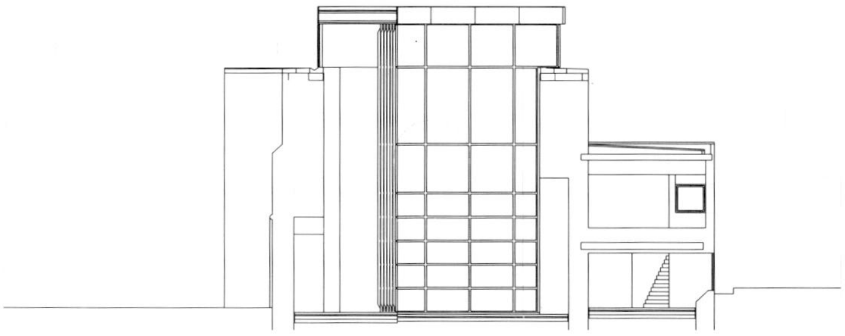

Benoîte Doazan & Stéphane Hirschberger, architectes
Rénovation du Marché Couvert

Lagny-sur-Marne, France Photographs: Atelier Doazan-Hirschberger / Jean-Marie Monthiers

The rehabilitation of this unique building –foods market on the ground floor and library on the first– called for improving the facade, installations and services. Since the market was to be undergoing reforms, the opportunity presented itself to give both volumes a similar treatment.

The program included changing the cladding on the top floor for a new facade of untreated red cedar clapboard affixed to the market pillars, thereby emphasizing their rhythm. Wood was chosen because it is lightweight, durable and easy to affix to the building.

These prefabricated facade panels shield the building from water and wind, while at the same time giving coherent organization to the library and allowing greater freedom for interior work. The cladding profile is a cantilevered copper cornice resting on wooden modillions.

The lower part of the facade (where the market is located) consists of sectional fiber glass doors which run from pillar to pillar and can be folded up to fit inside a compartment hidden behind a decorative panel. At night, their translucence gives the building the look of a lamp on which are projected shadows of shopkeepers and customers.

The pillars inside the market are painted, except at the base, where concrete skirting has been added for greater resistance.

The two floors are divided along the facade by an armor-plate glass canopy, which recalls familiar images of markets from times past and enables the stalls to be extended to the edge of the built space.

A small square –ideal for taking a break or socializing– was opened up in the center of the market as a result of the reorganization. The stalls lie parallel to the slope and enjoy fairly uniform distribution, while the cross aisles break up the stalls into three commercially viable units. In an attempt to open the market out toward the town and, likewise, draw the surroundings inside, the floor paving is the same as that of the street.

El proyecto de rehabilitación de este edificio singular –mercado en planta baja y biblioteca en primera planta– responde a las exigencias de mejora de su fachada, instalaciones y servicios. Se trataba de aprovechar la ocasión que ofrecía la reorganización del mercado para otorgar un aspecto común a los dos equipamientos.

El proyecto preveía cambiar el revestimiento de la parte superior por una nueva fachada de tingladillo de cedro rojo bruto, montado sobre la trama de los pilares del mercado que refuerzan el ritmo. Se decidió utilizar la madera por su ligereza, durabilidad y su fácil sujeción estática al edificio. Estos paneles prefabricados de la fachada protegen al edificio del agua y del viento al tiempo que permiten organizar racionalmente la zona de la biblioteca, dejando más libertad para las intervenciones interiores. El perfil de este revestimiento está constituido por una cornisa de cobre en voladizo que se apoya sobre los modillones de madera.

La parte inferior de las fachadas, correspondientes al mercado, están constituidas por puertas seccionales de fibra de vidrio. Éstas ocupan todo el espacio libre entre los pilares y se pliegan en un cajón integrado a un falso plafón. Al ser opalescentes, por la noche dan al edificio el aspecto de una linterna sobre la que se proyectan las sombras de los comerciantes y clientes.

Los pilares, en el interior del mercado, están revestidos y pintados excepto en la base, donde se ha optado por zócalos de hormigón para asegurar una buena resistencia a los golpes.

Los dos niveles se dividen en las fachadas por una marquesina de vidrio armado que hace referencia a las imágenes familiares de los mercados antiguos, posibilitando a los puestos salirse del limite construido.

En la reorganización de los puestos se ha creado una placita en el centro del mercado que sirve como punto de encuentro y de reposo. Los puestos están orientados paralelamente a la pendiente y repartidos de manera bastante similar. Las calles transversales fragmentan los puestos en tres unidades más creíbles comercialmente. Los pavimentos escogidos son los de la calle, tratando así de abrir el mercado al pueblo y hacer que éste penetre a su vez dentro del recinto cubierto.

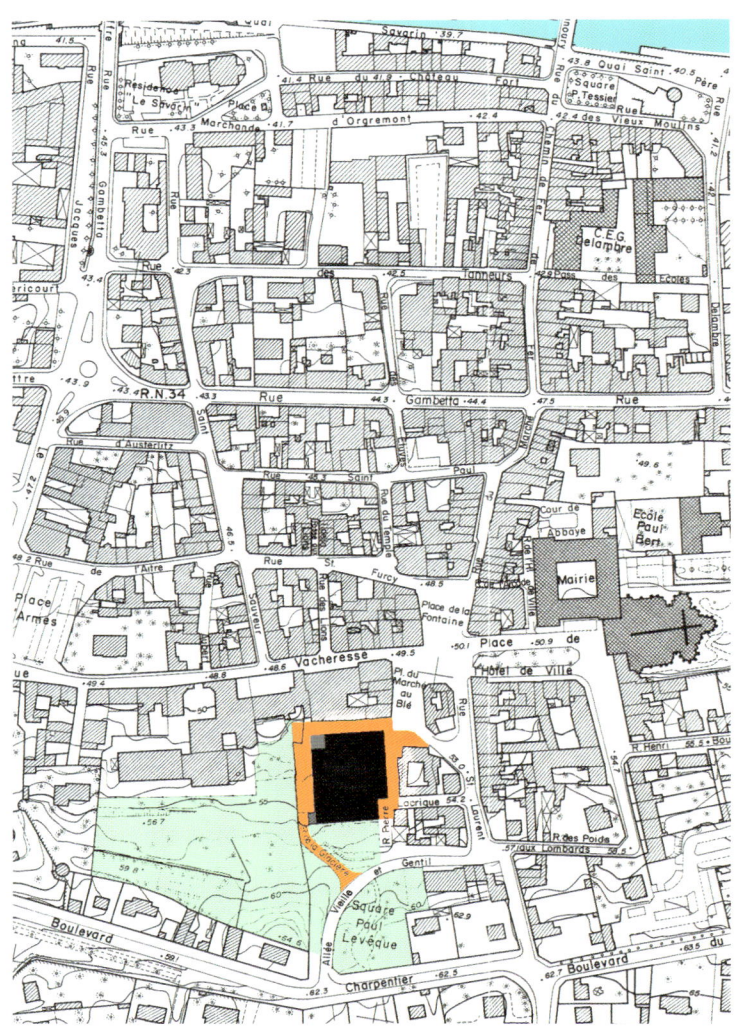
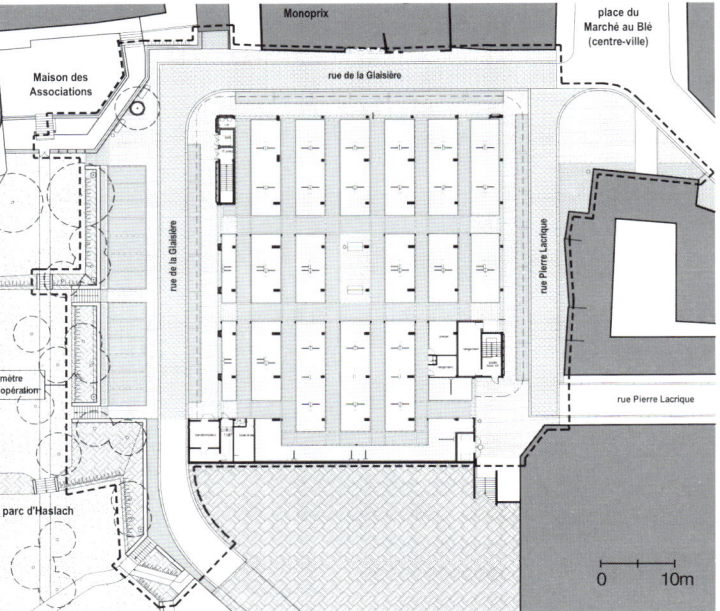

General floor plan / Planta general

Site plan / Plano de situación

1. Copper cover / Recubrimiento de cobre
2. Natural red cedar cladding, structure and joinery in aged wood / Revestimiento de cedro rojo natural, estructura y ensambles en madera envejecida
3. Zinc cover / Recubrimiento de cinc
4. Painted cantilever, translucent glass / Voladizo pintado, vidrio traslúcido
5. Translucent fiber glass doors / Puertas de fibra de vidrio traslúcidas
6. Painted concrete pillar / Pilar de hormigón pintado

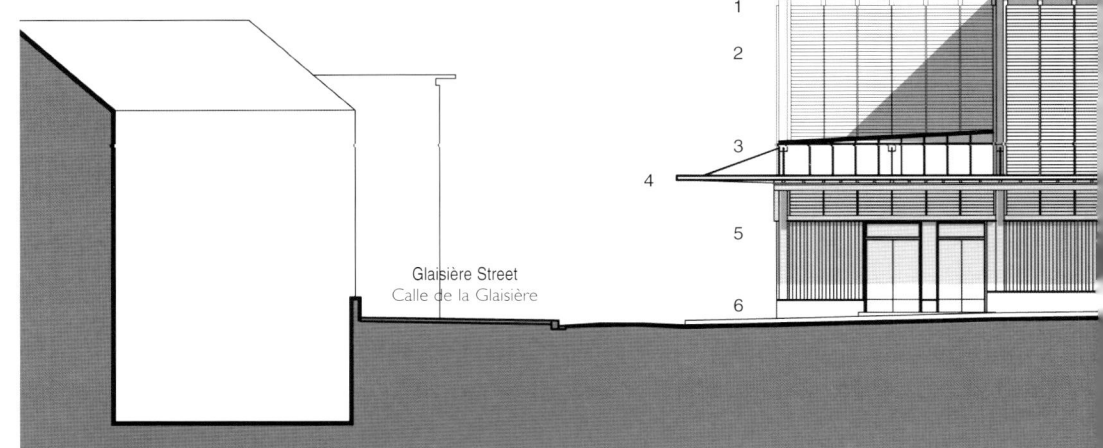

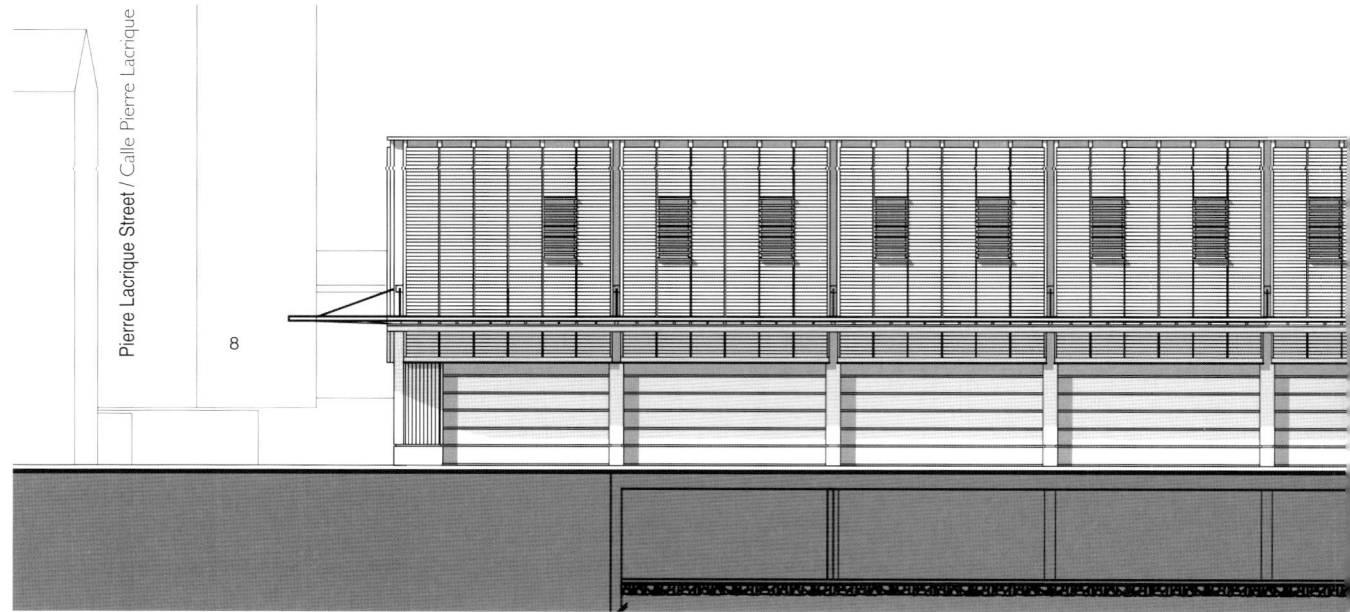

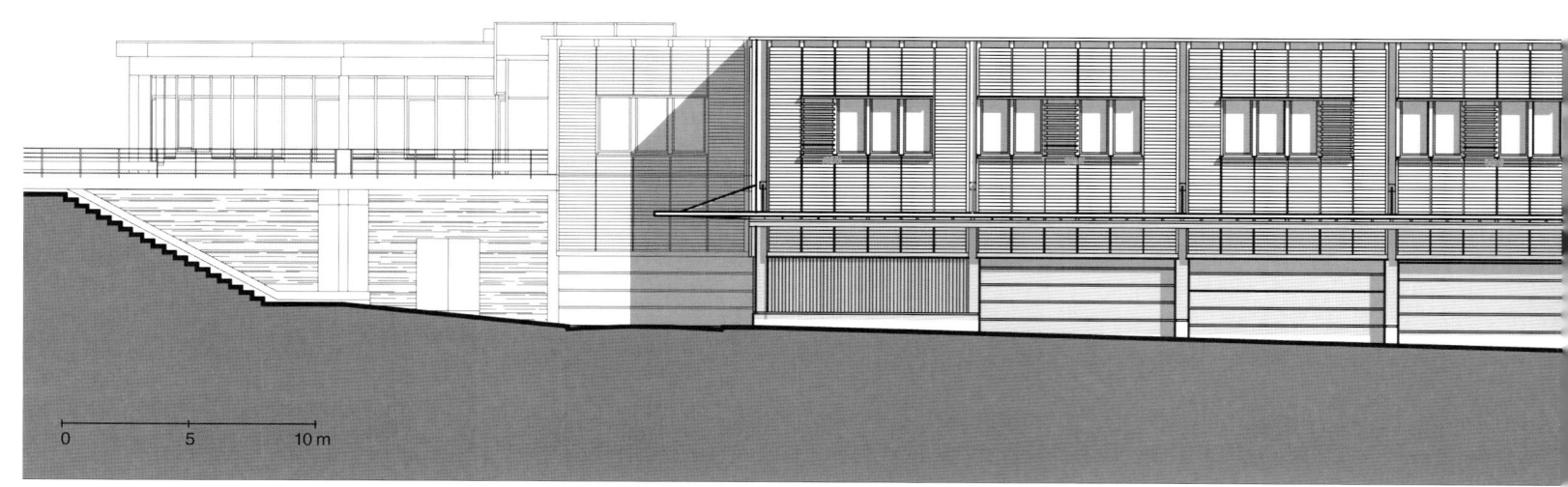

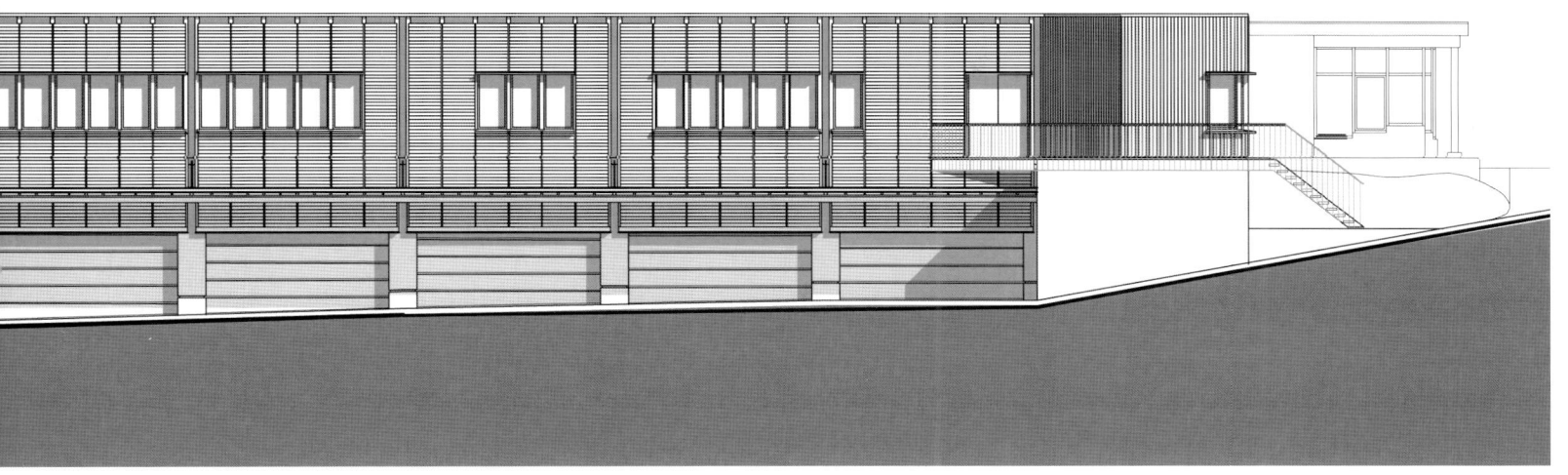

West elevation / Alzado oeste

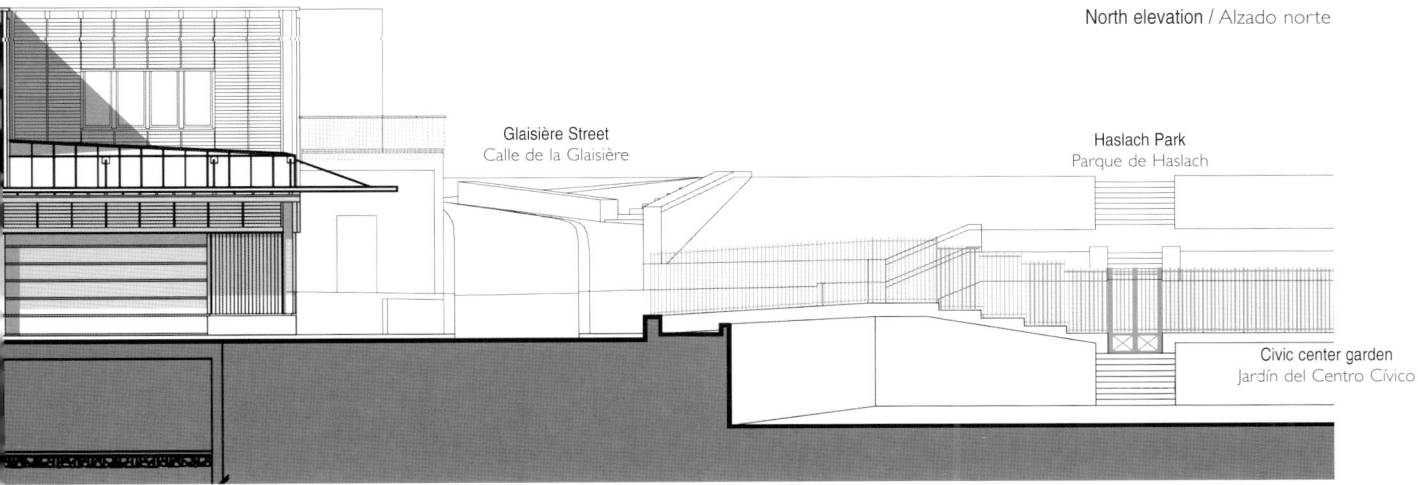

North elevation / Alzado norte

Glaisière Street
Calle de la Glaisière

Haslach Park
Parque de Haslach

Civic center garden
Jardín del Centro Cívico

East elevation / Alzado este

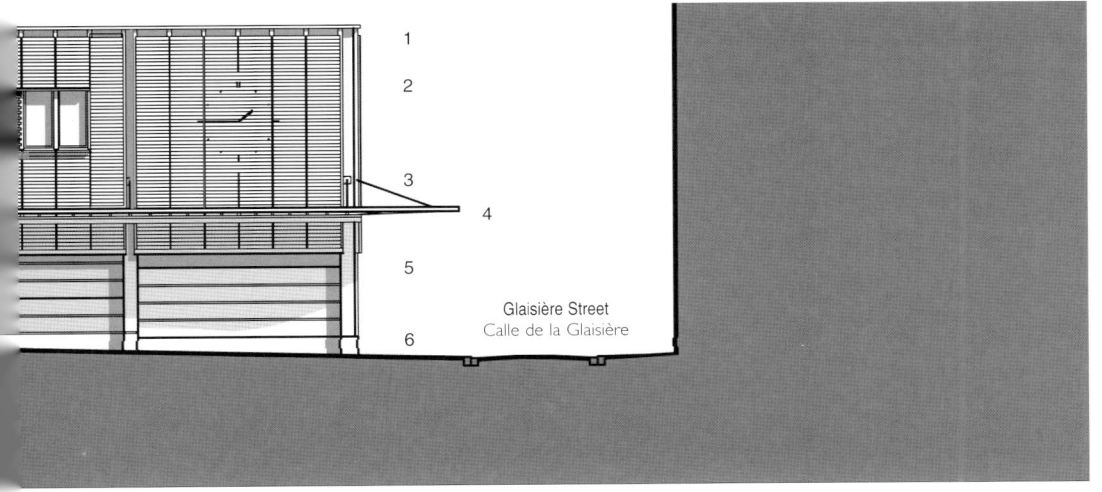

Glaisière Street
Calle de la Glaisière

After the rehabilitation, the south face of the library now opens out toward a garden, while the market faces north, toward the city center.

Tras la rehabilitación, la cara sur de la biblioteca se abre hacia un jardín, mientras que el mercado se orienta al norte, hacia el centro de la población.

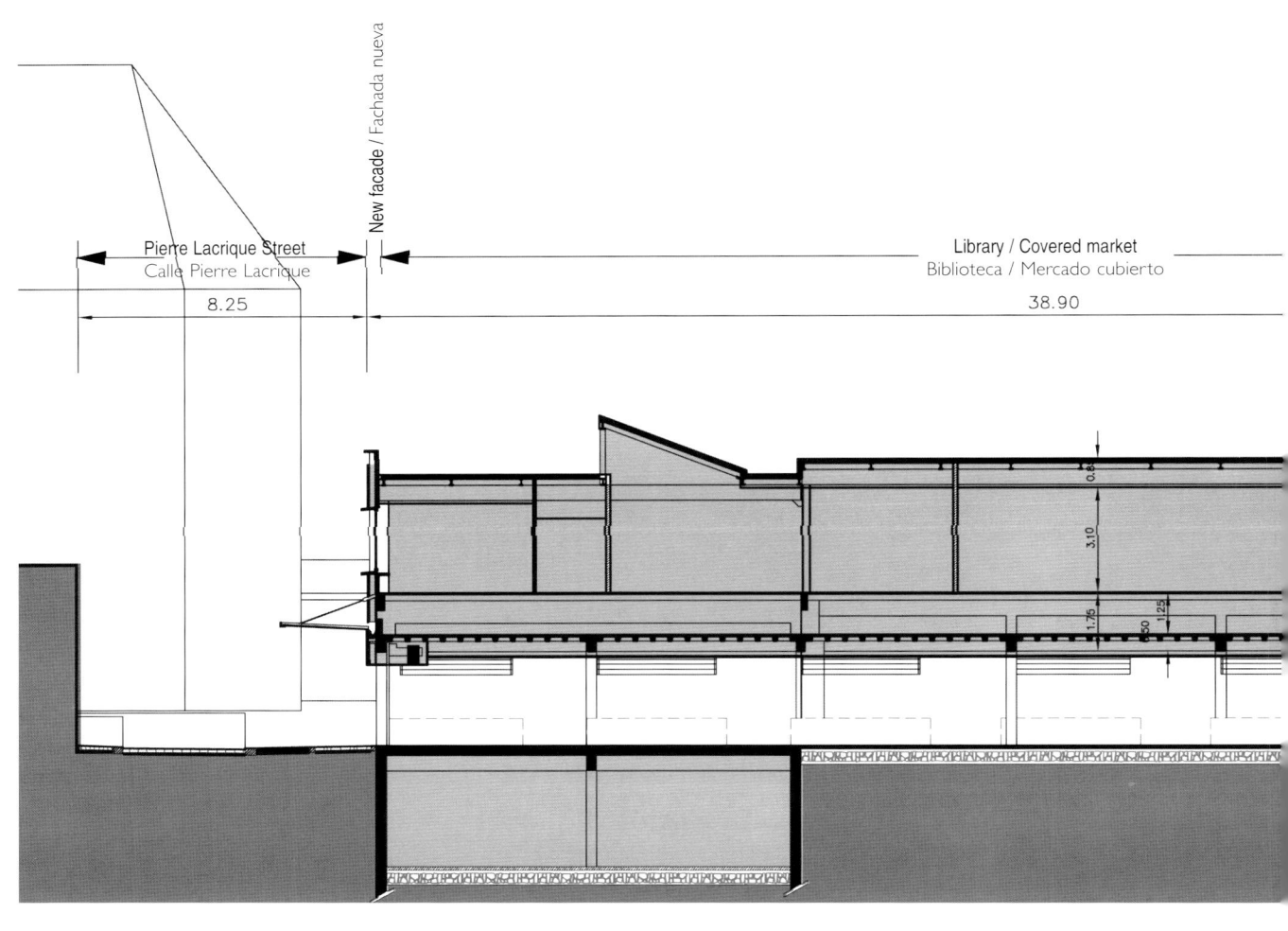

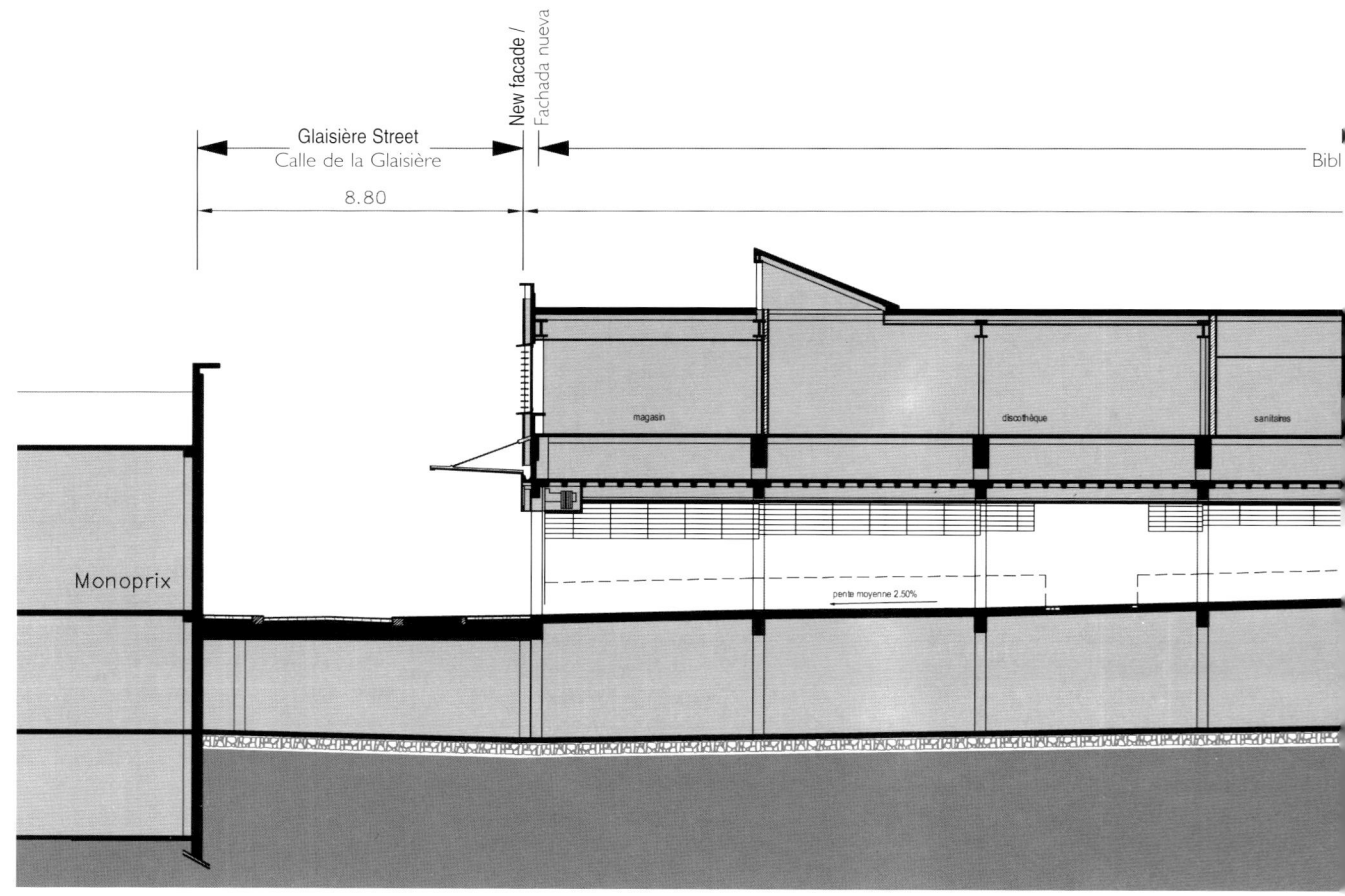

North section / Sección norte

New facade / Fachada nueva

Glaisière Street / Calle de la Glaisière
18.84

Haslach Park / Parque de Haslach

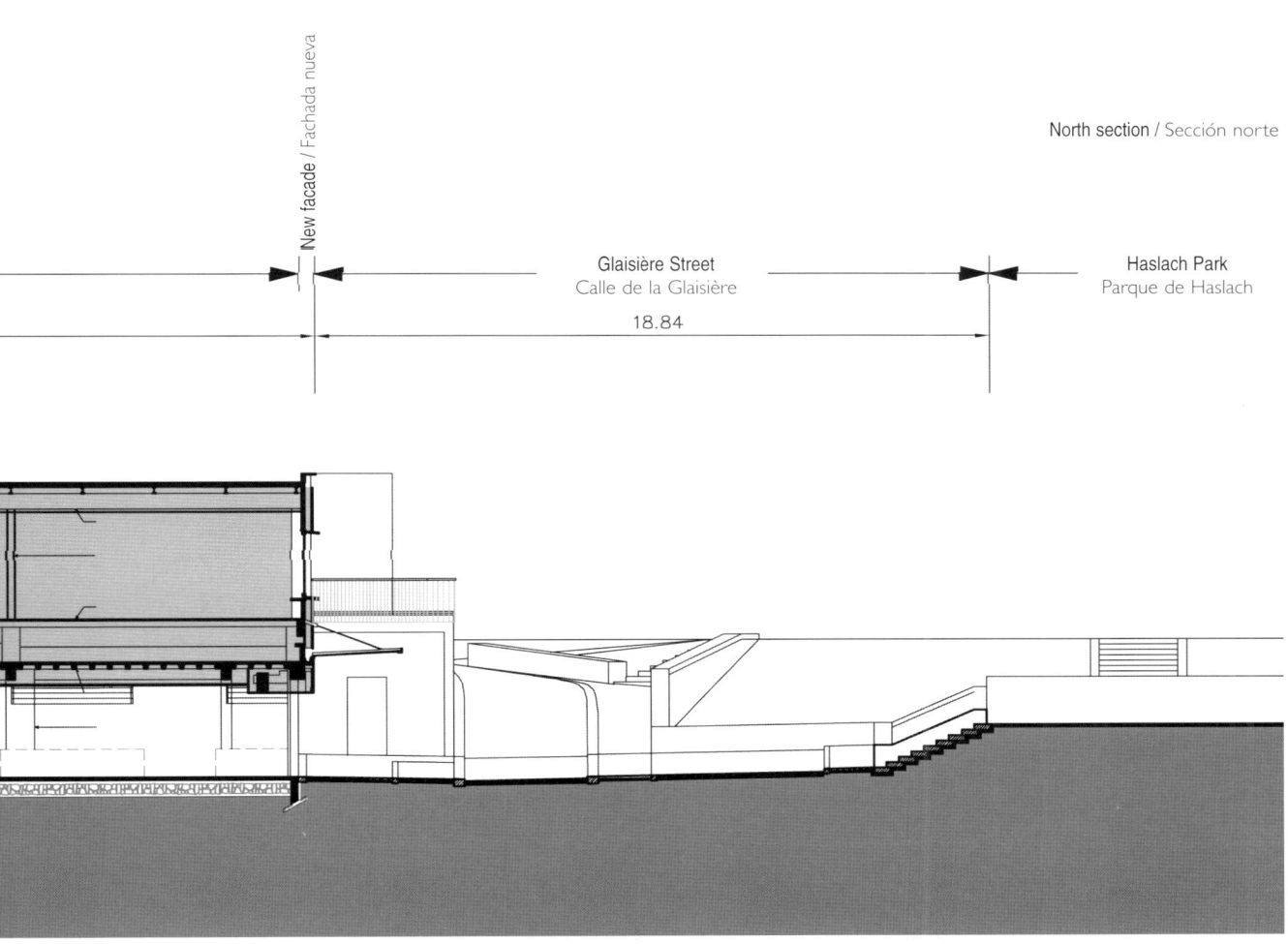

West section / Sección oeste

market
cubierto

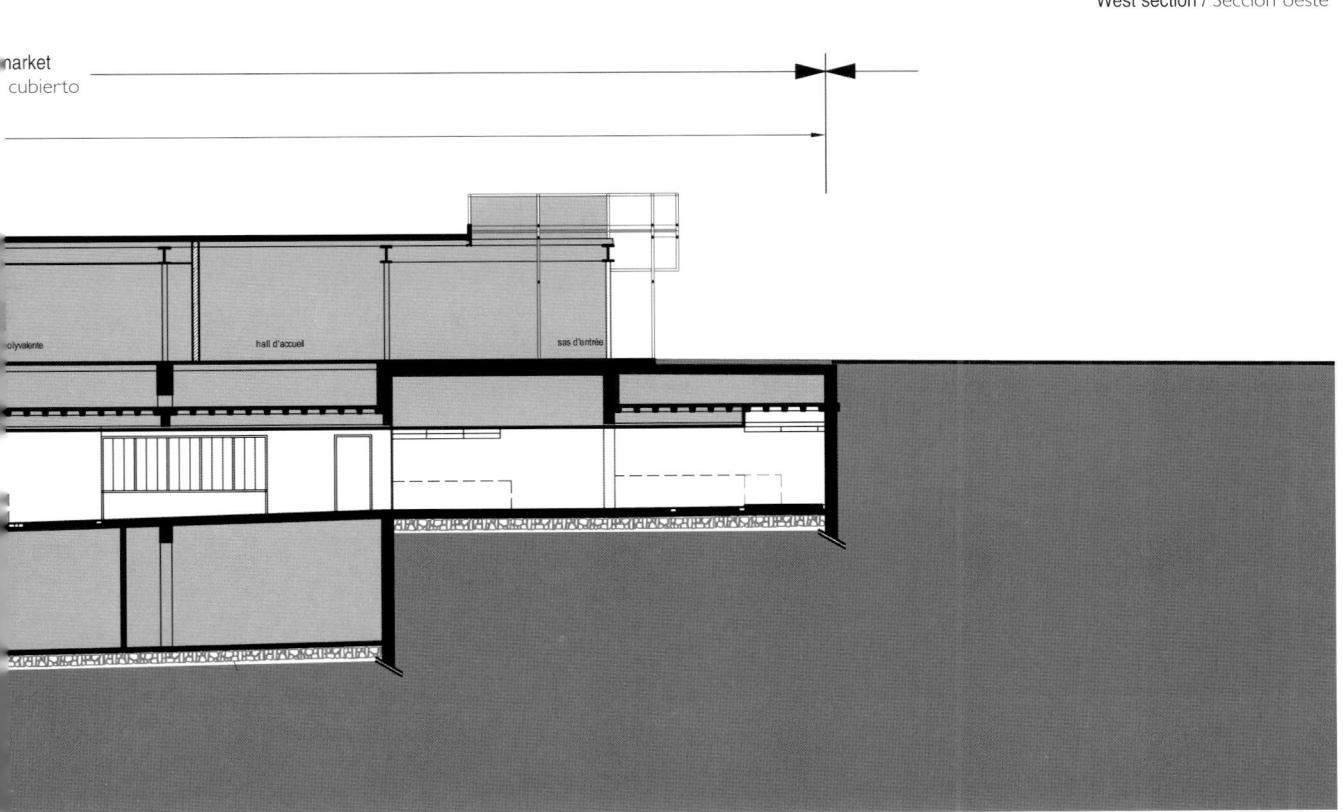

Detail of facade construction / Detalle constructivo de la fachada

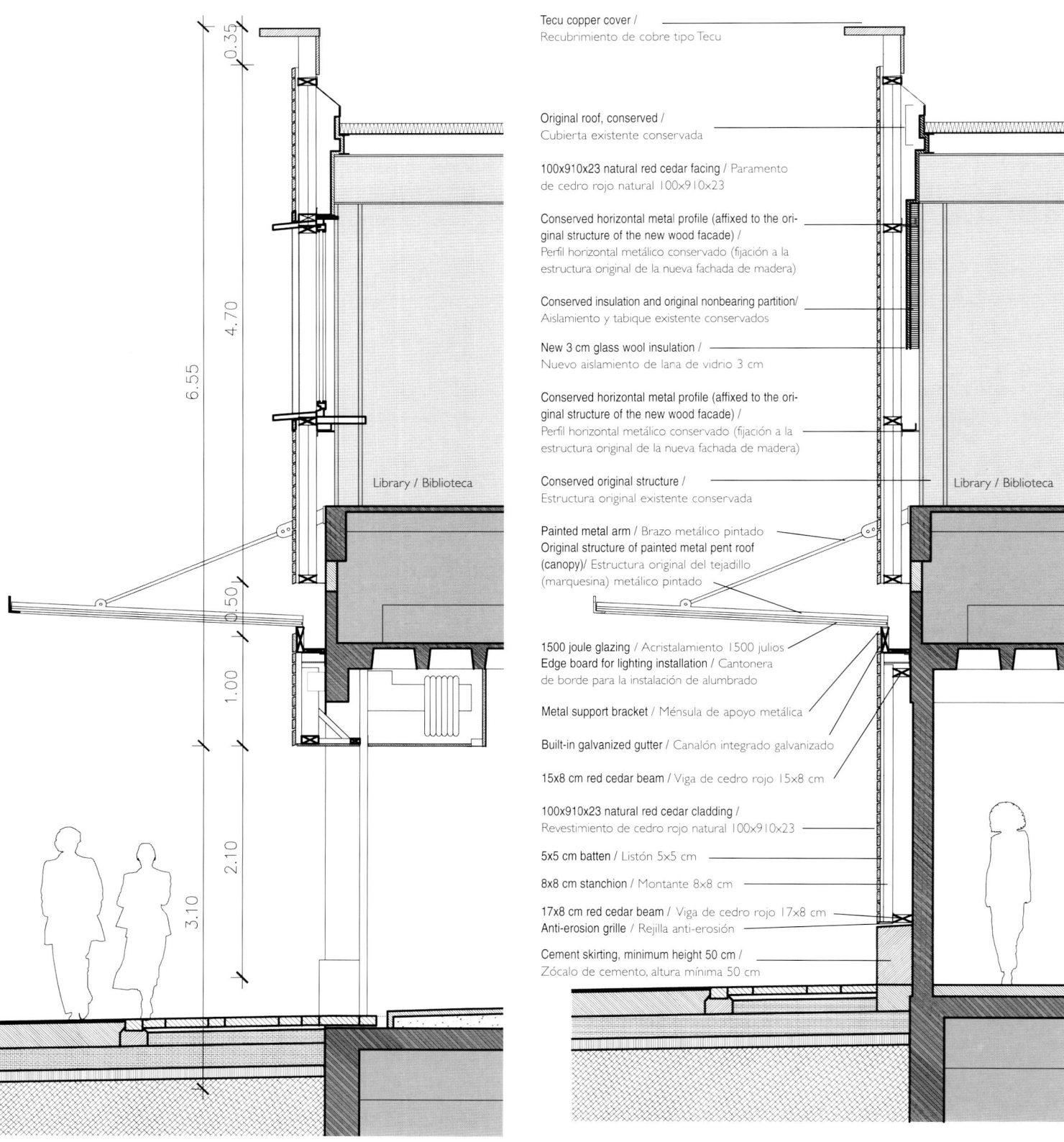

Construction detail of market interior / Detalle constructivo del interior del mercado

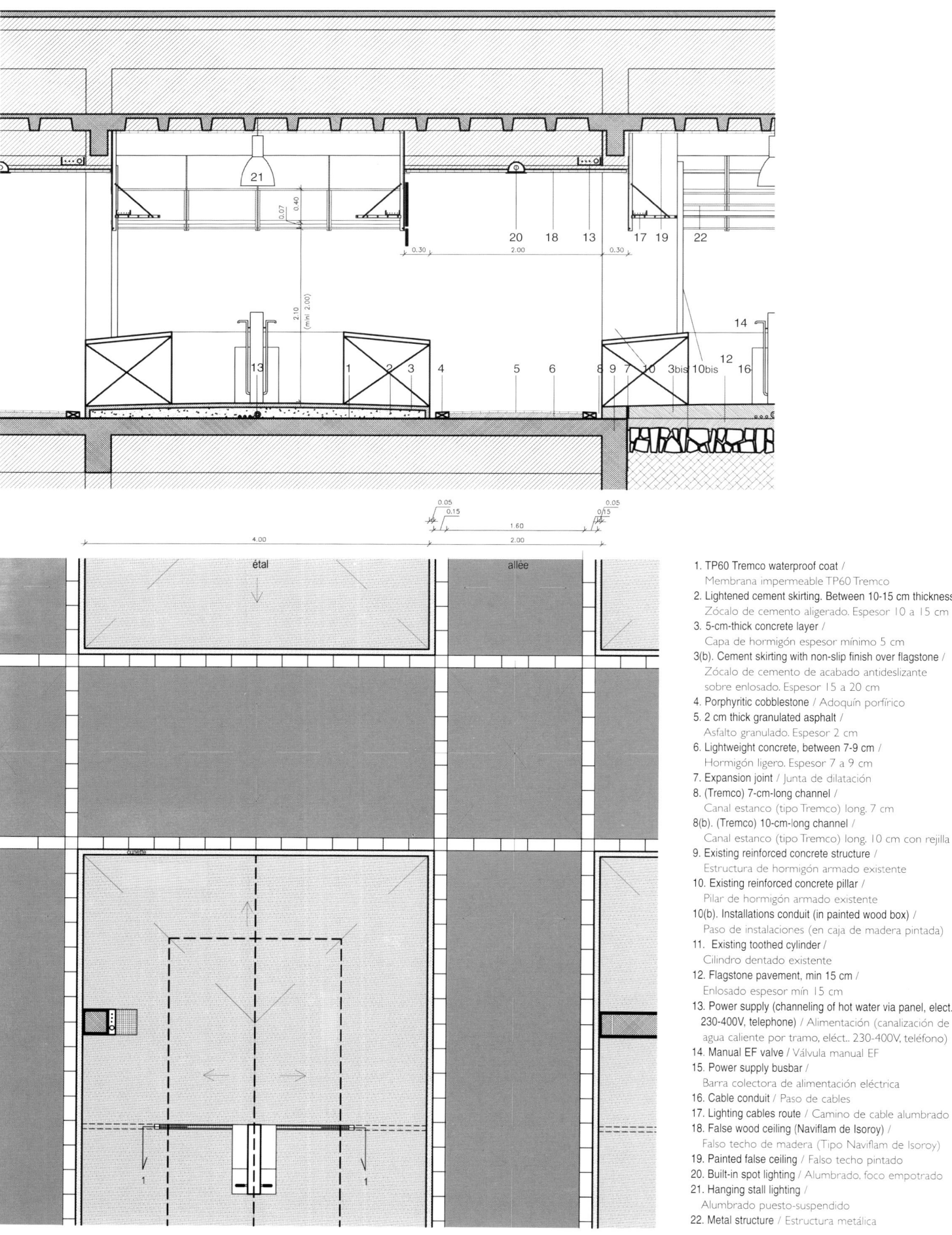

1. TP60 Tremco waterproof coat / Membrana impermeable TP60 Tremco
2. Lightened cement skirting. Between 10-15 cm thickness / Zócalo de cemento aligerado. Espesor 10 a 15 cm
3. 5-cm-thick concrete layer / Capa de hormigón espesor mínimo 5 cm
3(b). Cement skirting with non-slip finish over flagstone / Zócalo de cemento de acabado antideslizante sobre enlosado. Espesor 15 a 20 cm
4. Porphyritic cobblestone / Adoquín porfírico
5. 2 cm thick granulated asphalt / Asfalto granulado. Espesor 2 cm
6. Lightweight concrete, between 7-9 cm / Hormigón ligero. Espesor 7 a 9 cm
7. Expansion joint / Junta de dilatación
8. (Tremco) 7-cm-long channel / Canal estanco (tipo Tremco) long. 7 cm
8(b). (Tremco) 10-cm-long channel / Canal estanco (tipo Tremco) long. 10 cm con rejilla
9. Existing reinforced concrete structure / Estructura de hormigón armado existente
10. Existing reinforced concrete pillar / Pilar de hormigón armado existente
10(b). Installations conduit (in painted wood box) / Paso de instalaciones (en caja de madera pintada)
11. Existing toothed cylinder / Cilindro dentado existente
12. Flagstone pavement, min 15 cm / Enlosado espesor mín 15 cm
13. Power supply (channeling of hot water via panel, elect. 230-400V, telephone) / Alimentación (canalización de agua caliente por tramo, eléct.. 230-400V, teléfono)
14. Manual EF valve / Válvula manual EF
15. Power supply busbar / Barra colectora de alimentación eléctrica
16. Cable conduit / Paso de cables
17. Lighting cables route / Camino de cable alumbrado
18. False wood ceiling (Naviflam de Isoroy) / Falso techo de madera (Tipo Naviflam de Isoroy)
19. Painted false ceiling / Falso techo pintado
20. Built-in spot lighting / Alumbrado, foco empotrado
21. Hanging stall lighting / Alumbrado puesto-suspendido
22. Metal structure / Estructura metálica

de Architectengroep
(Dick van Gameren & Bjarne Mastenbroek)
Apartments in a sewage plant

Amsterdan, The Netherlands   Photographs: Nicholas Kane

In the garden city of Amsterdam-West, the concrete reservoir tanks of a former sewage plant have been converted into a housing project. Although the original master plan called for seven circular, urban villas on an open green strip between two neighborhoods, it was deemed much more interesting to juxtapose the site's raw, industrial elements with new dwellings, as opposed to relying on a blank slate to create a project with only a formal resemblance to the original elements.

The experiment of converting slurry tanks and pre-treatment facilities into housing and services for a new neighborhood offered the chance to give a unique signature to the development, something often lacking in new housing developments.

Three of the existing concrete drums were used – one was made into storage facilities for the adjacent dwellings; another was used as a gray water collection tank with an overflow leading to a nearby lake; and the third was converted into a small apartment building.

30% of this last drum has been cut away in order to bring natural light into the apartments. The existing circular wall now serves as a screen between the new apartments and their immediate exterior surroundings. Each floor contains a three-room apartment and a small studio.

Since the penthouse on top sits above the top of the wall of the concrete drum, it enjoys privileged 360-degree views of Amsterdam-West, the park and the lake. In contrast to this wide view, total privacy is achieved in the central living room by the absence of windows; instead, natural light filters through a skylight. All the other rooms, including a second living room, are situated along the perimeter. Movement through the building and apartments constantly shifts from completely introverted (the drum itself and the living room) to extroverted (all the other rooms, kitchen and terraces).

En la ciudad jardín de Amsterdam-West, los depósitos de agua de hormigón de una antigua planta depuradora se han transformado en un proyecto de vivienda. A pesar de que el plan general requería siete viviendas urbanas circulares en una franja abierta y verde entre dos vecindarios, se consideró mucho más interesante yuxtaponer la desnudez del emplazamiento y sus elementos industriales con las nuevas viviendas, creando así un proyecto que recuerda ligeramente a los elementos originales.

El experimento de convertir estos depósitos e instalaciones de agua en viviendas y servicios para un nuevo vecindario ofreció la posibilidad de darle una firma única al desarrollo, algo a menudo ausente en los nuevos planes de viviendas.

Tres de los depósitos de hormigón existentes fueron usados —uno se transformó en equipamientos de almacenamiento para las viviendas adyacentes; otro como depósito de aguas residuales con un desagüe a un lago cercano; mientras que el tercero se convirtió en un pequeño edificio de apartamentos.

El 30% de este último depósito se abrió para llevar la luz natural al interior de los apartamentos. El muro circular existente sirve ahora como una pantalla entre los nuevos apartamentos y su inmediato exterior circundante. Cada planta contiene un apartamento de tres habitaciones y un pequeño estudio.

Desde que el ático se sitúa en lo alto del muro del depósito de hormigón, disfruta de la vista privilegiada de 360° de Amsterdam-West, el parque y el lago. En contraste con estas amplias vistas, la sala de estar central disfruta de una privacidad total por la ausencia de ventanas; sin embargo, la luz natural se filtra a través de un tragaluz. Todas las otras habitaciones, incluyendo la segunda sala de estar, están situadas junto al perímetro.

El movimiento a través del edificio y de los apartamentos cambia constantemente de lo completamente introvertido (el depósito en si mismo y la sala de estar) a lo extrovertido (todas las otras habitaciones, cocina y terrazas).

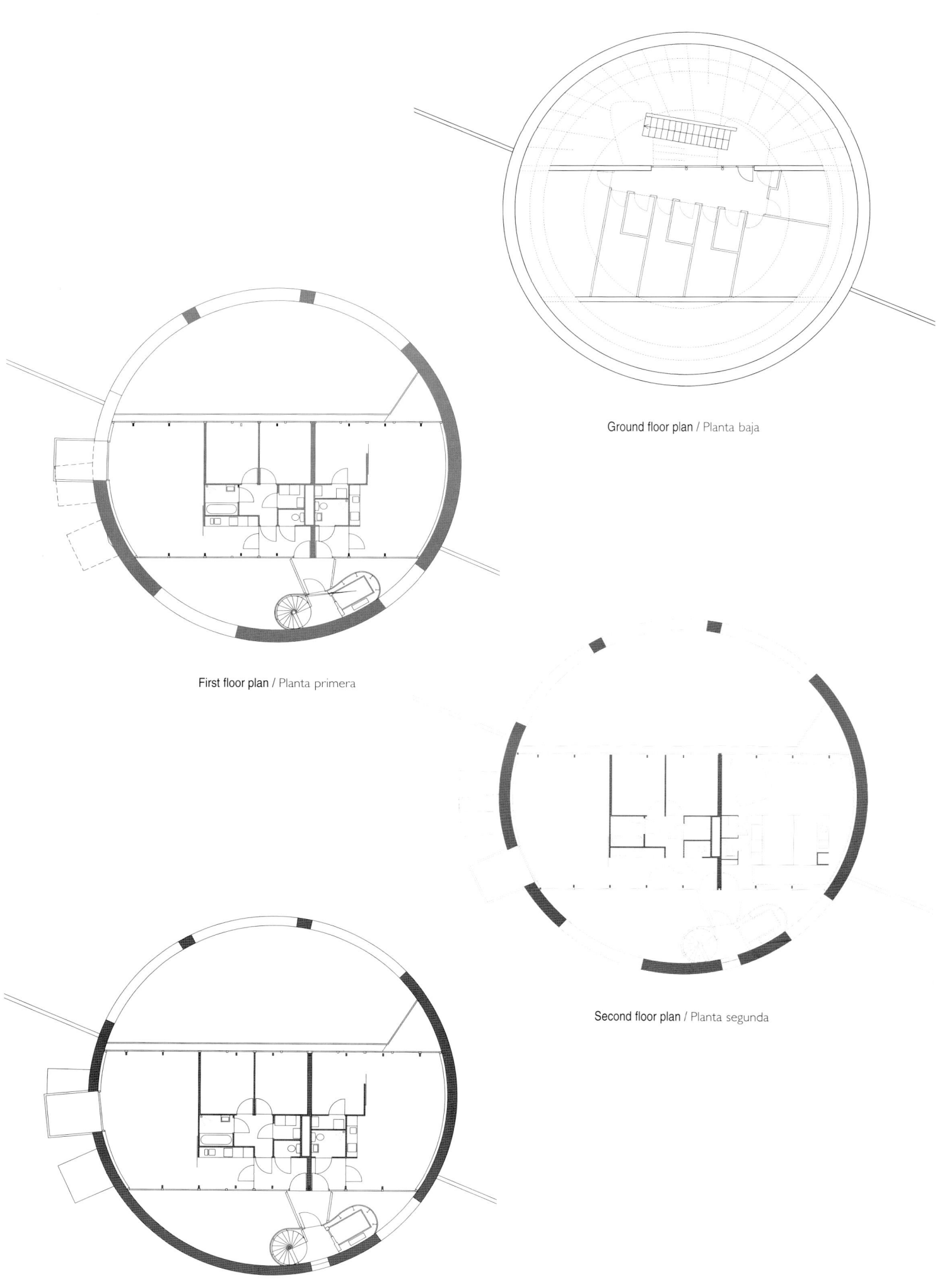

Ground floor plan / Planta baja

First floor plan / Planta primera

Second floor plan / Planta segunda

Third floor plan / Planta tercera

Of the three converted concrete drums, the one containing the dwellings has had 30% of its existing walls removed in order to bring natural light into the facade-side of the apartments and along the back, where each floor has a protruding balcony.

De los tres depósitos de hormigón reconvertidos, el que contiene las viviendas tuvo que prescindir del 30% de sus muros existentes para permitir el paso de luz natural a través de la fachada y en la parte trasera, donde cada planta tiene un balcón en voladizo.

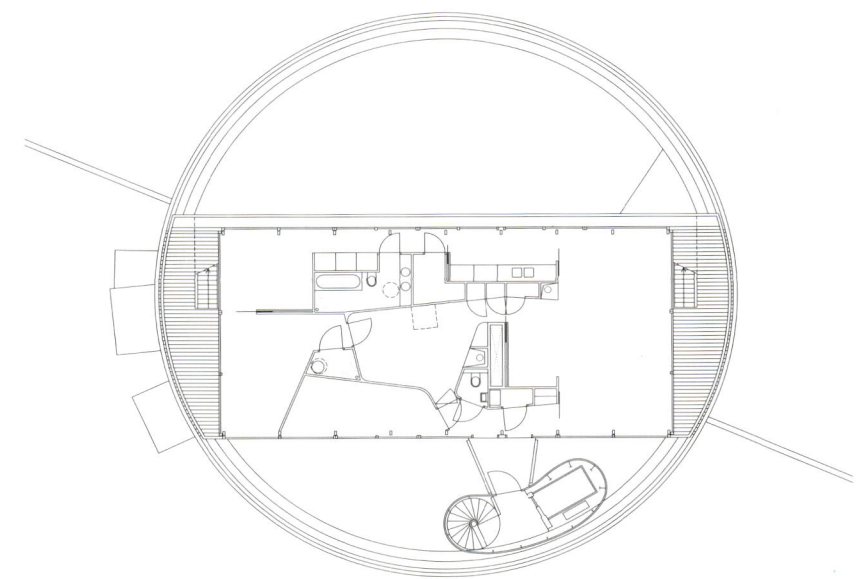

Penthouse floor plan / Planta ático

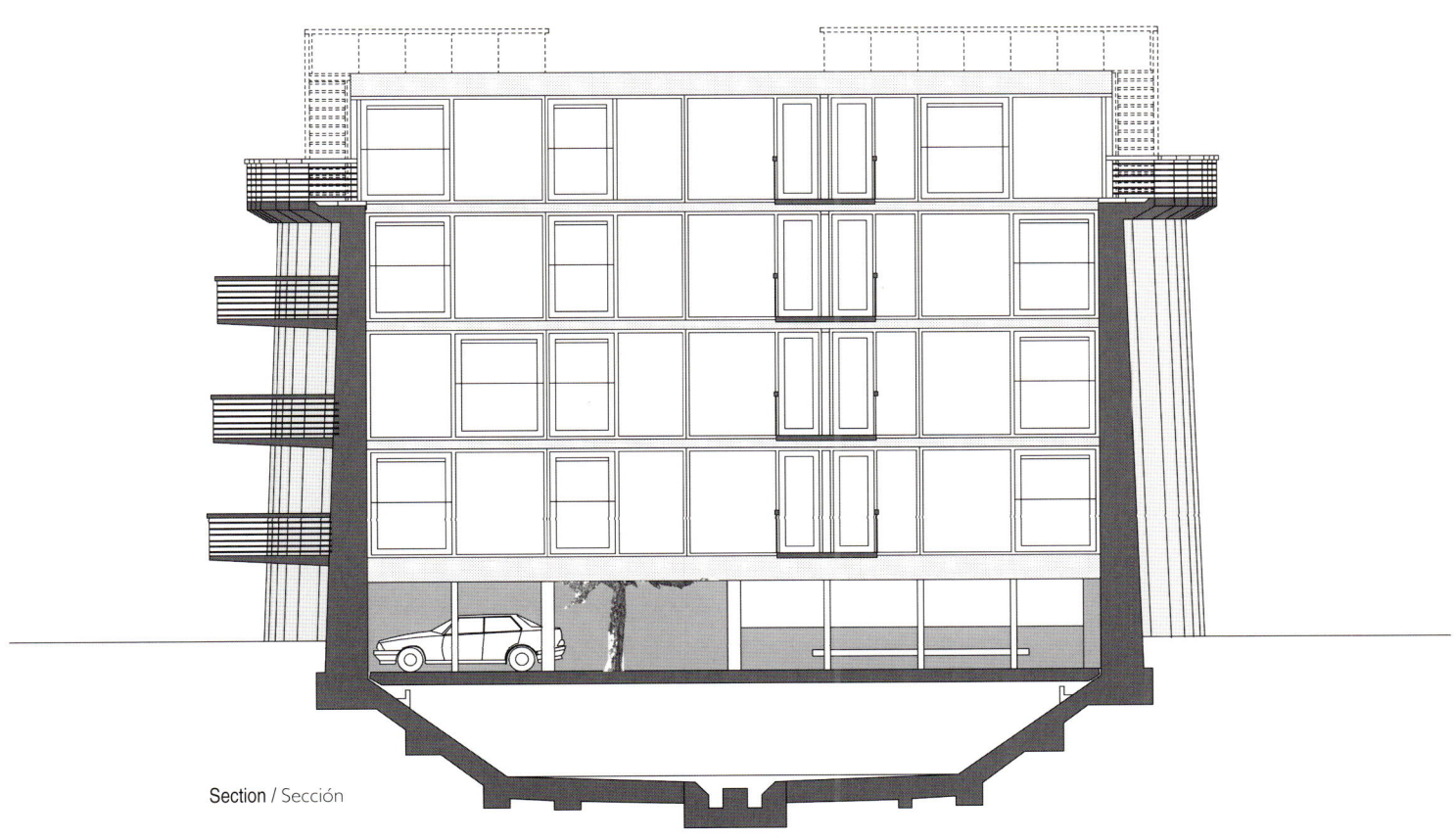

Section / Sección

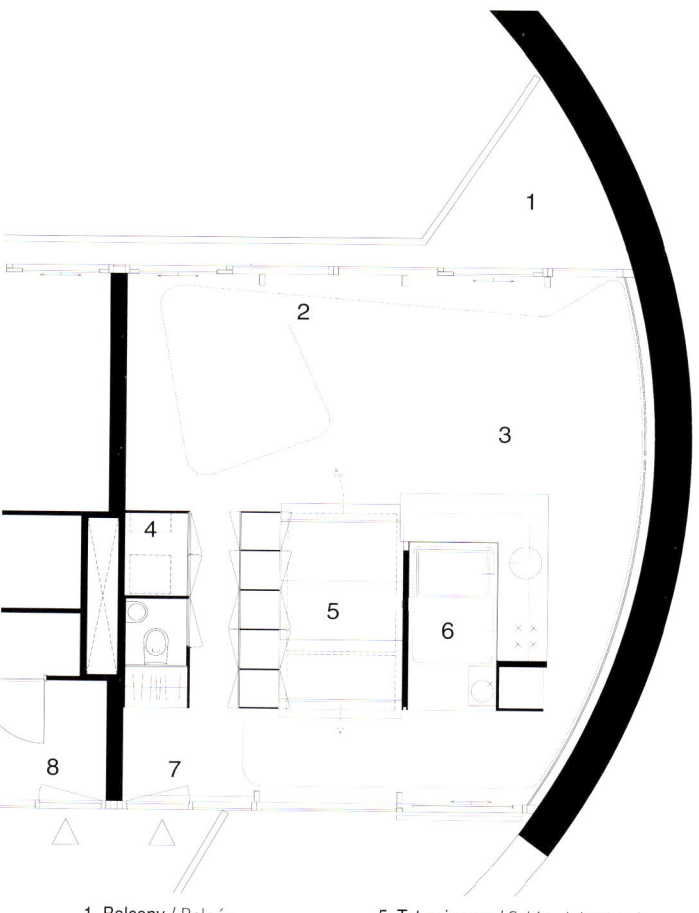

1. Balcony / Balcón
2. Garden / Jardín
3. Living-room / Salón
4. Utility room / Lavadero
5. Tatami room / Salón del tatami
6. Bathroom / Baño
7. Entrance / Entrada
8. Studio / Estudio

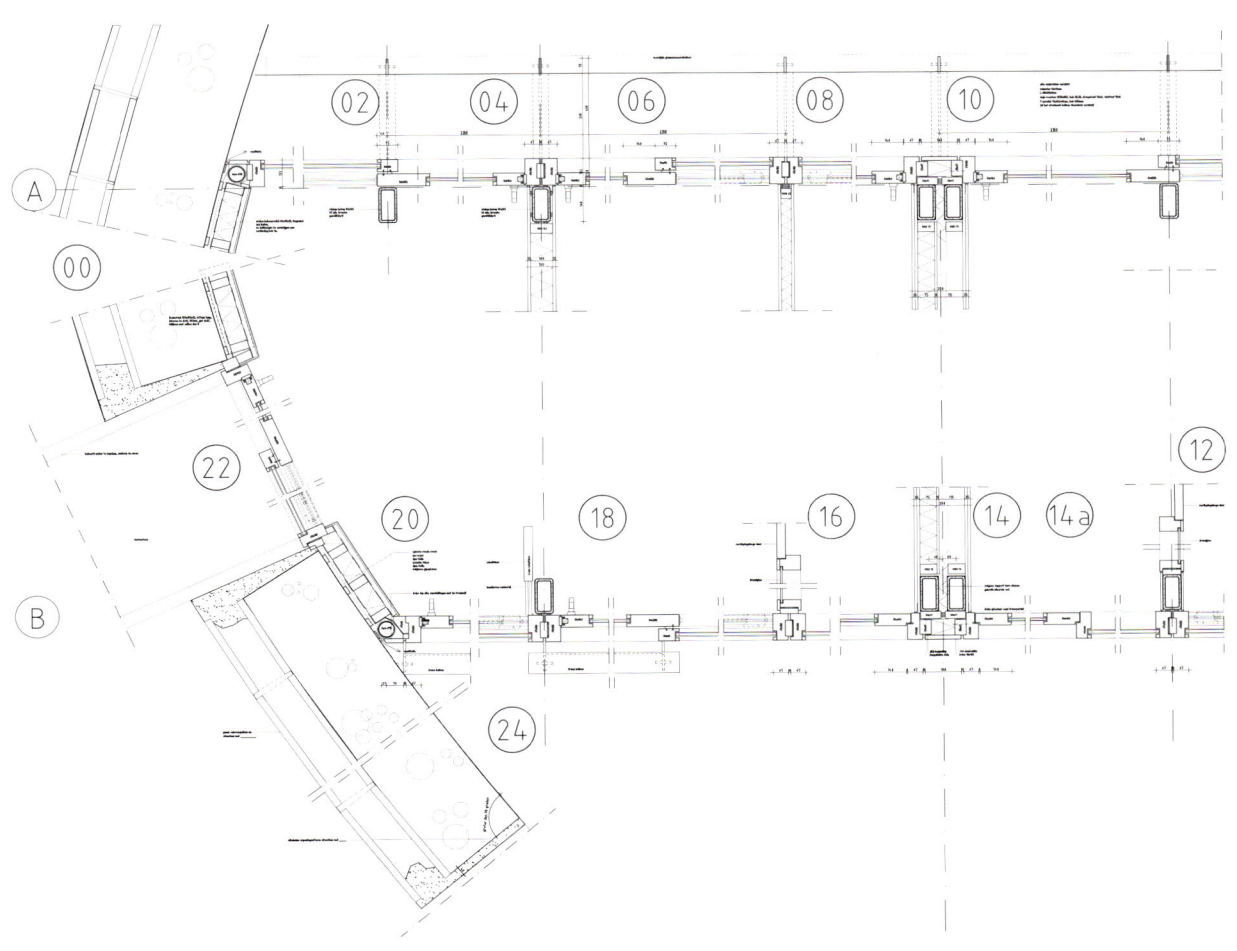

As seen on the opposite page, the building is accessed via a translucent, cylindrical shaft housing the elevator and stair. This volume stands independent of the building, yet within the concrete drum.

Tal y como se aprecia en la página opuesta, el ecificio es accesible a través de un ascensor y una escalera situados en un cilindro translúcido. Este volumen queda independiente del edificio, ya dentro del depósito de hormigón.

Jean Nouvel
Gasometer A

Wien, Austria　　　　　　　　　　Photographs: Philippe Ruault

Architect Jean Nouvel's proposal to rehabilitate this gasometer was based on the conservation of the *genius loci* conception of the industrial monument, rebuilding the interior while creating a synergy between the weight of the walls and the new building structures; promoting a simpler vision, and at the same time bringing more light into the ensemble.

A simpler construction has been projected for this historic building to contrast with the grandiosity of the existing one. On the lower floors a skeleton of solid concrete gives way to the steel constructions of the upper levels, offering a lighter view. The interior reconstruction of gasometer A has been performed in 18 similar segments, which have been structured as housing towers, where the dwellings are divided into 9 independent blocks. The radial organization and the ravine-style separation between each block allow the inhabitants to enjoy open spaces. This openness is enhanced thanks to the light streaming in through wide internal windows, which make up the dwellings' main facade, and through the skylight covering the complex, as well as through the enormous windows in the ceramic wall of the old gasometer surrounding the building. Likewise, the side surfaces of the interblock spaces are covered with sheets of stainless steel, reflecting the light from the skylight into the inner courtyard and contributing towards the luminosity of the complex.

On the lower floors of the cylinder there is a shopping center, which is surrounded by a hanging garden and covered by a crystal dome, which lets light into the shops below. The shopping center has a surface area of 5300m² occupying three floors, the uppermost of which is destined for nighttime activities, replete with movie theaters and a concert hall.

La propuesta del arquitecto Jean Nouvel para rehabilitar este gasómetro se basaba en preservar la concepción del *genius loci* de este monumento industrial reconstruyendo el interior de los gasómetros y creando una sinergia entre el peso de los muros y las nuevas estructuras constructivas, impulsando una visión más sencilla y a la vez permitiendo una mayor iluminación interior del conjunto.

Partiendo de esta edificación histórica, se ha proyectado una construcción más simple que contrasta con la grandiosa obra ya existente. En las plantas inferiores, el esqueleto de hormigón armado macizo da paso a las construcciones en acero de las plantas superiores, ofreciendo una visión menos pesada. La reconstrucción interior del gasómetro A se ha efectuado en 18 segmentos semejantes que se han constituido como torres-vivienda. Las viviendas se reparten en 9 bloques independientes. Esta organización radial, y la separación entre cada bloque mediante un foso, permite a los inquilinos disfrutar de un espacio abierto. La amplitud se acentúa gracias a la entrada de luz por los anchos ventanales interiores —que constituyen la fachada principal de las viviendas—, por el lucernario que cubre el conjunto; así como por los enormes ventanales del muro cerámico del antiguo gasómetro que envuelve el conjunto. Asimismo, las superficies laterales de los fosos están revestidas de planchas de acero inoxidable que reflejan en el patio interior la luz que penetra por el lucernario, contribuyendo a la luminosidad del conjunto.

En las plantas inferiores del cilindro se encuentra el centro comercial, que está cubierto por una cúpula acristalada que proporciona luz natural a las tiendas que alberga. Esta cúpula interior rebajada está rodeada por un jardín colgante. El centro comercial tiene una superficie de 5300 m² y está formado por tres plantas. La última de ellas está destinada a actividades nocturnas, ya que incluye salas de cine y una sala de conciertos.

Ground floor plan / Planta baja

Floor plan at height of 25.7 / Planta a cota +25.7

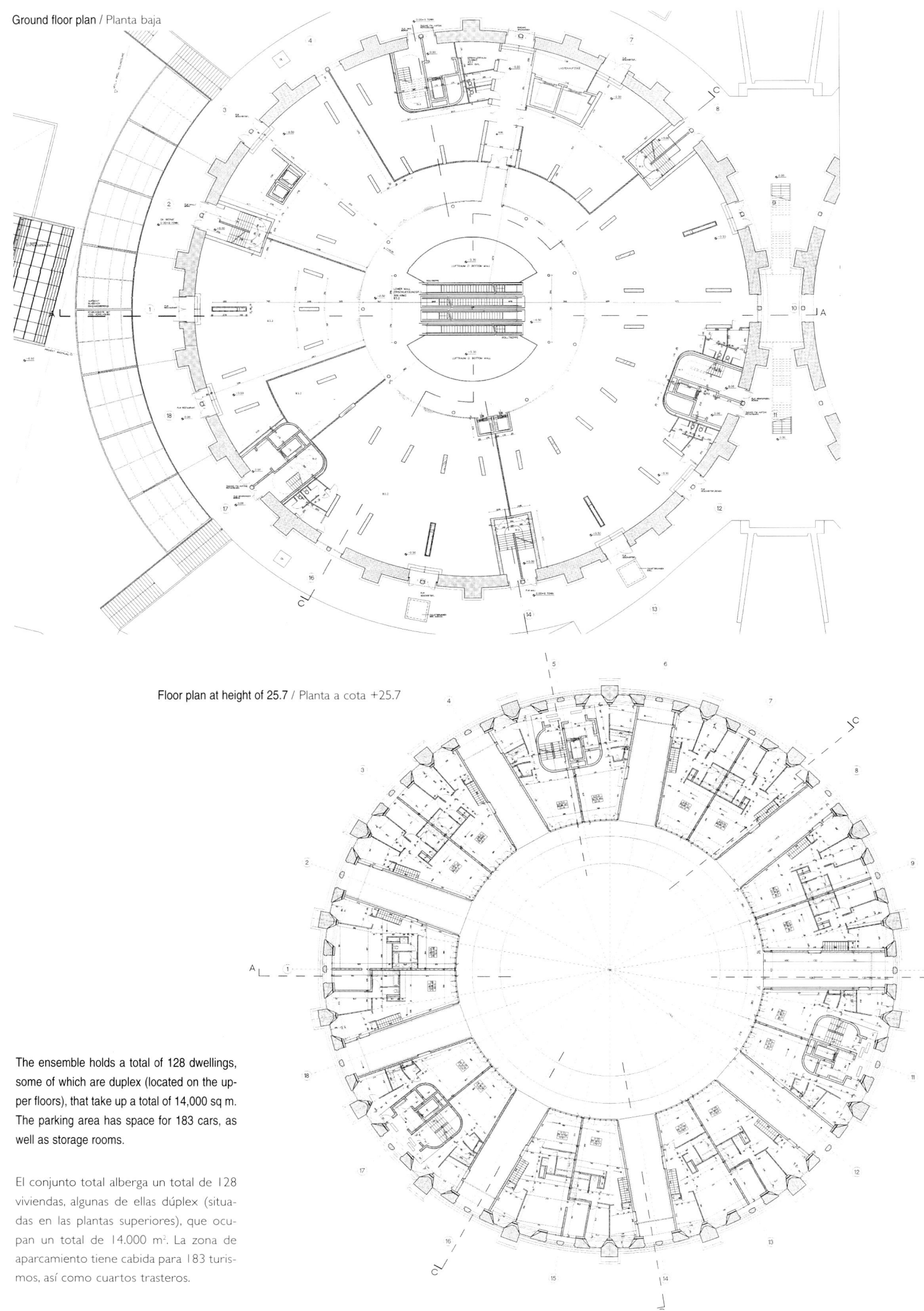

The ensemble holds a total of 128 dwellings, some of which are duplex (located on the upper floors), that take up a total of 14,000 sq m. The parking area has space for 183 cars, as well as storage rooms.

El conjunto total alberga un total de 128 viviendas, algunas de ellas dúplex (situadas en las plantas superiores), que ocupan un total de 14.000 m². La zona de aparcamiento tiene cabida para 183 turismos, así como cuartos trasteros.

Floor plan at height of 28.5 / Planta a cota +28.5

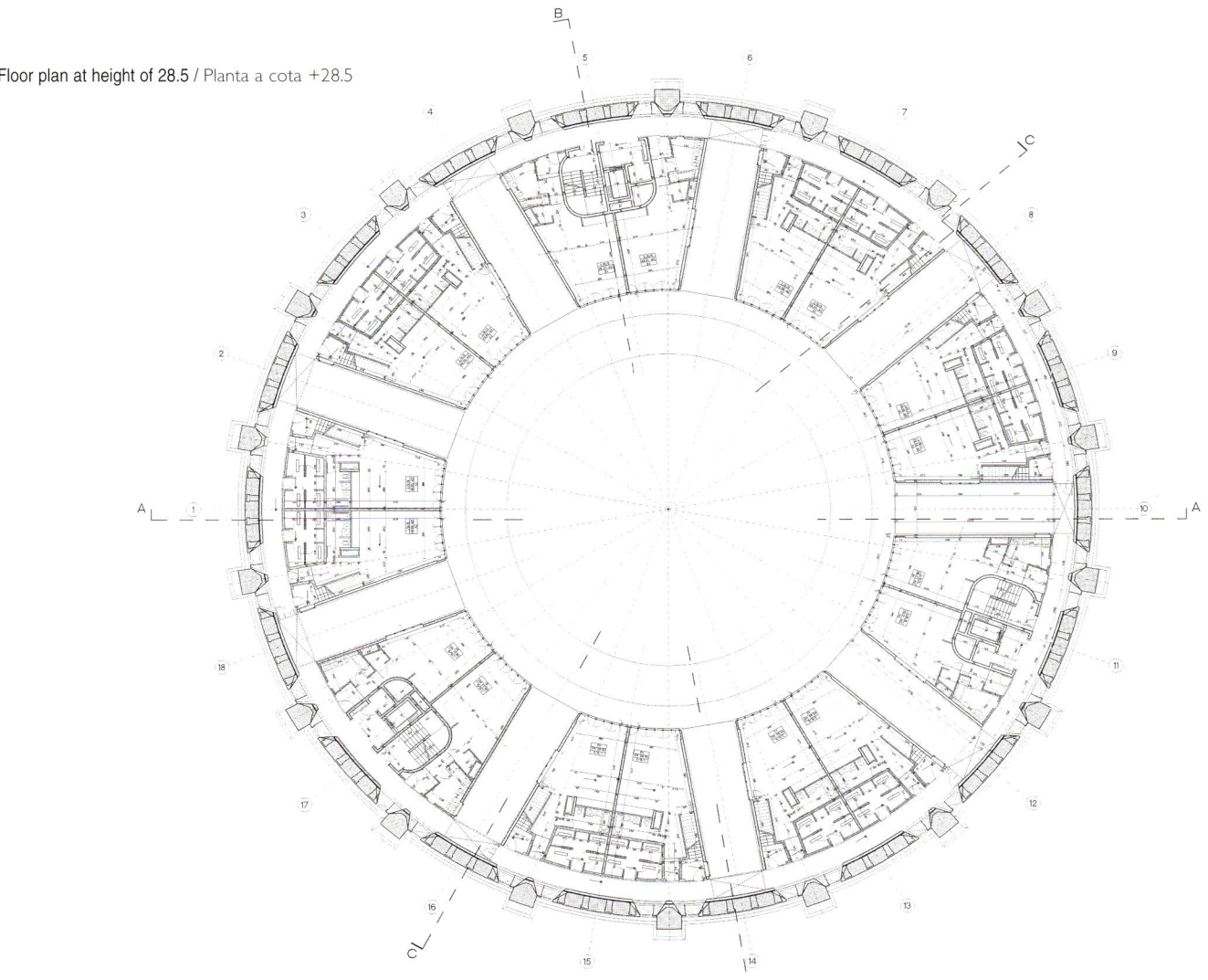

Floor plan at height of 36.9 / Planta a cota +36.9

Floor plan at height of 39.77 / Planta a cota +39.77

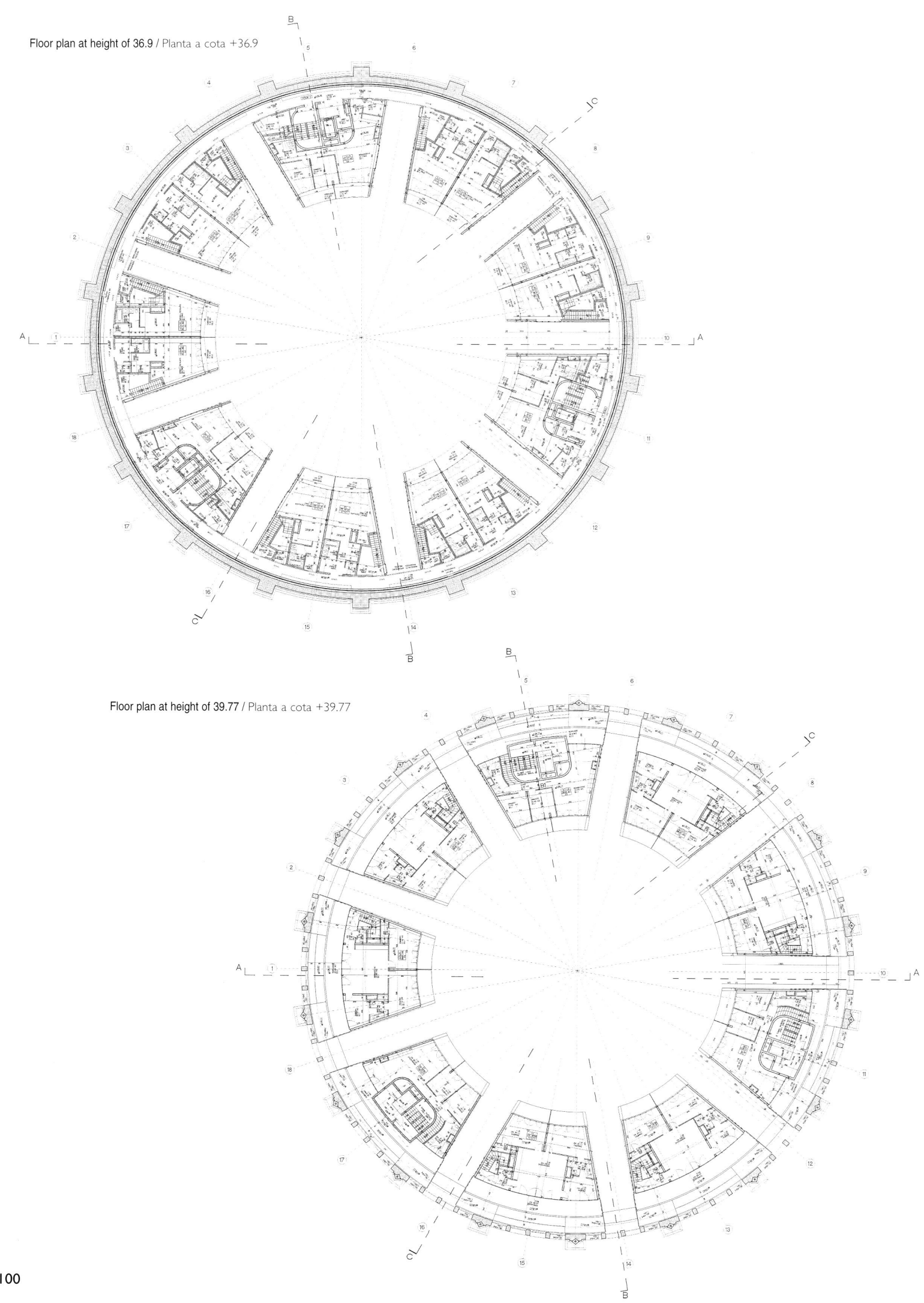

Roof floor plan / Planta cubierta

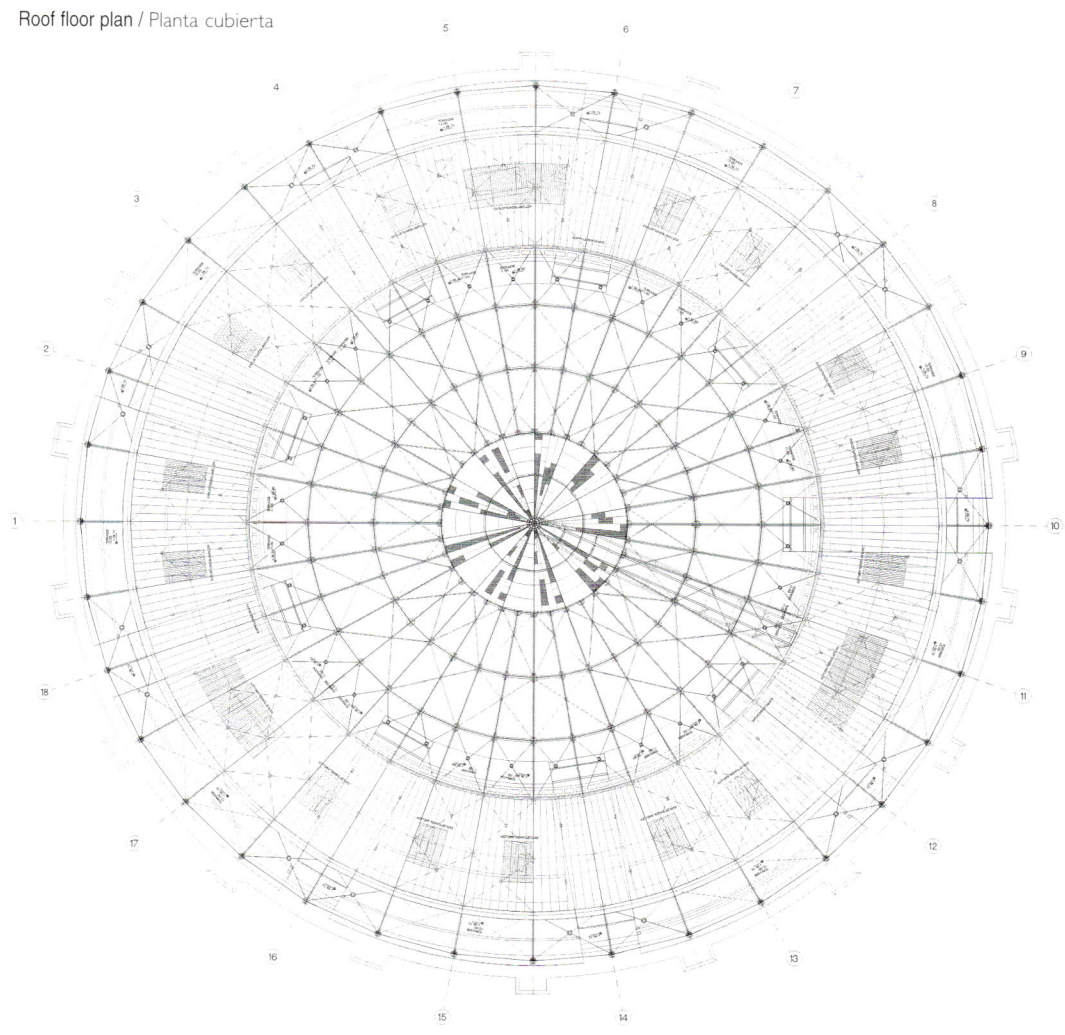

Elevation module / Módulo del alzado

Interior elevation / Alzado interior

Cross section / Sección transversal

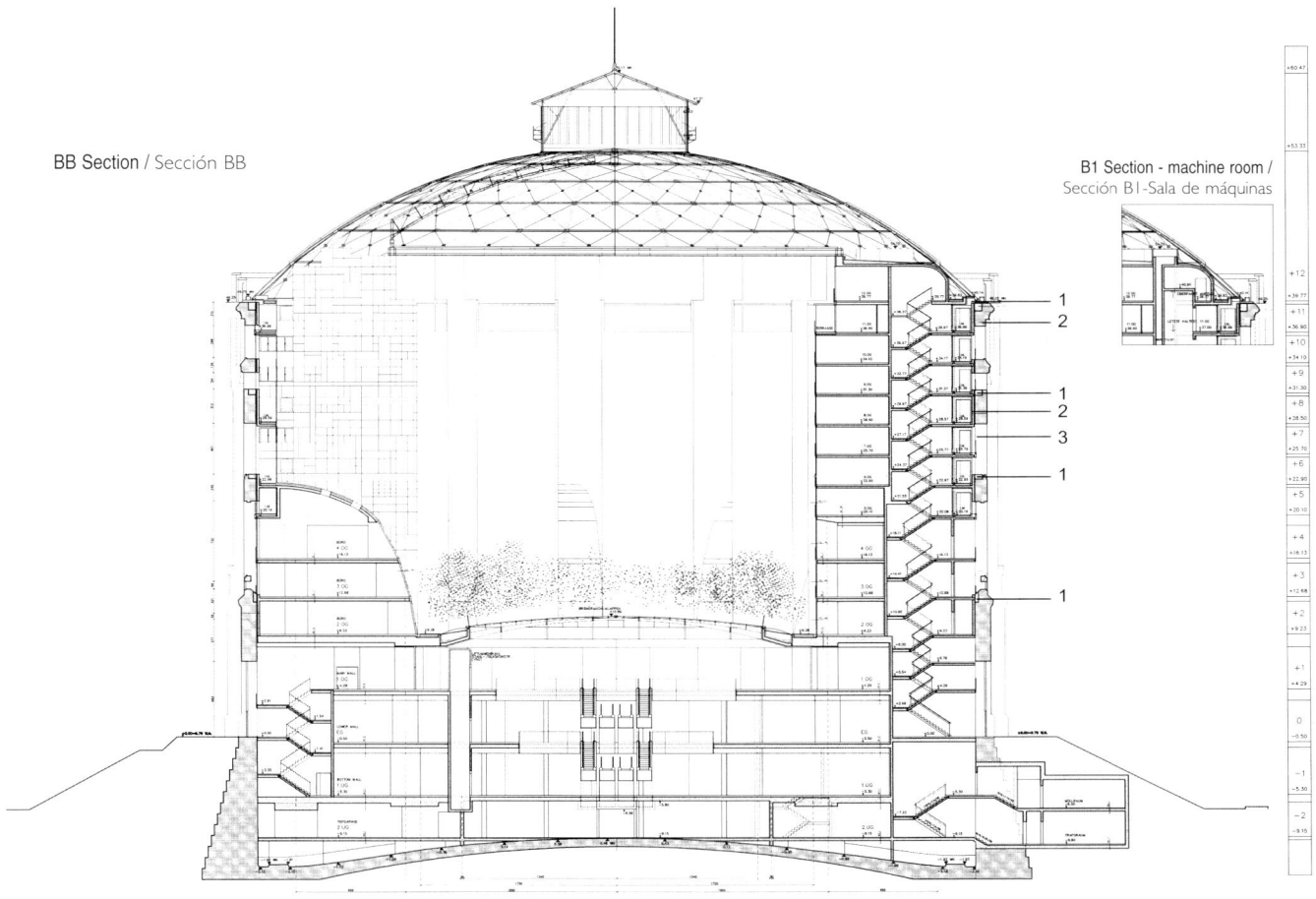

BB Section / Sección BB

B1 Section - machine room / Sección B1-Sala de máquinas

1. Reinforced concrete lath / Refuerzo de hormigón armado
2. New wall of gasometer / Pared nueva del gasómetro
3. Old wall of gasometer / Pared antigua del gasómetro
4. Corner glazed wind-proofing / Acristalamiento esq de protección contra el viento
5. Fire-proofed door / Puerta de protección contra incendios
6. Bridge linking gasometer B / Puente de conexión con el gasómetro B

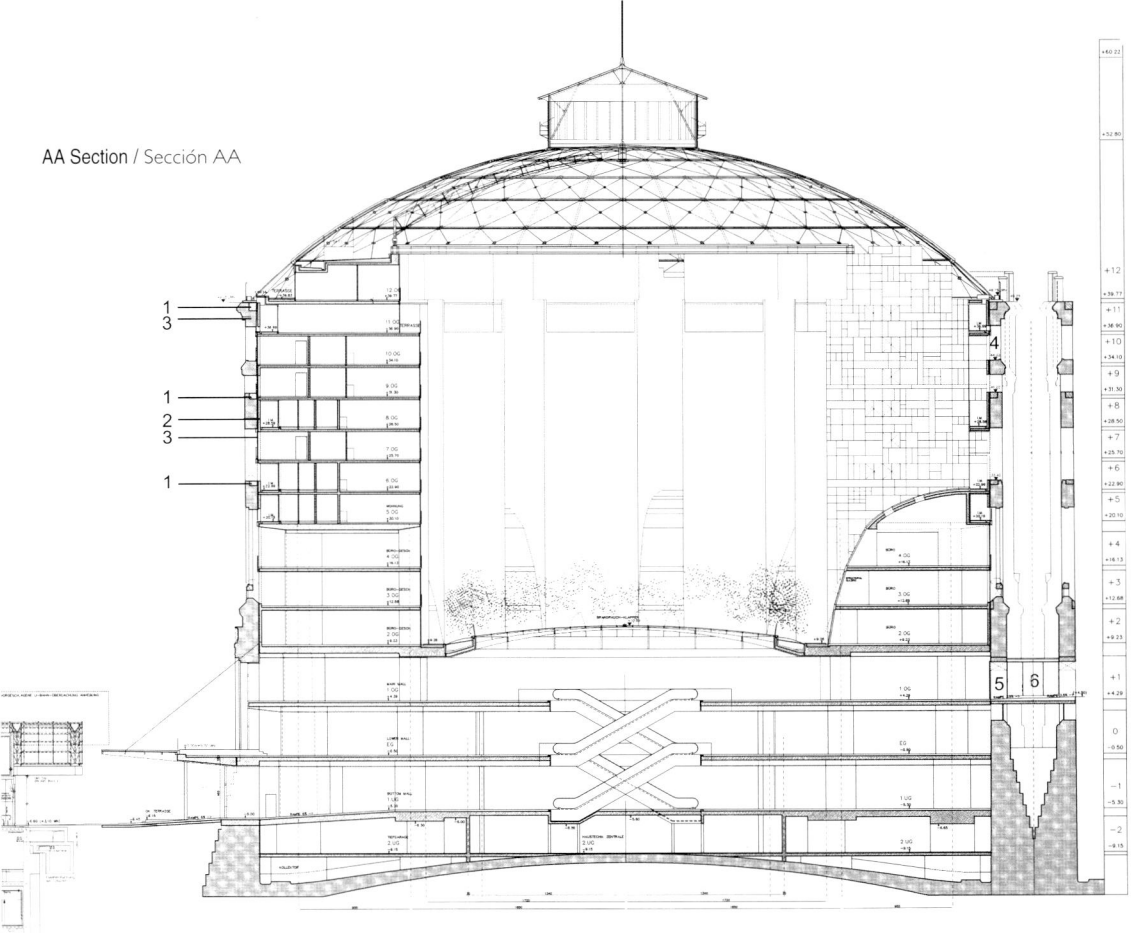

AA Section / Sección AA

Stéphane Beel & Lieven Achtergael
Conversion of the Tack Tower into an Arts Production Center

Kortrijk, Belgium   Photographs: Jan Kempenaers

While the structure of the Tack Tower and much of its surroundings have been respected, the proposed conversion of this industrial building into a production center for the arts necessarily entailed some changes.

The addition of a 3-meter-wide volume covers the entire width and height of one side of the Tack Tower and houses the new functions, while transcending the strictly functional. The modified appearance of the tower gives visual shape to the shift in use; and, at the same time, the essence of a 'production' tower is retained.

The added volume contains the staircase, elevator, and toilet facilities, and serves as a vertical foyer, which ensures the autonomous use of the respective spaces.

The design scheme provides a whole range of possibilities to optimize the qualitative use of the building: two sets of stairs form a circuit within the building; spaces, with their internal circulation, can be grouped; and no single space is given a definitive use. This, combined with moveable furnishings, allows for a highly varied range of possible uses.

The facade of the Tack Tower oriented towards the city becomes a billboard (with a film projection screen on the top floor) and takes on a signal function. The old silhouette remains visible behind its alternately translucent and transparent skin.

The new volume on the south facade functions as a sunshade, while the more glazed north face provides a visually-interesting source of natural light. The top story combines a terrace, with a panoramic view of the center of Kortrijk, with an open-air film club.

The roof covers part of the outdoor event area, serving as an awning oriented towards the renovated inner zone. The variety of conditions means that the new site will not just be a garden, but an attractive, functional, and public open-air building. The result is a complex of rooms "without walls but with a roof" and green, open-air chambers "without a roof but with walls".

Si bien se ha respetado la estructura original de la Tack Tower y gran parte de sus alrededores, la conversión de este edificio industrial en un centro de creación artística comportó necesariamente la inclusión de algunos cambios.

Se cubrieron la anchura y altura completas de uno de los lados de la torre mediante la adición de un volumen de 3 metros de anchura que aloja las nuevas funciones del espacio trascendiendo su dimensión puramente funcional. La modificación del aspecto externo de la torre constituye la expresión visual del cambio en el uso del edificio, a la vez que se mantiene la estética propia de una torre de 'producción'.

El volumen adicional incluye escaleras, ascensores y lavabos, y actúa como vestíbulo vertical, permitiendo la autonomía de uso de los diferentes espacios.

El diseño interior ofrece una gran variedad de posibilidades para optimizar el uso cualitativo del edificio: dos conjuntos de escaleras conforman un circuito dentro del edificio; los espacios y su circulación interna pueden agruparse; y, por último, no se asigna ningún uso definitivo a ninguno de los espacios. Estos aspectos del diseño, junto con la movilidad del mobiliario empleado, dotan el espacio interior de una gran versatilidad de usos.

La fachada de la Tack Tower orientada a la ciudad se convierte en una valla publicitaria (con una pantalla para la proyección de películas situada en el piso superior), asumiendo una función simbólica. La silueta original resta visible a través de su piel, alternadamente transparente y translúcida. El nuevo volumen de la fachada sur actúa como parasol, mientras que la cara norte, más acristalada, constituye una fuente de luz natural más interesante desde el punto de vista estético. La planta superior combina una terraza, con vistas panorámicas sobre el centro de Kortrijk, y una filmoteca al aire libre.

La cubierta cubre parte de la zona de celebración de actos y eventos, actuando como toldo orientado hacia la zona interior renovada. La variedad de condiciones comporta que el nuevo espacio no sea únicamente un jardín, sino un edificio atractivo, funcional y público al aire libre. El resultado es una combinación de habitaciones "sin paredes pero con techo" y habitaciones exteriores ajardinadas "sin techo pero con paredes".

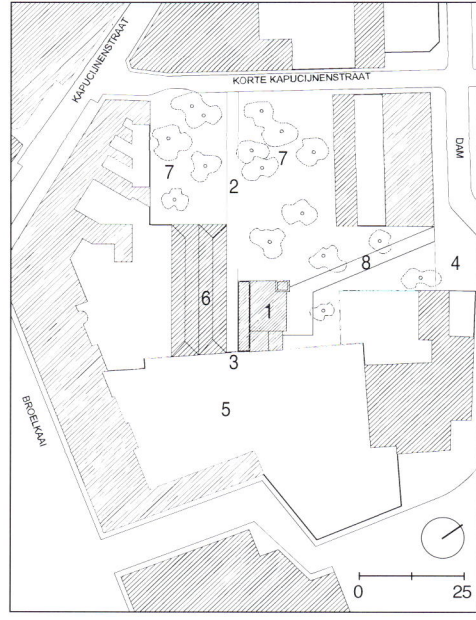

Site plan / Plano de situación

1. Tack tower / Torre Tack
2. Hard-surface road / Camino de superficie asfaltada
3. Gate / Puerta
4. Fence / Valla
5. Museum garden / Jardín del museo
6. Stables / Establos
7. Grass field with existing trees / Campo de hierba con árboles
8. Hard-surface acces road / Camino de acceso afaltado

A three-meter-wide volume, housing the new stairwell, elevator and toilet facilities, has been attached to the old Tack Tower, the structure of which has been left almost entirely untouched. The new volume on the south facade functions as a sunshade, while the glazed north face provides a source of natural light.

A la vieja Tack Tower, cuya estructura se ha mantenido prácticamente intacta, se le ha agregado un volumen de 3 metros de anchura que aloja los nuevos ascensores, escaleras y lavabos. El nuevo volumen de la fachada sur actúa como parasol, mientras que la cara norte, acristalada, constituye una fuente de luz natural.

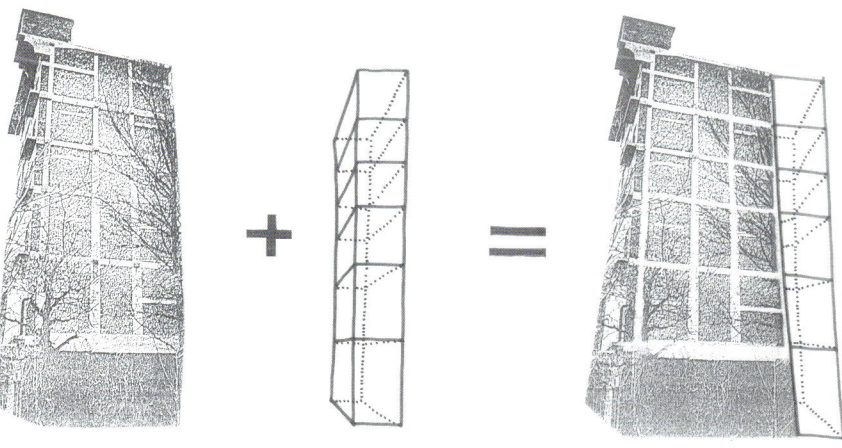

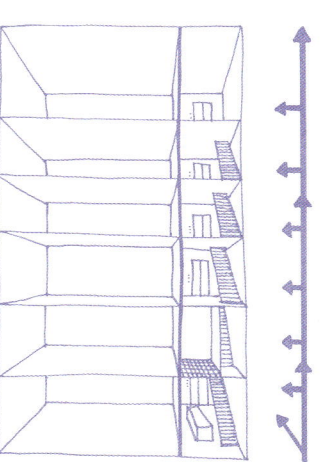

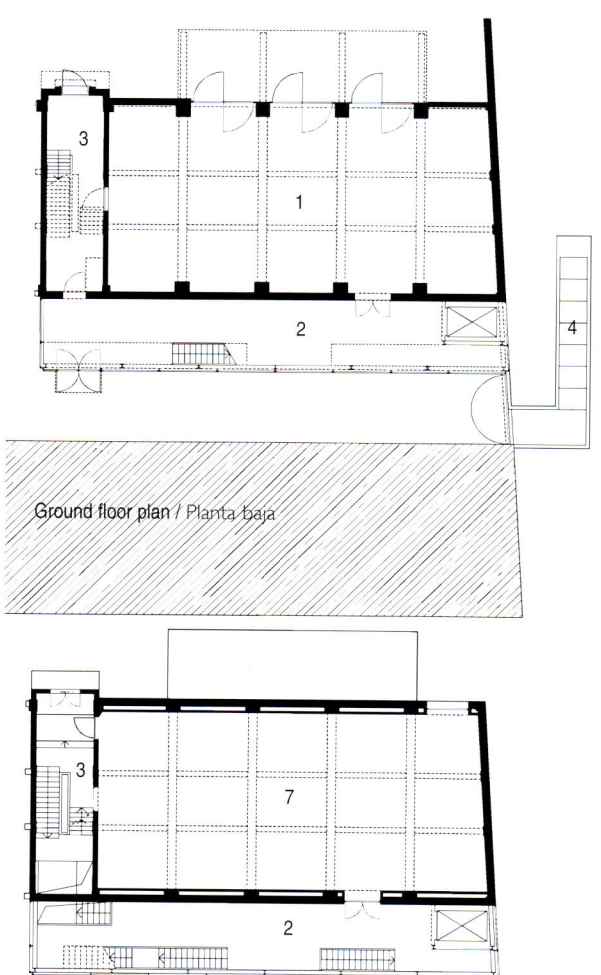

Ground floor plan / Planta baja

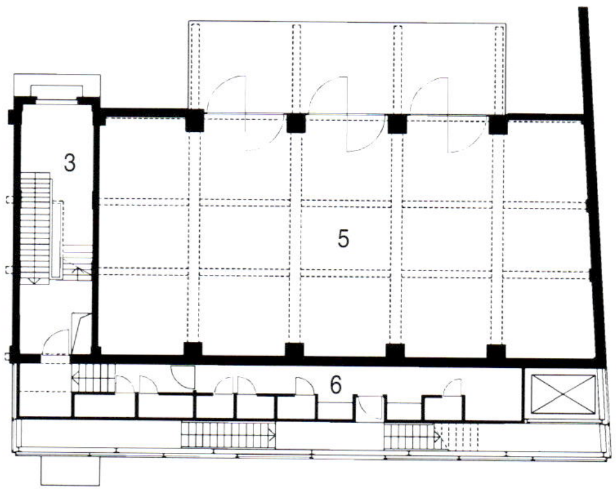

Intermediate floor / Planta intermedia

First floor plan / Planta primera

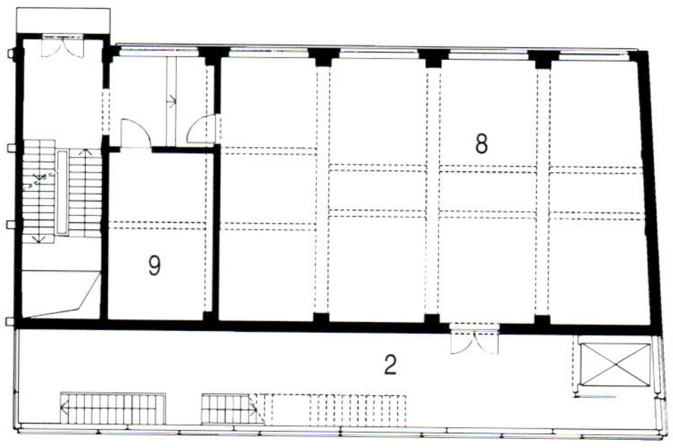

Second floor plan / Planta segunda

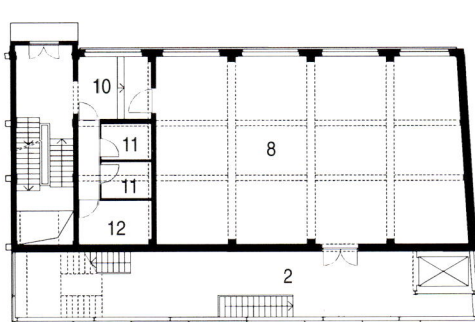

Third floor plan / Planta tercera

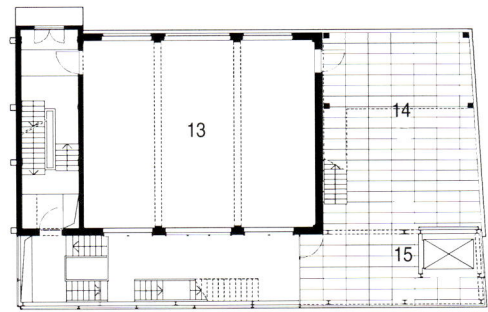

Fourth floor plan / Planta cuarta

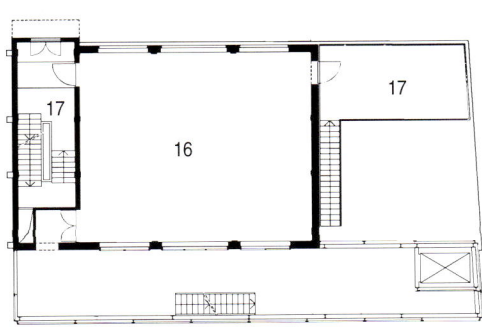

Fifth floor plan / Planta quinta

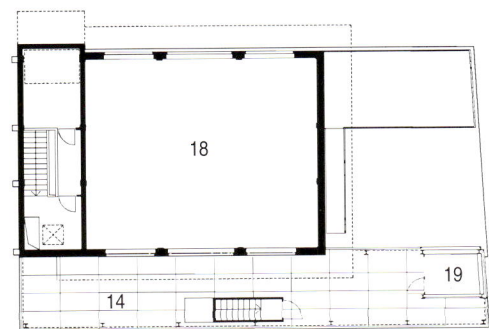

Sixth floor plan / Planta sexta

Floor plans / Plantas

1. Studio-exhibition space / Estudio-sala de exposiciones
2. Foyer / Vestíbulo
3. Existing staircase / Escalera original
4. Stairs to museum garden / Escalera hacia el jardín del museo
5. Studio / Estudio
6. Bathroom / Baño
7. Darkroom / Cuarto de revelado de fotos
8. Rehearsal and exhibition space / Sala de ensayos y de exposiciones
9. Furniture storage / Almacén de mobiliario
10. Draught door / Puerta resistente al viento
11. Shower / Duchas
12. Massage space / Sala de masajes
13. Offices / Oficinas
14. Terrace / Terraza
15. Urban balcony / Balcón
16. Rehearsal room / Sala de ensayos
17. Event slab / Escenario
18. Void / Vacío
19. Techniques / Sala técnica

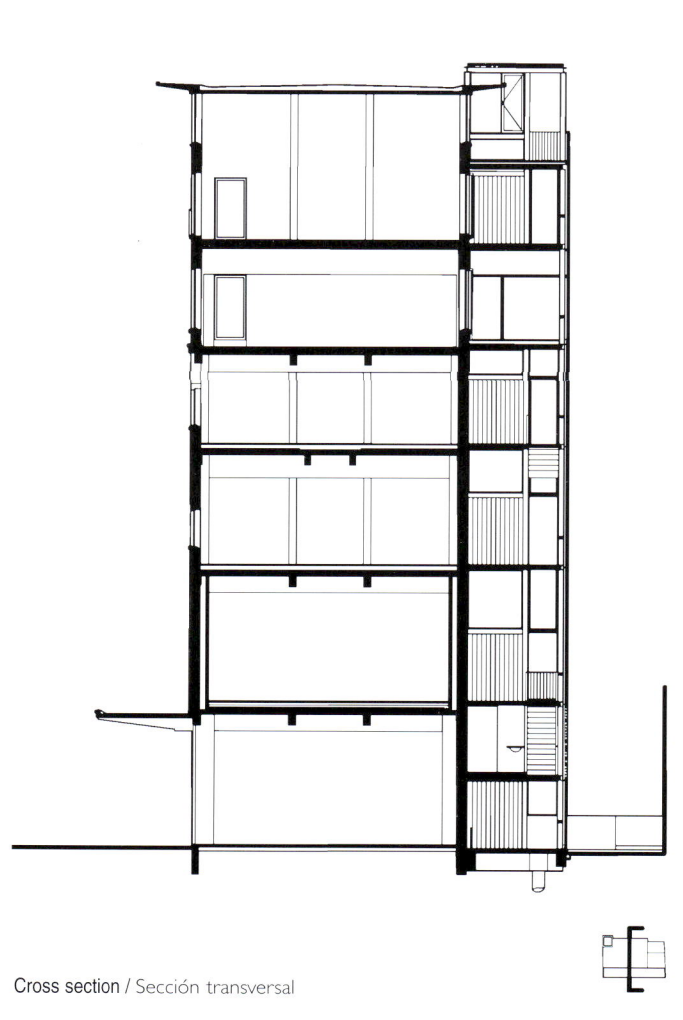

Cross section / Sección transversal

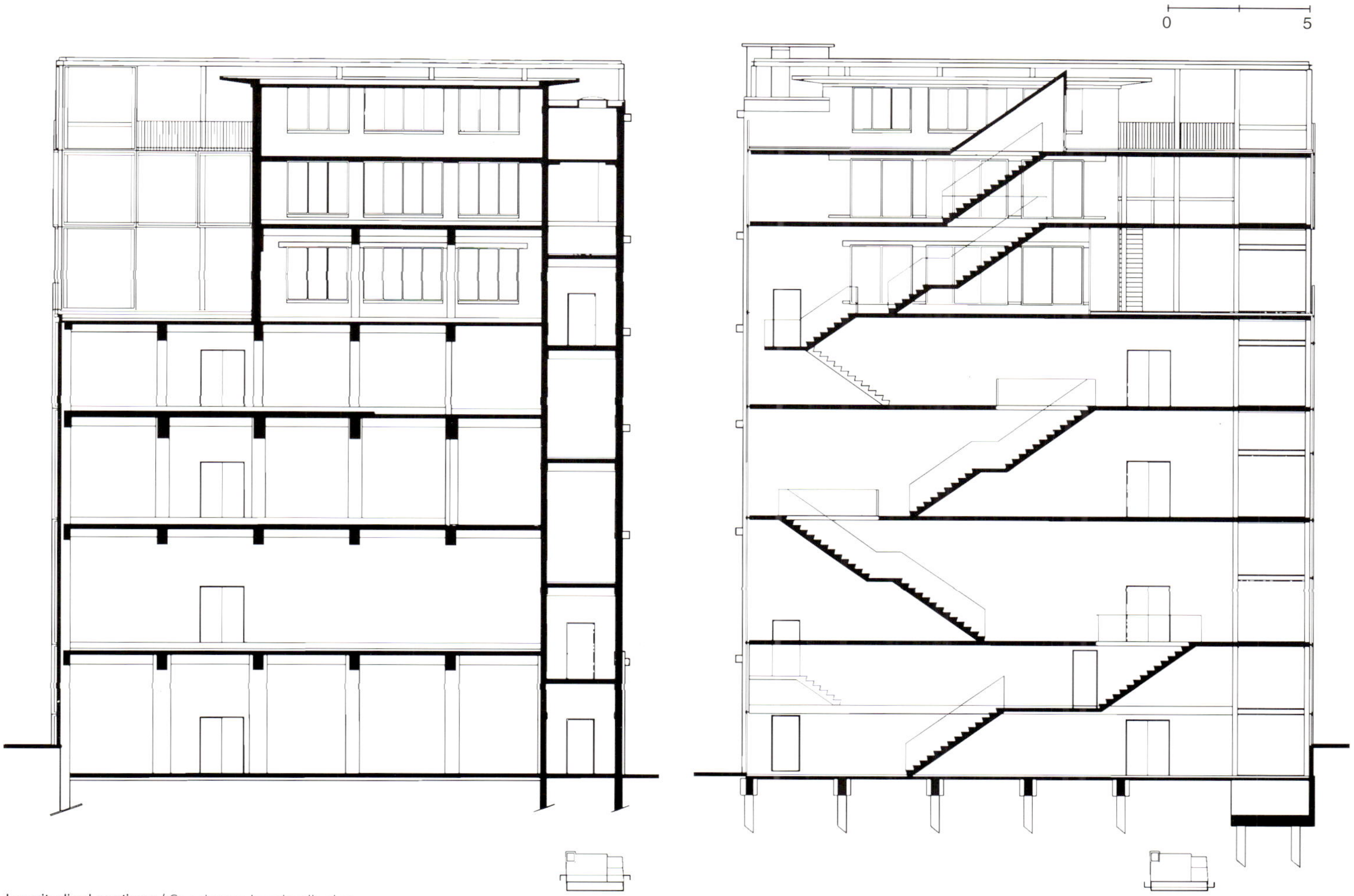

Longitudinal sections / Secciones longitudinales

Roberto Luna / Arata Isozaki
CaixaForum

Barcelona, Spain Photographs: Duccio Malagamba

Built between 1909 and 1911 by the architect Josep Puig i Cadafalch, the Casaramona factory was declared a national monument in 1976.

The renovation program called for its conversion into an exhibition center which, in addition to the basic exhibit spaces, would include a series of complementary rooms, such as an auditorium, media archives, halls and offices. The required surface area would be double that of the existing building.

The available space –with standardized, homogenous and versatile naves– was ideal for its conversion into exhibit halls, without having to tear anything down or undertake a major overhaul. Thus, assessment of the existing space, along with the desire to conserve it as an exhibit space and the need for more surface area, led to the scheme's central decision to house the additional functions in a new basement which would occupy the entire floor space of the factory. In order to form a coherent whole, the design for this basement was based on the existing architecture, thereby integrating the balance of the old building into the new.

Two autonomous volumes –one opaque (the reception and concierge) and another transparent (the library)–- organize the space. The same idea of ordering the spaces through independent elements housing specific functions (translating booths, offices, bathrooms and stairwells) recurs in the rest of the building. Finishes have been resolved using veneers with no tectonic function, and with materials such as steel and glass, which comprise a contemporary space within the existing building.

By locating the new access in the basement, done by the architect Arata Isozaki, the main entrance has been exchanged for a more suitable one. A new areaway takes care of the necessary change in level and leads to the lobby, where the exhibit space is located.

The linearity and extensive use of white in the new entrance contrasts dramatically with the rest of the complex, thereby creating a rich, thought-provoking dialogue between the two architectural styles and bringing its style closer to that of Mies van der Rohe's pavilion, which lies just opposite. A sculptural pergola, which shelters the escalator access, presides over this space.

La fábrica Casaramona fue construida entre los años 1909 y 1911 por el arquitecto Josep Puig i Cadafalch, y declarada monumento de interés nacional en 1976.

El programa consistía en la reconversión de este edificio en un centro de exposiciones que, además de los fundamentales espacios expositivos, constara de una serie de dependencias complementarias: auditorio, mediateca, aulas, oficinas, ... cuya superficie requería duplicar la disponible en el edificio existente.

El espacio que éste ofrecía, naves regulares, homogéneas y versátiles, era idóneo para su conversión en salas de exposiciones, sin que esto supusiera su desaparición o requiriera intervenciones traumáticas. Así, la valoración del espacio existente y la intención de preservarlo para el uso expositivo, junto con la necesidad de conseguir más superficie, llevó a la decisión principal del proyecto: la construcción de un sótano bajo la fábrica que se extendiera a toda la planta y donde se situaran estos nuevos usos. Este sótano se ha proyectado desde la arquitectura preexistente de modo que pueda formar con ella un conjunto coherente, manteniendo en el nuevo edificio el equilibrio que existía en el antiguo.

Dos volúmenes autónomos, uno opaco (recepción y consigna) y otro transparente (librería), organizan el espacio. En el resto del edificio persiste la misma idea de ordenación de los espacios mediante elementos autónomos que acogen funciones específicas (cabinas de traducción, despachos, aseos, escaleras). Los acabados se resuelven mediante aplacados sin función tectónica y con materiales como el acero y el vidrio que construyen un espacio contemporáneo en el interior del edificio preexistente.

La situación del nuevo acceso en planta sótano, realizado por el arquitecto Arata Isozaki, permite el cambio de la entrada principal a otra más adecuada a través de un patio inglés que recoge los necesarios cambios de nivel y conduce al vestíbulo que preside la zona de exposiciones. Este nuevo acceso contrasta radicalmente con el resto del conjunto por su linealidad y la utilización masiva del color blanco, creando un rico e interesante diálogo entre los dos estilos arquitectónicos y acercando el conjunto al pabellón de Mies van der Rohe que se encuentra justo en frente. Este espacio queda presidido por una pérgola escultórica que protege la entrada a través de las escaleras mecánicas.

The basement translates the formal scheme of the ground floor into two large, length-wise spaces (vestibule and storage) and two central areas (auditorium and media archives). The circulation zones correspond to the inner walkways of the ground floor, to which they are connected via a central nucleus of elevators and escalators and four secondary groupings.

La planta sótano traduce el esquema formal de la planta baja en dos grandes espacios longitudinales (vestíbulo y almacenes) y dos centrales (auditorio y mediateca); las zonas de circulación son análogas a las calles interiores de planta baja con las que se conectan a través de un núcleo central de ascensores y escaleras mecánicas y otros cuatro núcleos secundarios.

Escalator section / Sección por la escalera mecánica

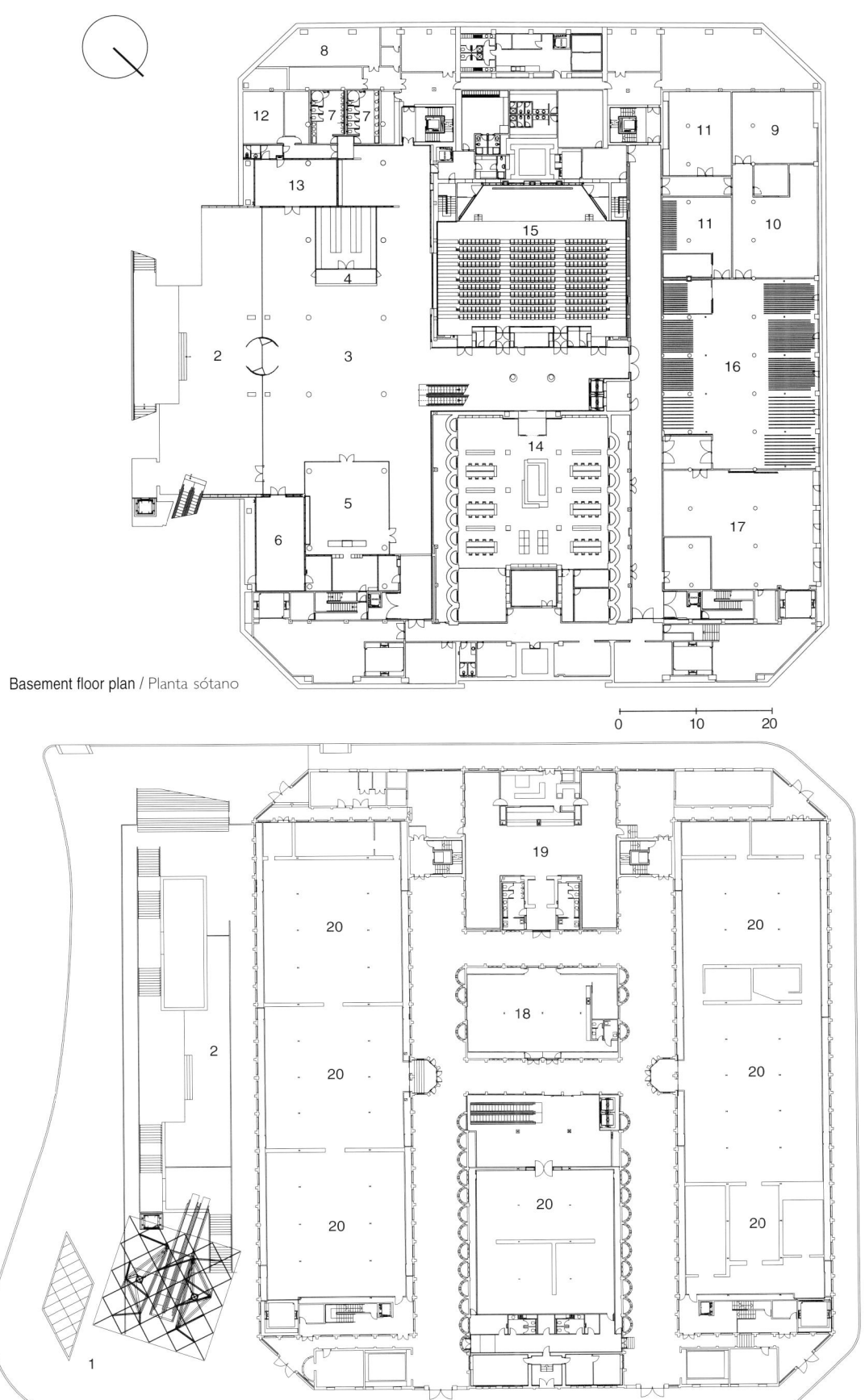

Basement floor plan / Planta sótano

Ground floor plan / Planta baja

1. Access pergola / Pérgola de acceso
2. Open areaway / Patio inglés abierto
3. Hall / Vestíbulo
4. Reception and concierge / Recepción y consigna
5. Shop / Tienda
6. Multi-purpose hall / Sala polivalente
7. Bathroom / Baño
8. Machine rooms / Sala de máquinas
9. Photography workshop / Fotografía
10. Restoration / Restauración
11. Storage room / Almacén
12. Security and control / Seguridad y control
13. VIP Room / Sala VIPS
14. Media archive / Mediateca
15. Auditorium / Auditorio
16. Storage for artwork / Depósito de obras de arte
17. Packaging / Embalajes
18. Arts lab / Laboratorio de las Artes
19. Restaurant / Restaurante
20. Exhibit hall / Sala de Exposiciones

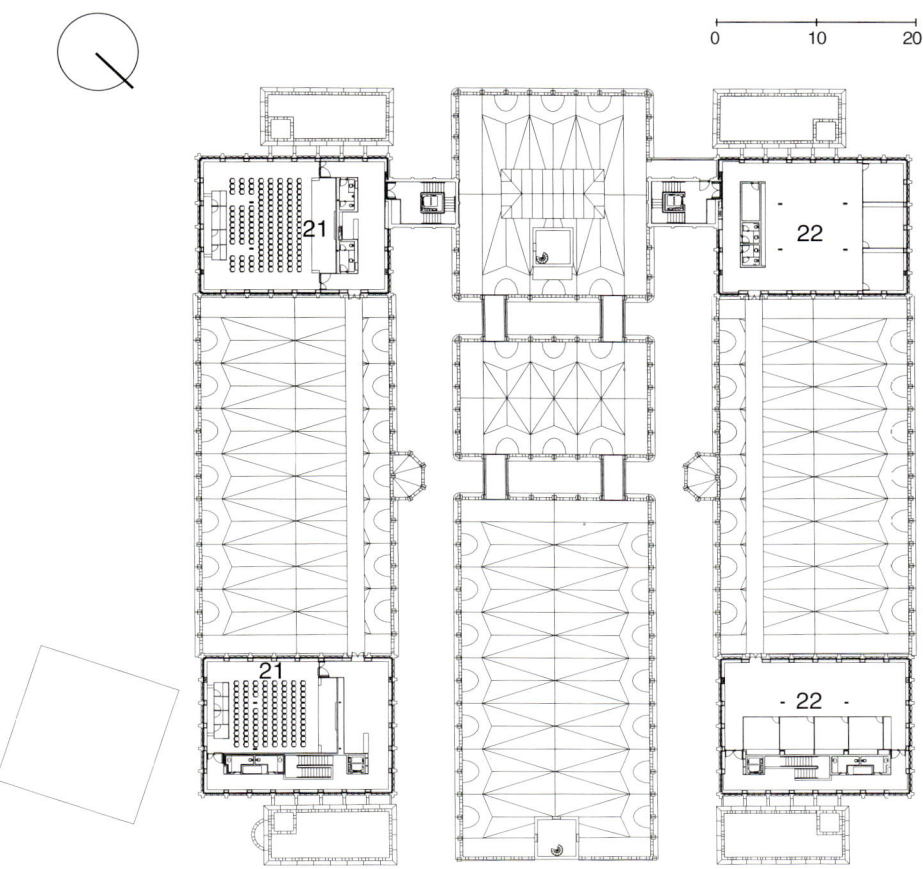

First floor plan / Planta primera

21. Conference room / Sala de conferencias
22. Offices / Oficinas

The organization of independent bodies enabled great flexibility of use, with the inner walkways playing a central role in the formalization of the floor plan and as support for circulation between the different areas.

El papel primordial de las calles interiores en la formalización de la planta y como soporte de las circulaciones entre las distintas zonas organiza el espacio en cuerpos independientes de gran flexibilidad de uso.

As dictated by its industrial use, the light-filled, diaphanous interior spaces were covered with a structure of metal pillars and beams, with subtle overarching vaults, giving the building its defining look.

Los espacios interiores, luminosos y diáfanos, tal como su uso industrial requería, se cubrieron con una estructura de pilares y vigas metálicas, entre las que se tendieron unas bóvedas ligeras que proporcionan al edificio una imagen característica.

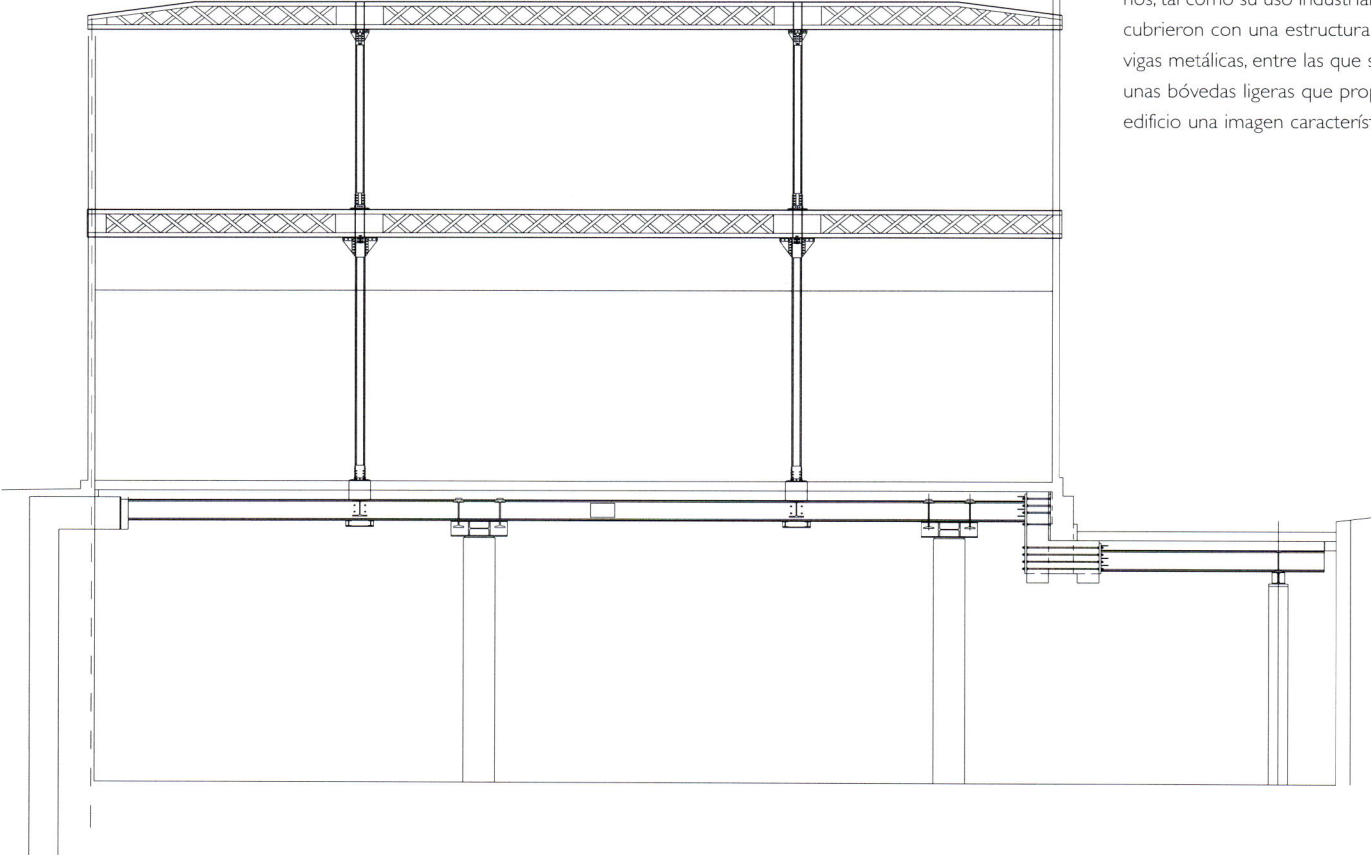

Section of standard portico, nave B / Sección del pórtico tipo nave B

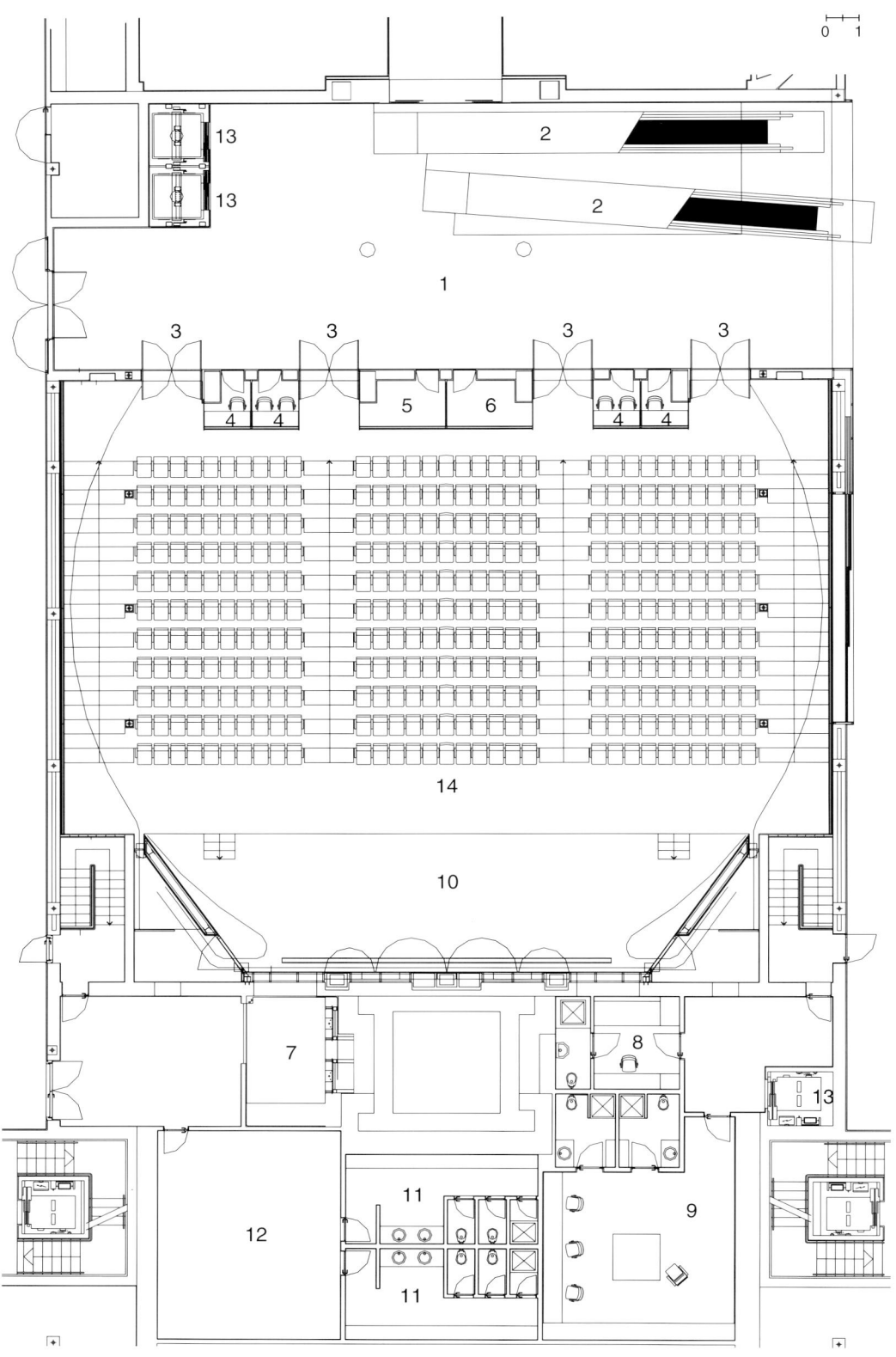

Auditorium floor plan / Planta del auditorio

1. Lobby / Vestíbulo
2. Entrance escalator to exhibit room / Escalera mecánicas de acceso a salas de exposiciones
3. Auditorium entrance / Acceso al auditorio
4. Translator's booth / Cabina de traducción simultánea
5. Screening room / Sala de proyección
6. Sound room / Sala de control de sonido
7. Service elevator / Montacarga
8. Individual dressing room / Vestuario individual
9. General dressing room / Camerino general
10. Stage / Escenario
11. Bathroom / Baño
12. Dressing room / Vestuario
13. Elevator / Ascensor
14. Auditorium seating / Sala de butacas

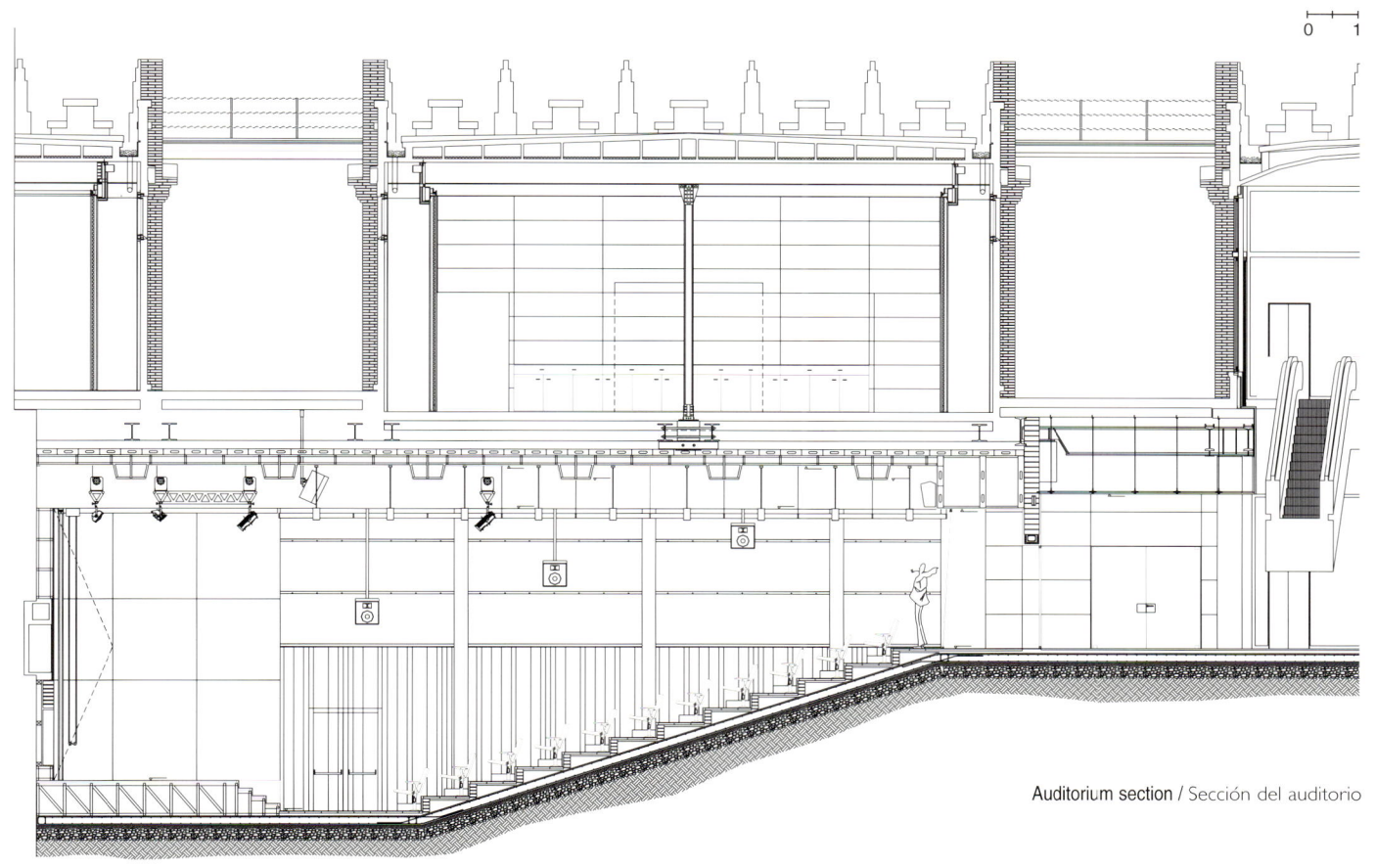

Auditorium section / Sección del auditorio

Klaus Block Architekt

St. Mary's Church Conversion and Library

Müncheberg, Germany   Photographs: Ulrich Schwarz

The 13th century Church of St. Mary is the city's most emblematic and widely visible landmark. Damage done on the structure during WWII left the building in ruins –without a roof or vault– until 1992, when renovation work began. Partly for financial reasons, the municipal library was moved into the nave of the church; it has been conceived as a free-standing volume within, yet apart from, the church.

The interior building strongly suggests a ship motif. The broad side of the interior building lists to the east by the same measure as the slope of the top of the new construction, the end of which is level with the height of the central vault, which in turn serves to divide the library and choir.

A new elevator tower, connected by gangways to the library, acts as a counterweight to the curving of the new volume. It has a free-standing steel frame with no structural connection to the interior building and is clad in perforated sheet metal.

The interior building is climatically and acoustically autonomous, thereby creating a flexible space which may be used for seminars, conferences and cultural events. The wall of the storage room facing the interior hall can be opened similar to a market stand and, when open, serves as a canopy above a small stage area that can be erected.

The primary structural element is an extremely minimized steel frame not connected in any way to the existing historic building. It is stiffened with cross-bracing within the bookshelves and on the ground floor with concrete slabs which in turn function as utility room walls. The floor slabs are located flush between the beams and consist of 93 mm reinforced concrete with an integrated floor heating system and a body coat.

The three sides facing the interior church space are clad with horizontal ash slats which run perpendicular to the arched steel columns.

Design Team: Susanne Günther, Heike Simon, Siegfried Casteleyn
Landscape planning: Gabriele Schultheiss

La Iglesia de Santa María, del s. XIII, es el monumento más emblemático y notorio de la ciudad. El edificio quedó en ruinas, sin apenas un techo ni una bóveda intactos, tras los graves daños sufridos por la estructura durante la II Guerra Mundial y hasta el 1992, año en que comenzaron los trabajos de remodelación. La biblioteca municipal, en parte debido a razones de financiación, se trasladó al interior de la nave. El proyecto la concibió como un volumen independiente, situado dentro de la iglesia pero separado de ella.

Las formas del edificio interior evocan las líneas de un barco. Por su lado más ancho, se "escora" hacia el este con la misma inclinación que la cubierta de la nueva construcción, el extremo de la cual coincide en altura con la bóveda central que divide, a su vez, la biblioteca del coro. Una nueva torre para el ascensor, conectada con la biblioteca mediante pasarelas, actúa como contrapunto de las líneas curvas del nuevo volumen. Esta torre posee una estructura independiente en acero, sin conexión estructural alguna con el edificio interior, y está chapada en hojas metálicas perforadas.

El edificio interior es climática y acústicamente autónomo, generándose un espacio versátil utilizable para la celebración de seminarios, conferencias y eventos culturales. La pared del almacén que da al vestíbulo interior puede abrirse como si de una parada de mercado se tratara y, una vez abierta, sirve como marquesina de un pequeño escenario que puede levantarse.

El elemento estructural primario consiste en un armazón de acero minimizado al máximo y no conectado por ningún punto con el edificio histórico existente. Se ha reforzado mediante un arriostramiento transversal que discurre por entre las estanterías de libros y, en la planta baja, mediante losas de hormigón que actúan, a su vez, como paredes de un trastero. Las losas del suelo están colocadas a nivel entre las vigas, y consisten en losas de hormigón armado de 93 mm de grosor y equipadas con calefacción por suelo radiante y una capa de protección.

Las tres paredes que dan al espacio interior de la iglesia poseen un revestimiento de listones horizontales de madera de fresno perpendiculares a las columnas de acero abovedadas.

Colaboradores: Susanne Günther, Heike Simon, Siegfried Casteleyn
Paisajismo: Gabriele Schultheiss

Longitudinal section of the nave / Sección longitudinal de la nave

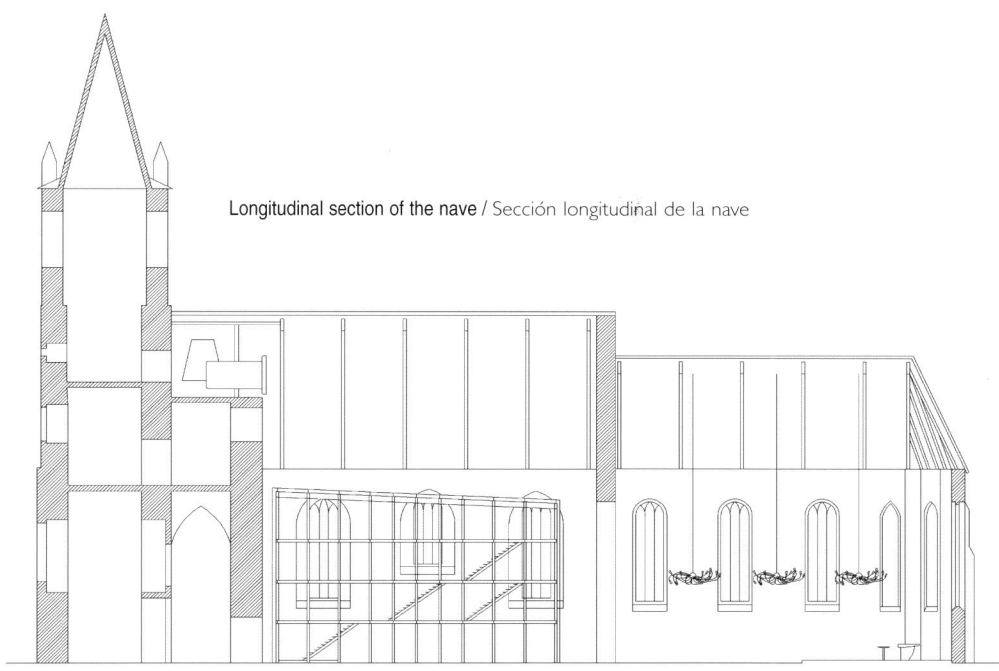

1. Wardrobe / Guardarropía
2. Kitchen / Cocina
3. Seating storage / Almacén de sillas
4. Bathrooms / Baños
5. Elevator / Ascensor
6. Library entrance / Entrada a la biblioteca
7. Loan desk / Mostrador de registro
8. Book stacks / Estanterías de libros
9. Main staircase / Escalera principal
10. Conference room / Sala de conferencias

Floor plan of library / Plantas de la biblioteca

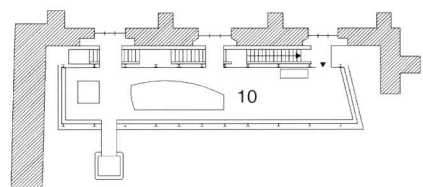

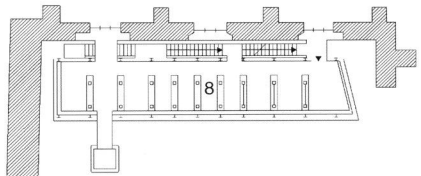

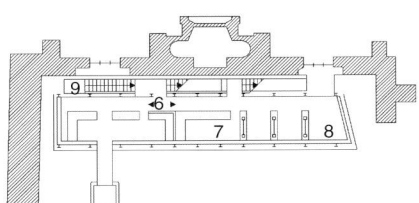

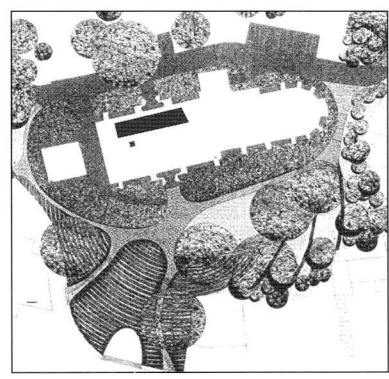

The roof of the 13th century church was severely damaged in WWII and had to be replaced. The free-standing church tower served as inspiration for the new library's independent elevator shaft inside the building. The exterior landscaping was also done in conjunction with the project for the library.

La cubierta de la iglesia, del s. XIII, sufrió graves daños durante la II Guerra Mundial y tuvo que ser reemplazada. La torre del campanario, independiente de la iglesia, inspiró la nueva torre que aloja el ascensor de la biblioteca El ajardinamiento del espacio exterior también se llevó a cabo en conjunción con el proyecto para la biblioteca.

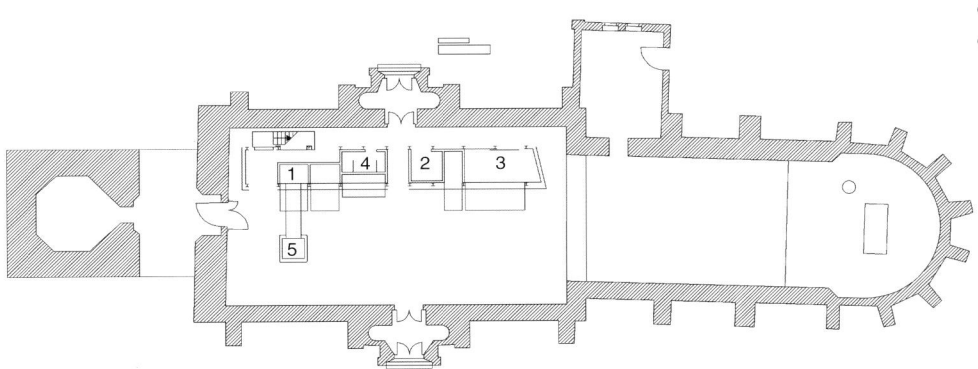

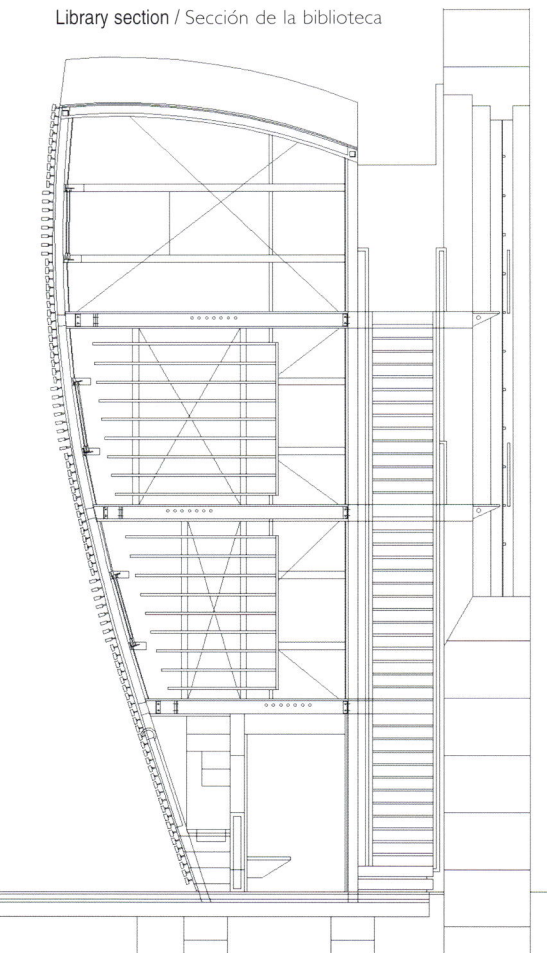

Library section / Sección de la biblioteca

Detail of folding door / Sistema de puertas escamoteables

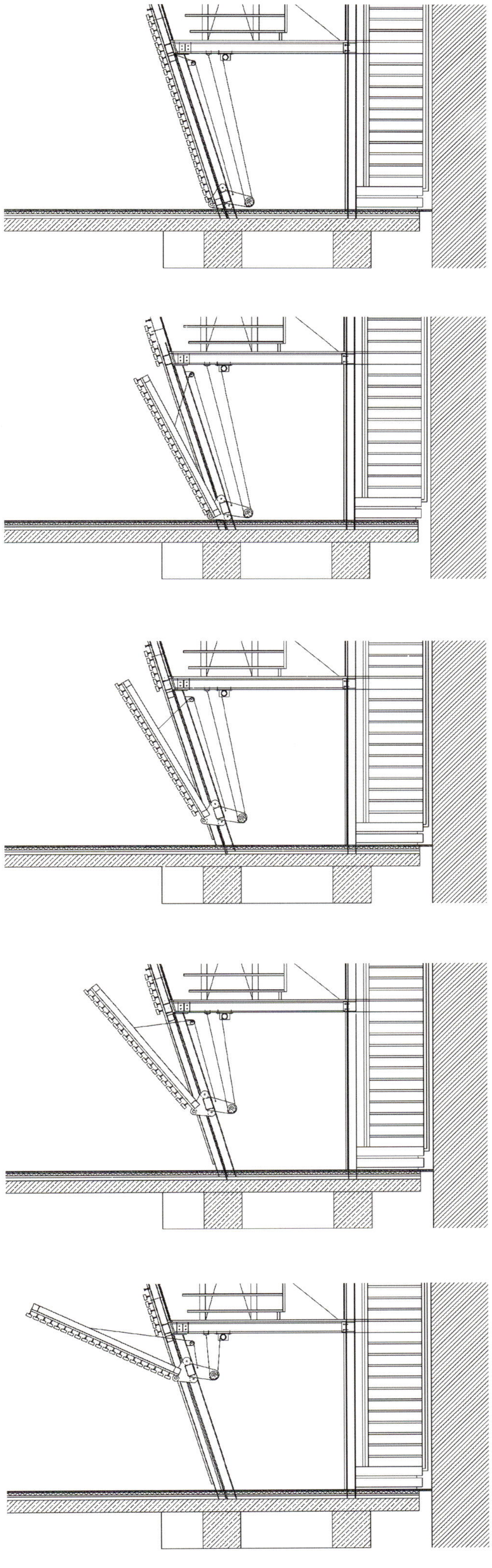

Construction detail / Detalle constructivo

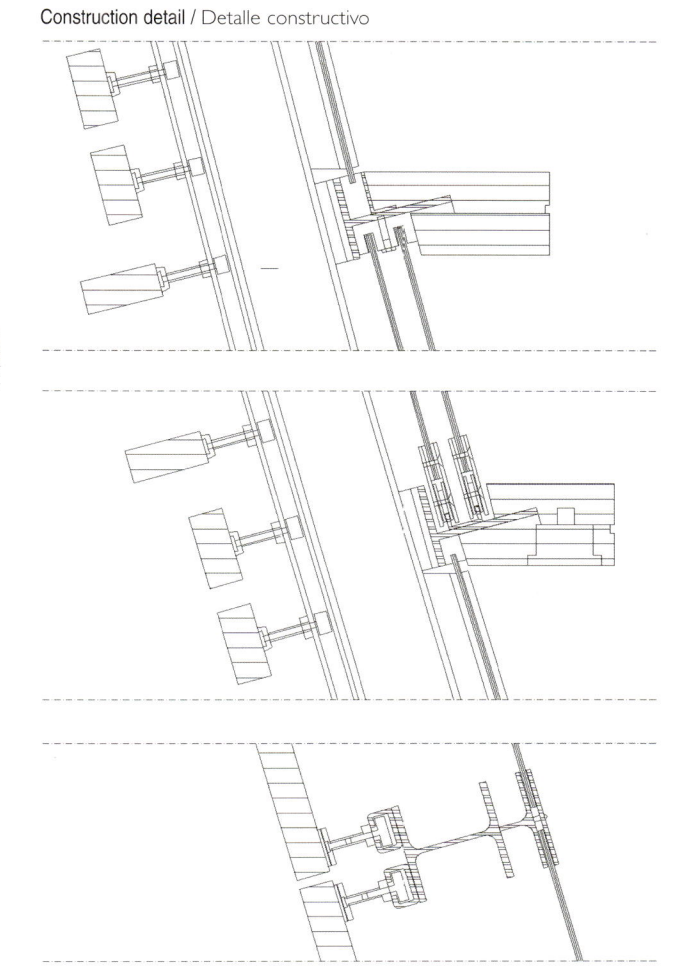

Four floors lie within a narrow volume running along the "ship's" outer wall, allowing a maximum of natural illumination and ventilation while covering a minimum of floor area. The church has been fitted with new window panes, but all the weight has been transferred to a new steel frame instead of the old masonry.

En un estrecho espacio que discurre a lo largo de la pared exterior de la nave se han dispuesto cuatro plantas que proporcionan el máximo de luz natural y ventilación a la vez que ocupan la mínima superficie de suelo. La iglesia se ha dotado de nuevos cristales para las ventanas, aunque transfiriendo todo el peso a una estructura de acero nueva en lugar de a la vieja estructura de ladrillo.

Construction detail of window / Detalle constructivo de ventana

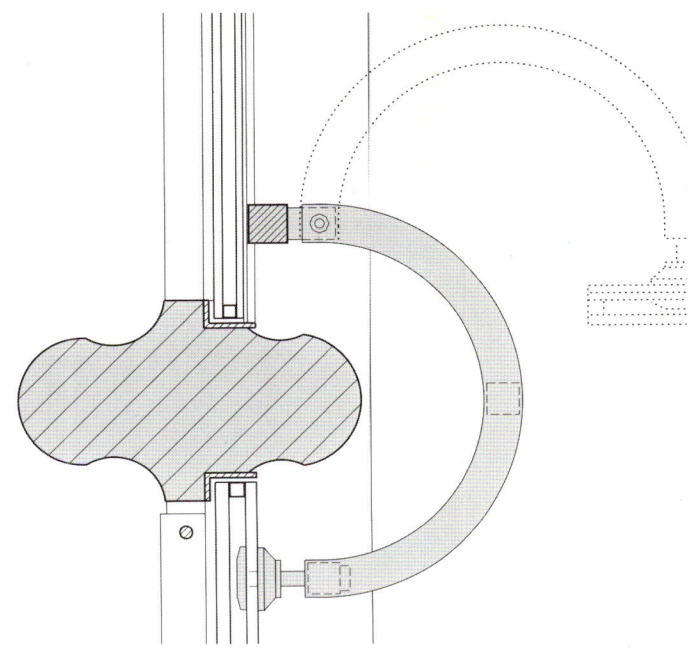

Hendrik Vermoortel / Rita Huys / Buro II / Buro I

Buro II & Buro I Offices

Roeselare, Belgium   Photographs: Jean-Luc Laloux

This office building is an extension of a former farmstead. The first stage of converting the old farm involved the rebuilding and renovation of the barns in order to house the architectural offices. Yet, the requirements of the growing architectural studio soon outgrew the available space, and so the decision was made to enlarge the existing building.

However, due to the cherished nature of the existing structure, the new project became more than a mere 'extension'.

The changes involved the re-housing of the historic barn structure within the new building, with the end result displaying a marked tension between old and new, interior and exterior – intriguing elements in the evolution of a pleasant workspace.

Continuous walls run between the interior and exterior, creating a constant dialogue with the garden, which is in turn delimited by a low brick wall. A lake has been constructed to encircle the renovated complex with structural references to the castle ramparts of bygone times. A long catwalk of I-beams spanned by wooden planks stretches from the first-floor entrance of the new island building's west wing to an onshore service building.

The philosophy of the building becomes immediately perceivable through its structural organization. A great deal of attention has been paid to establishing a relationship with the client. All spaces directly involved with client relations are located on the ground floor, where there is a light-filled, double-height reception area; while the first floor provides ample space for the design studios and differs in its working environment from the other floors. These roles are reflected in the design and proportions of the fenestration and light openings.

The new building is regarded as the conveyor of multiple elements, which can be added to, removed, or replaced with the passing of time.

Este edificio de oficinas es el resultado de la ampliación del complejo de una antigua granja. La primera fase de la reconversión consistió en la reconstrucción y renovación de los graneros para alojar en ellos las oficinas del estudio de arquitectura. Sin embargo, las exigencias del estudio, en plena expansión, pronto desbordaron el espacio disponible, así que se decidió ampliar el edificio existente.

A pesar de ello, y debido al aprecio que se tenía por la estructura existente, el proyecto constituyó algo más que una simple 'ampliación'. Los cambios supusieron el realojamiento de la antigua estructura del granero integrándola en el nuevo edificio, y el resultado final muestra una acentuada tensión entre lo nuevo y lo viejo, entre el interior y el exterior, elementos básicos en el desarrollo de un espacio de trabajo agradable. Unas paredes continuas se prolongan hacia el exterior, estableciendo un diálogo permanente con el jardín, cercado a su vez por un muro bajo de ladrillo. Alrededor del complejo renovado se ha construido un lago para rodearlo de referencias estructurales a las murallas de los castillos de otros tiempos. Desde la entrada a la primera planta del ala oeste del nuevo edificio-isla hasta un edificio de servicios situado en la orilla se prolonga una larga pasarela compuesta por vigas en I y tableros de madera transversales.

La filosofía del edificio puede percibirse fácilmente a través de su organización estructural: se ha prestado mucha atención a la relación con el cliente. Todos los espacios directamente implicados en la relación con el cliente se han situado en la planta baja, donde se ha dispuesto un área de recepción a doble altura muy bien iluminada. La primera planta, en cambio, proporciona un amplio espacio para los estudios de diseño y se aparta del entorno de trabajo del resto de plantas. Esta distribución de funciones se refleja en el diseño y proporciones de las ventanas y aberturas de entrada de luz.

El nuevo edificio se interpreta como un crisol de elementos diversos que pueden añadirse, eliminarse o reemplazarse con el paso del tiempo.

Basement floor plan / Planta sótano

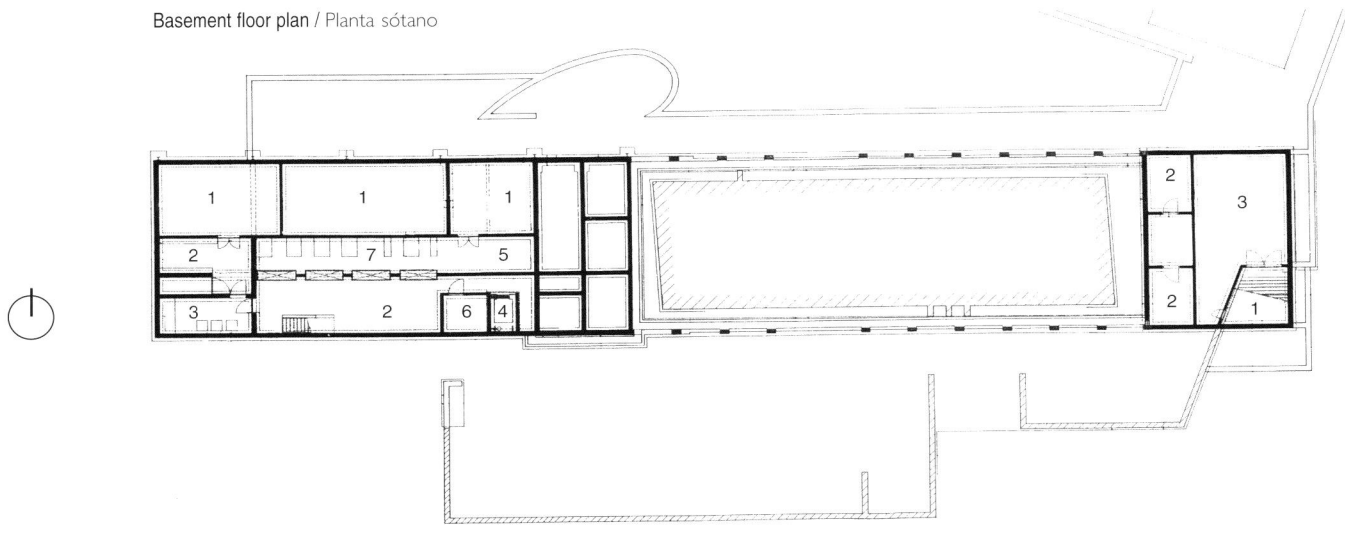

Ground floor plan / Planta baja

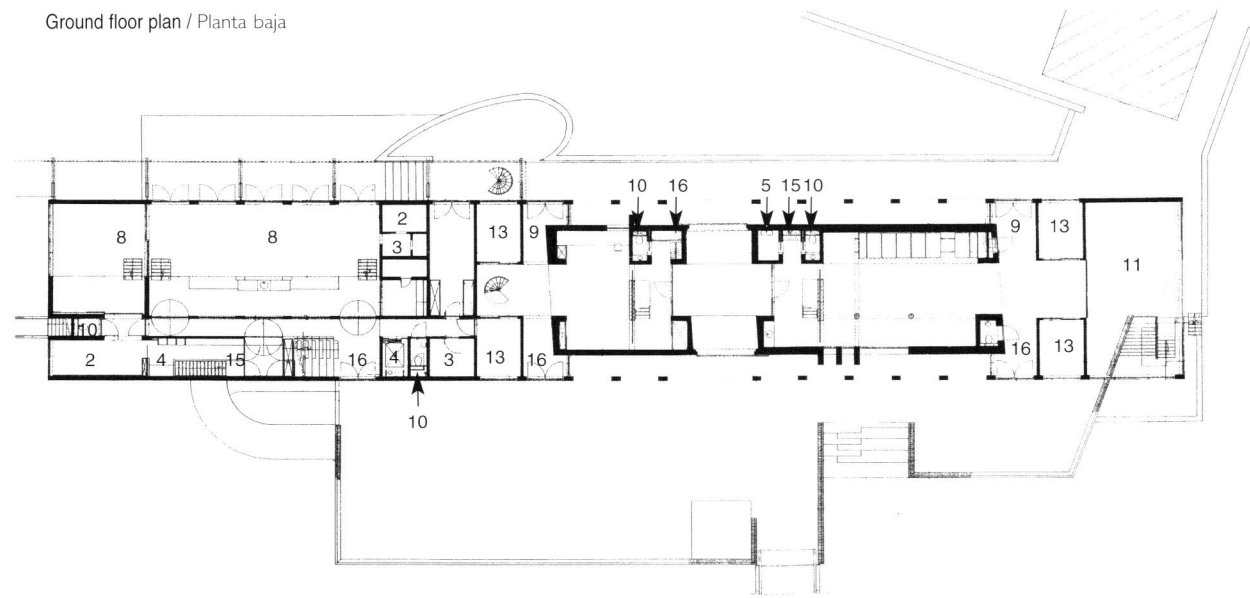

First floor plan / Primera planta

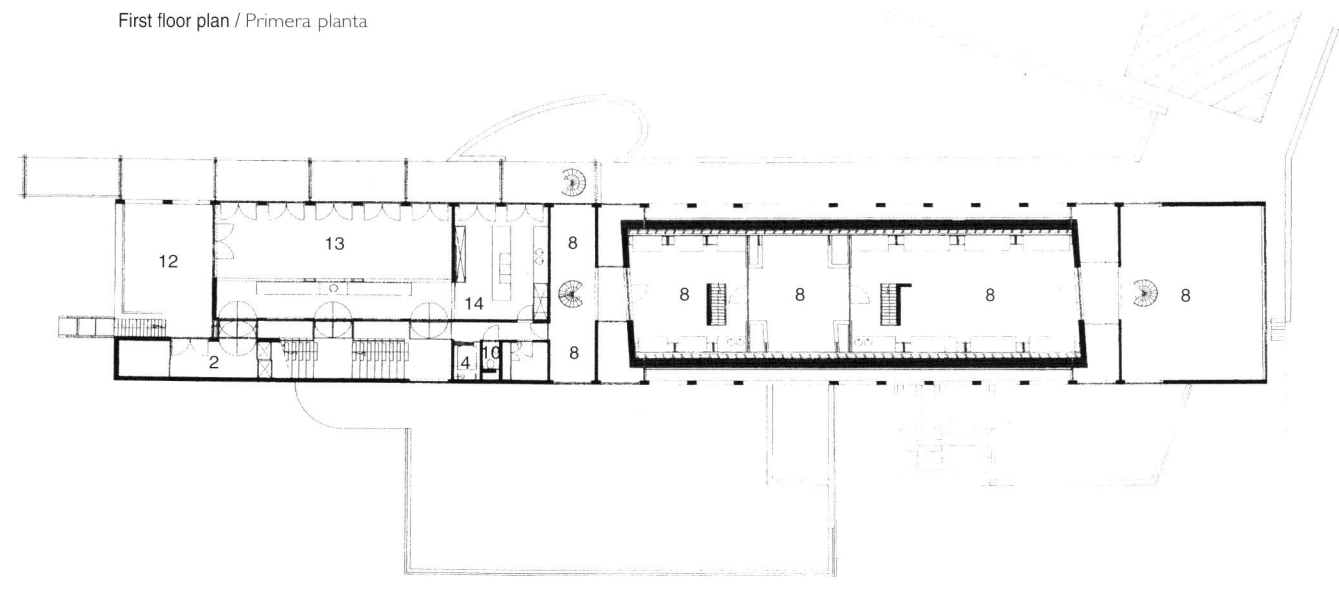

1. Crawl space / Sótano de poca altura
2. Storage / Almacén
3. File depository / Archivos
4. Elevator / Ascensor
5. Central heating / Calefacción central
6. Engine room / Sala de máquinas
7. Technical room / Sala técnica
8. Office / Oficina
9. Lock-chamber / Taquillas
10. Toilet / Baños
11. Conference room / Sala de conferencias
12. Terrace / Terraza
13. Function room / Sala polivalente
14. Kitchen / Cocina
15. Cloakroom / Vestuario
16. Entrance / Entrada

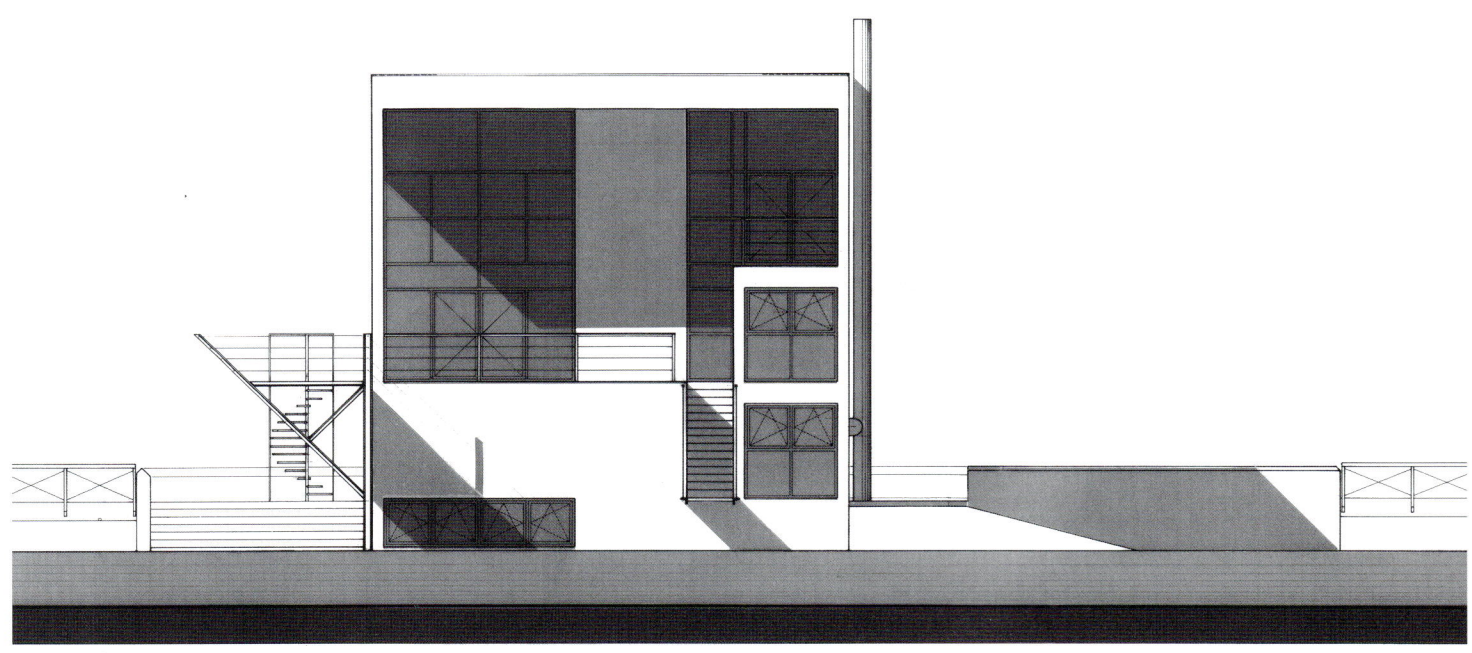
Left facade / Fachada izquierda

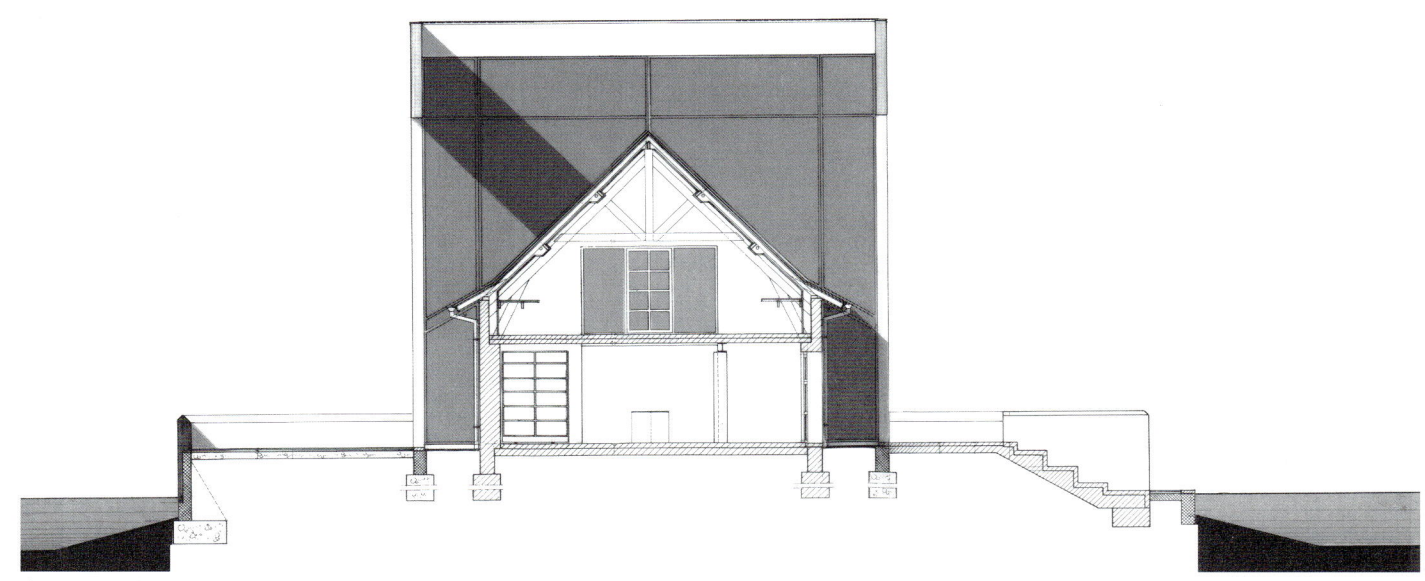
Cross section / Sección transversal

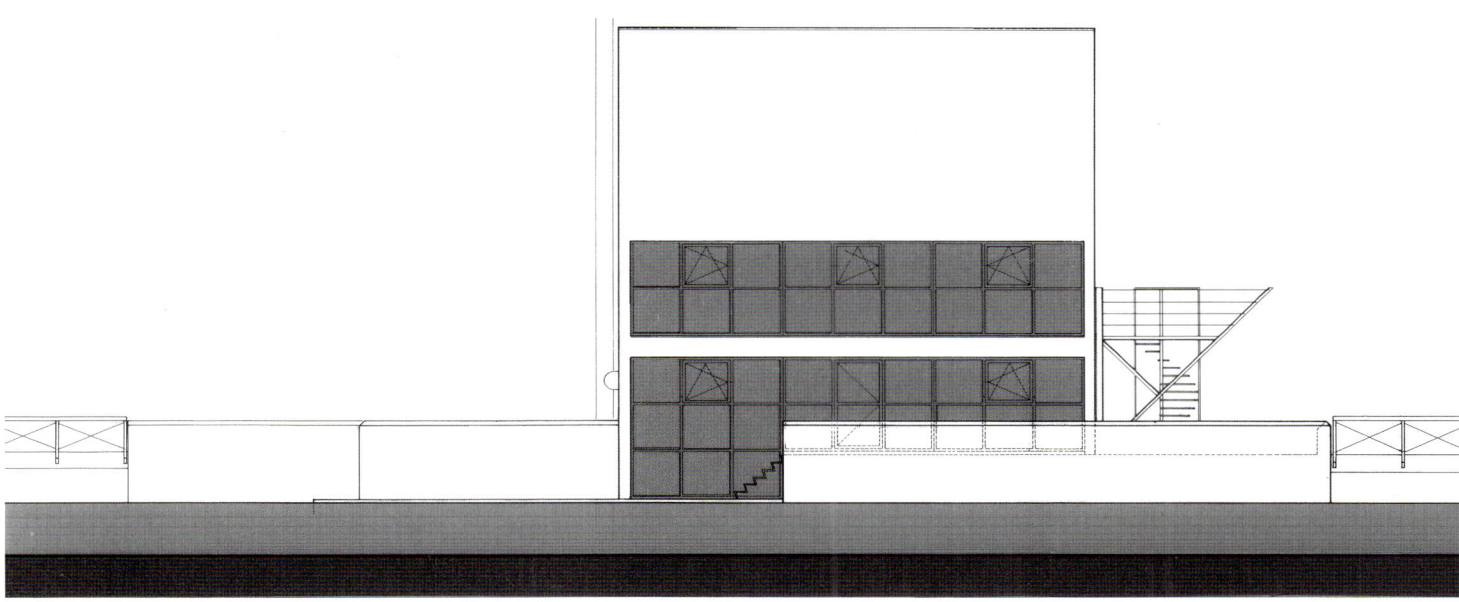

Right facade / Fachada derecha

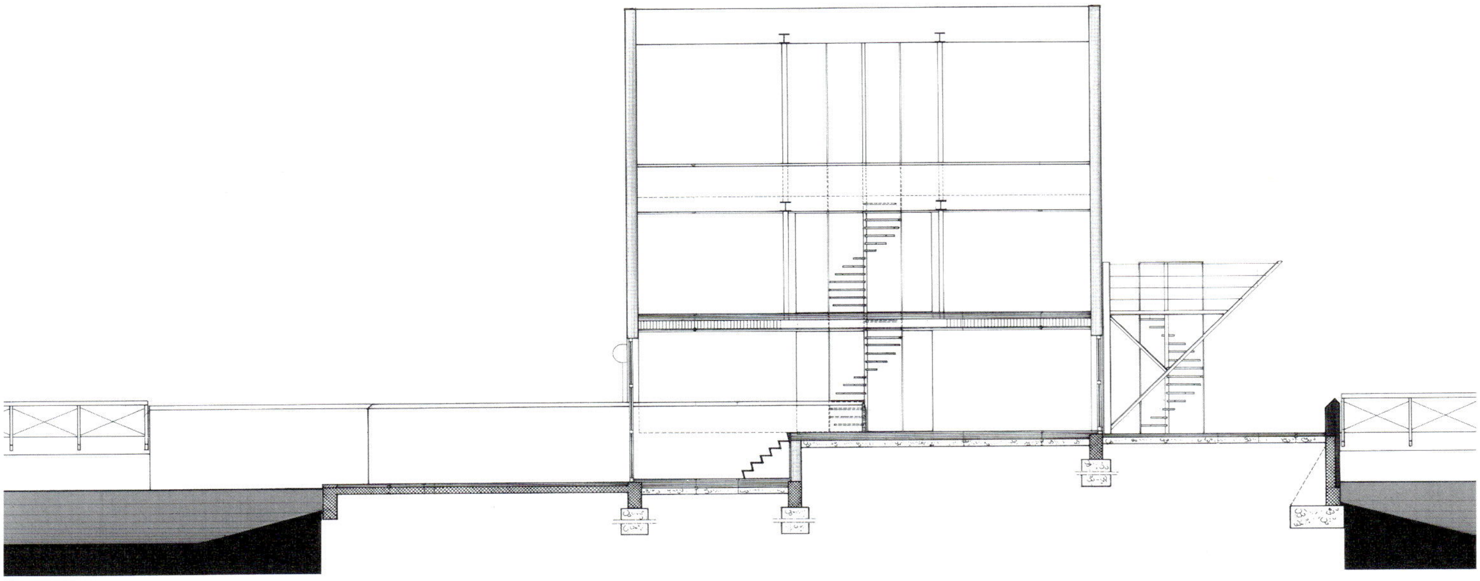

Cross section of spiral staircase / Sección transversal con escalera de caracol

A long catwalk of I-beams spanned by wooden planks connects the first-floor entrance of the new island building's west wing to an onshore service building. The roof of the double-height client reception area is adorned with artwork by Panamarenko.

Una larga pasarela compuesta por vigas en L y tableros de madera transversales conecta la entrada a la primera planta del ala oeste del nuevo edificio-isla con un edificio de servicios situado en la orilla. El techo a doble altura del área de recepción de clientes se ha decorado con obras de Panamarenko.

Renzo Piano Building Workshop
Lingotto Factory Conversion

Torino, Italy   Photographs: Shunji Ishida, Gianni Beregno & Michel Denanncé

When it was built in the 1920s, Lingotto, Fiat's birthplace and headquarters, in Turin, was the largest and most modern plant in Europe. Although it had once been the true economic and cultural symbol of urban Turin, its days as an industrial center had passed.

The premises are now used for an auditorium, an exhibition center, a branch of the university, a shopping center, a hotel and a 2600-seat cinema complex, as well as Fiat's headquarters.

The concert-conference hall has been constructed beneath one of the old building's four central courtyards, the floor of which is now raised to first floor level. The floor of the former courtyard has been sunken by 14 meters, well below the level of the old building's foundations, to achieve the hall's requisite volume and sloping floor.

For acoustic insulation, the new structure of the hall is completely independent of the old structure. The concrete frame expressed on the hall's long sides supports steel beams and concrete decking which are independent of the steel beams which support the 350 mm deep concrete slab of the courtyard floor. For further sound dampening, both sets of beams are mounted on rubber pads.

Apart from the sloping floor, what has been created is a rectangular volume (lined on its long sides by two galleries, with a row of translation booths above them), into which has been inserted a balcony at one end and a fully adjustable stage at the other. The suspended ceiling of convex curved segments is also adjustable. Each segment of the ceiling, and of the lighting grids between them, can be independently lowered and raised.

The right acoustic reverberation time was also obtained by drilling holes in the walls, capturing the sound with arched galleries and shattering the echo with the use of wood, which proved to be the most suitable material for this purpose.

Cuando se construyó en 1920, la planta Lingotto, en Turín, lugar de nacimiento de la Fiat y sede de sus oficinas centrales, era la mayor y más moderna de Europa. Aunque pronto se erigió en verdadero símbolo económico y cultural del Turín urbano, hace ya tiempo que sus días como centro industrial terminaron.

Actualmente, las instalaciones, además de las oficinas centrales de la Fiat, alojan un auditorio, un centro de exposiciones, una sede de la universidad, un centro comercial, un hotel y un complejo de salas de cine para 2600 espectadores.

La sala de conciertos y conferencias se ha construido debajo de uno de los cuatro patios centrales del antiguo edificio, el suelo del cual se ha elevado al nivel de la primera planta. Para obtener el volumen de la sala y la inclinación de suelo requeridos, se ha hundido 14 m el suelo del antiguo patio, muy por debajo de la cimentación del antiguo edificio.

Para alcanzar un buen aislamiento acústico, la estructura de la nueva sala es totalmente independiente de la existente. La estructura de hormigón, visible en los laterales largos de la sala, soporta unas vigas de acero y unas vigas de cubierta de hormigón que son independientes de las vigas de acero que soportan la losa de hormigón de 350 mm de espesor y que constituye el suelo del patio. Para obtener una mayor amortiguación del sonido, ambos conjuntos de vigas se han montado sobre apoyos de goma.

Aparte del suelo inclinado, lo que se ha creado es un volumen rectangular (flanqueado por dos galerías en los laterales largos y una serie de cabinas de traducción simultanea sobre ellas) en el que se ha insertado un anfiteatro en un extremo y un escenario completamente ajustable en el otro. El techo suspendido, formado por segmentos convexos, también es ajustable. Cada uno de estos segmentos, así como los de los elementos de alumbrado situados entre ellos, pueden subirse y bajarse de forma independiente.

Para alcanzar el tiempo de reverberación acústica deseado, también se practicaron agujeros en las paredes, se dispusieron galerías abovedadas para capturar el sonido y se disolvió el eco mediante el empleo de madera, material que se reveló el más adecuado para este propósito.

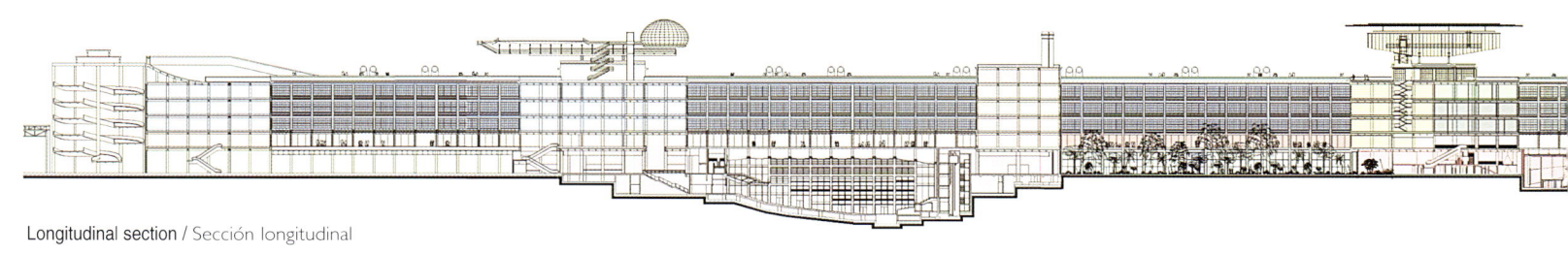

Longitudinal section / Sección longitudinal

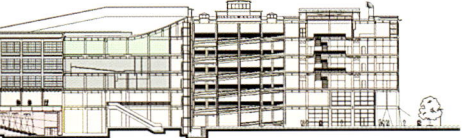 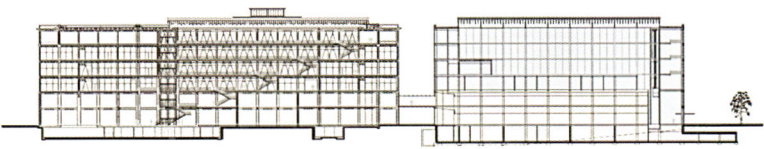

Cross section / Sección transversal

Built in the 1920s, Lingotto was one of Europe's first examples of modular construction in reinforced concrete. The roof was (and still is) a test track for cars. One of the plant's four inner courtyards is now the site of the new auditorium. The blue bubble sitting atop the building is a conference room and heliport.

Construida en 1920, la planta Lingotto constituyó uno de los primeros ejemplos de construcción modular en hormigón armado de Europa. En la azotea se construyó una pista de pruebas para coches (todavía utilizada como tal). Hoy, uno de los cuatro patios interiores de la planta aloja el nuevo auditorio. La burbuja azul, "la bolla", situada sobre el edificio es una sala de conferencias y un helipuerto.

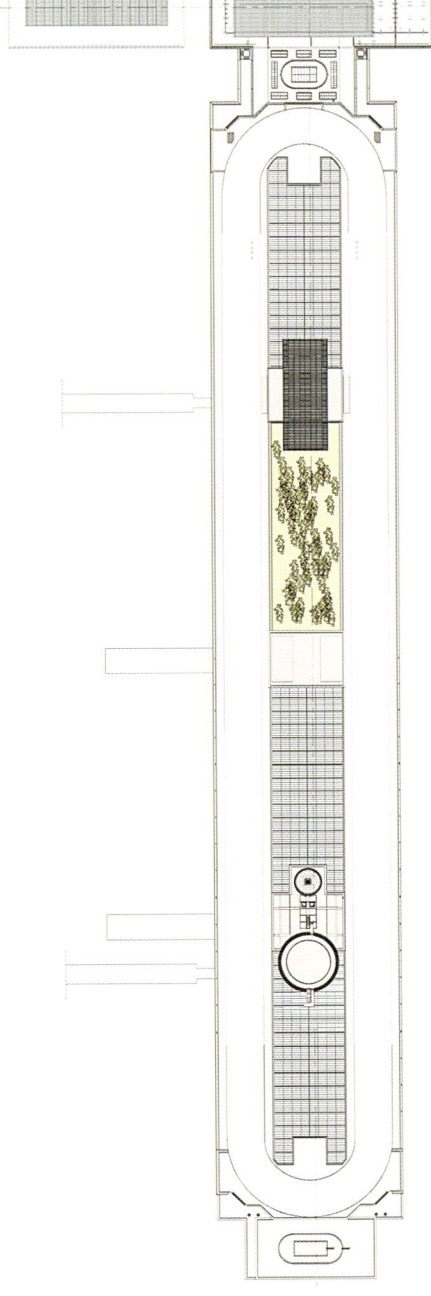

Roof floor plan / Planta cubierta

145

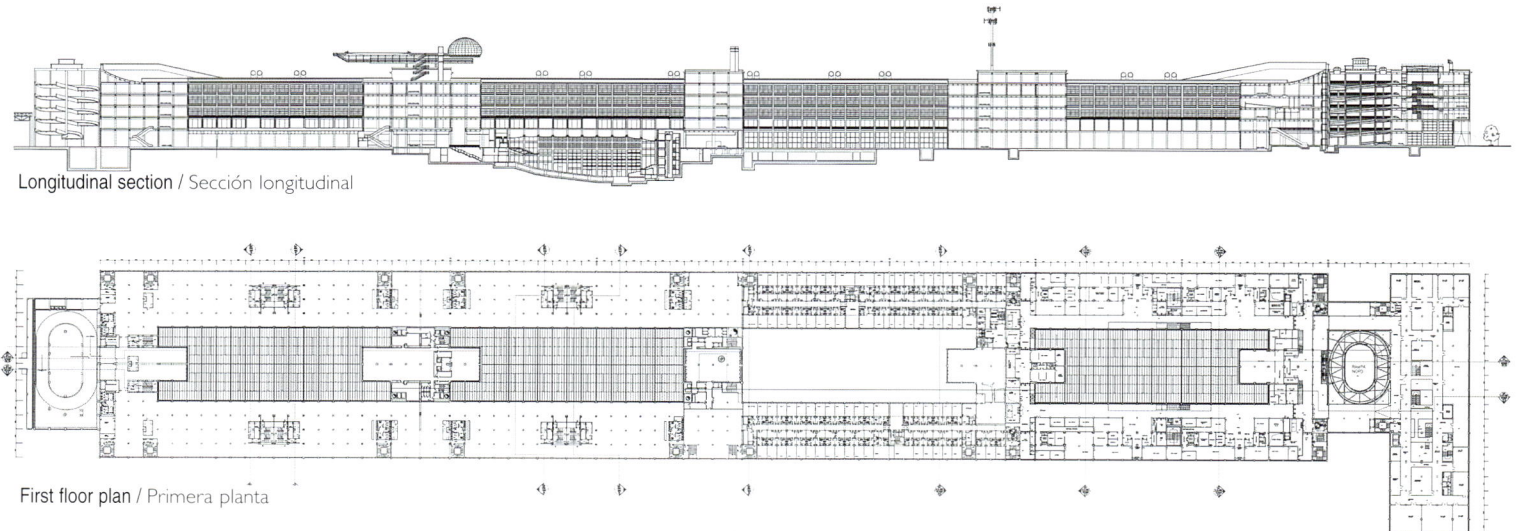

Longitudinal section / Sección longitudinal

First floor plan / Primera planta

Each segment of the ceiling can be lowered and raised. At its maximum volume (24,000 cubic meters) the auditorium has a reverberation time of 1.9 seconds. The ceiling can be lowered by as much as 6m, decreasing the volume of the hall and adjusting the acoustics. Cherry tree wood, which adds a rich sound quality, was used for the flooring, ceiling panels and walls.

Cada segmento de la cubierta se puede bajar y subir. Con su volumen máximo (24.000m³), el auditorio presenta un tiempo de reverberación de 1,9 segundos. El techo puede bajarse hasta 6 m., disminuyendo el volumen de la sala y ajustándose así sus propiedades acústicas. Como material para los suelos, los paneles de la cubierta y las paredes se ha empleado la madera de cerezo, la cual mejora la calidad del sonido.

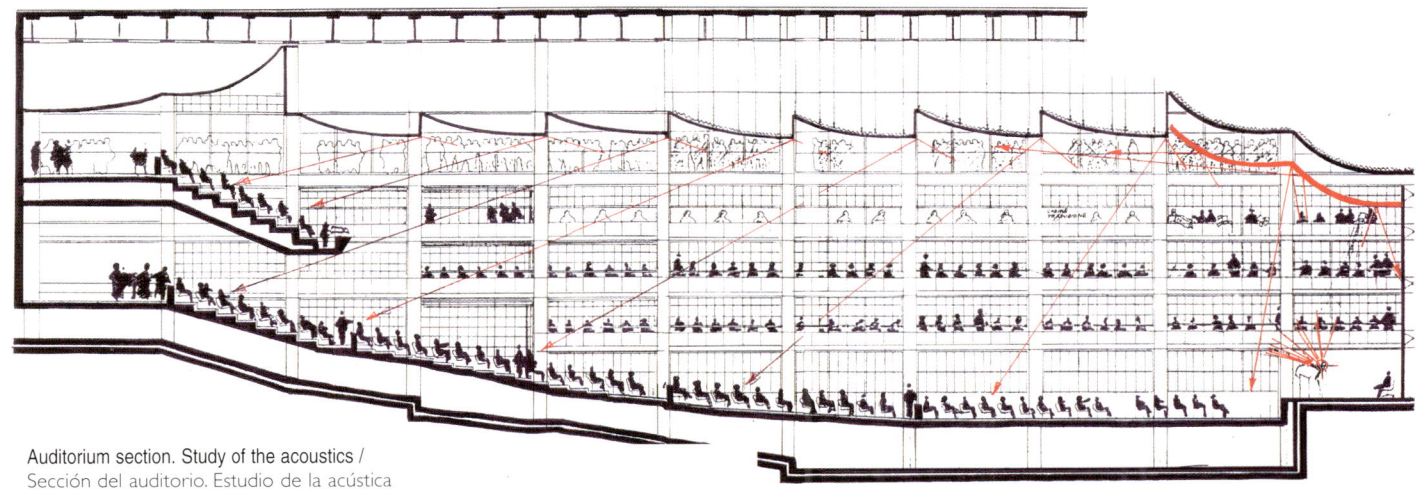
Auditorium section. Study of the acoustics /
Sección del auditorio. Estudio de la acústica

Section of balconies and translating booths (side walls) / Sección de balcones y cabinas para los traductores (paredes laterales)

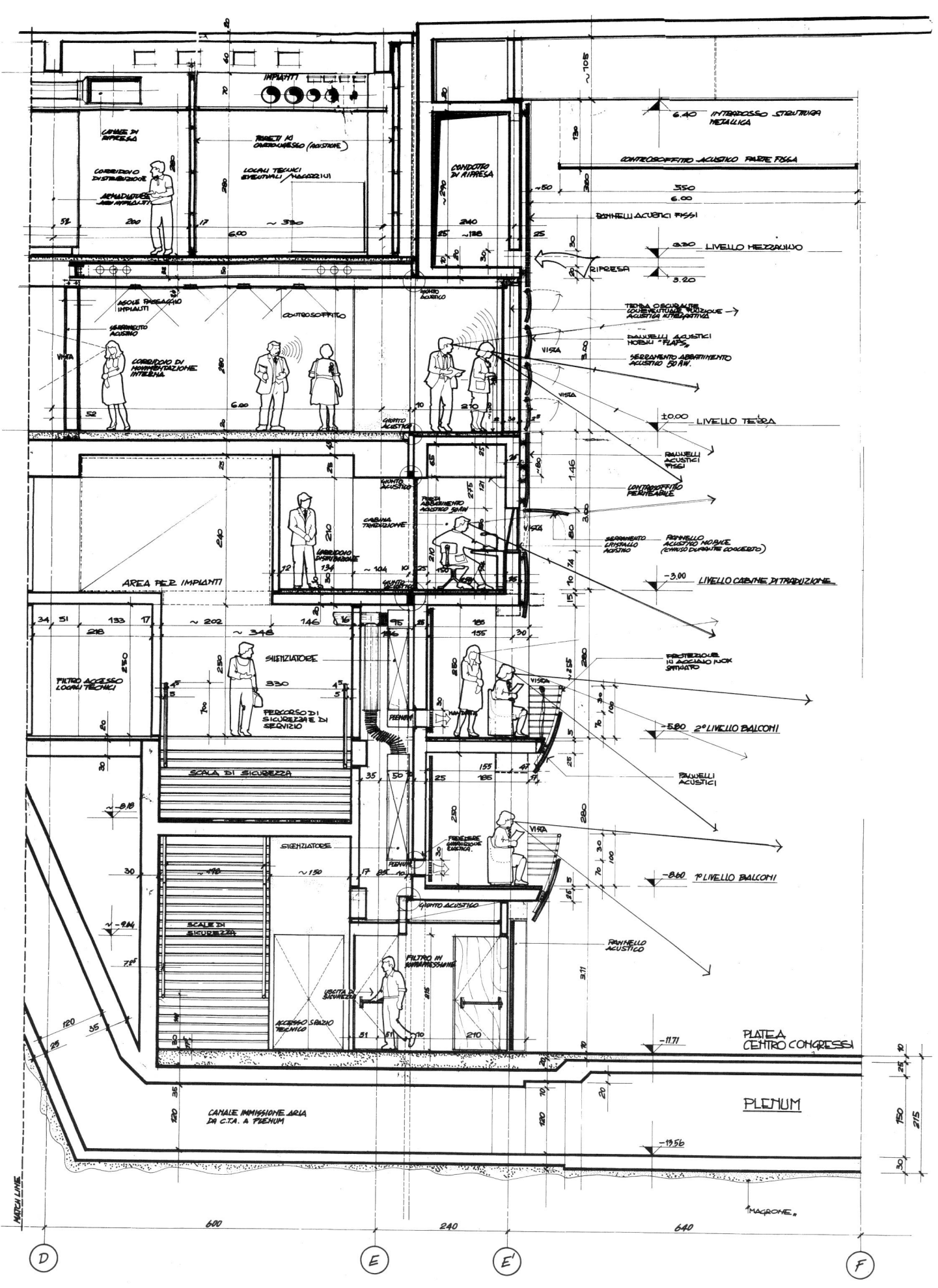

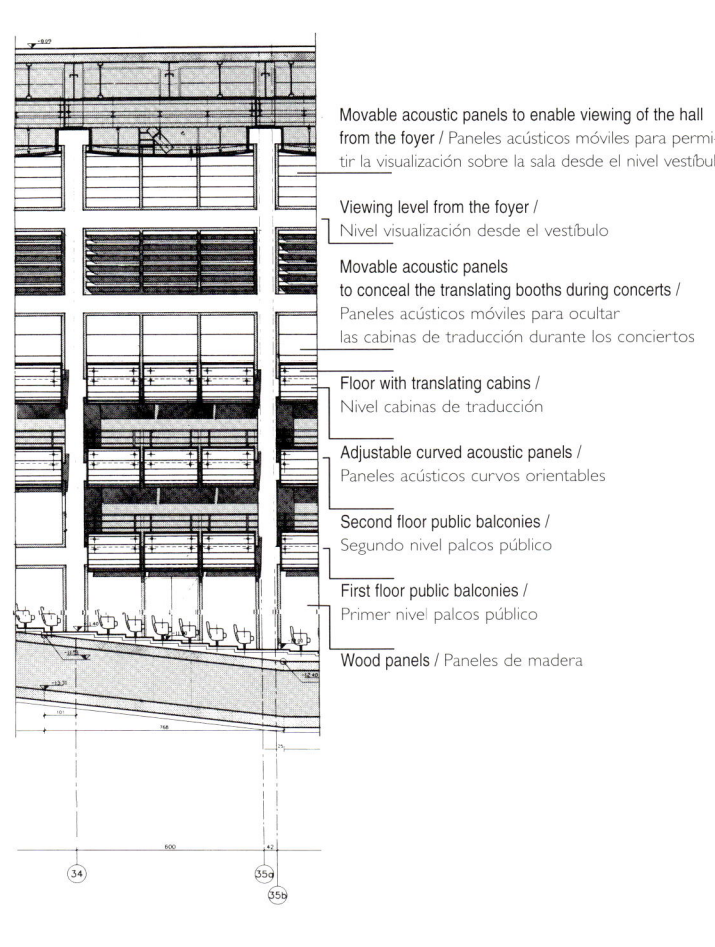

Movable acoustic panels to enable viewing of the hall from the foyer / Paneles acústicos móviles para permitir la visualización sobre la sala desde el nivel vestíbulo

Viewing level from the foyer / Nivel visualización desde el vestíbulo

Movable acoustic panels to conceal the translating booths during concerts / Paneles acústicos móviles para ocultar las cabinas de traducción durante los conciertos

Floor with translating cabins / Nivel cabinas de traducción

Adjustable curved acoustic panels / Paneles acústicos curvos orientables

Second floor public balconies / Segundo nivel palcos público

First floor public balconies / Primer nivel palcos público

Wood panels / Paneles de madera

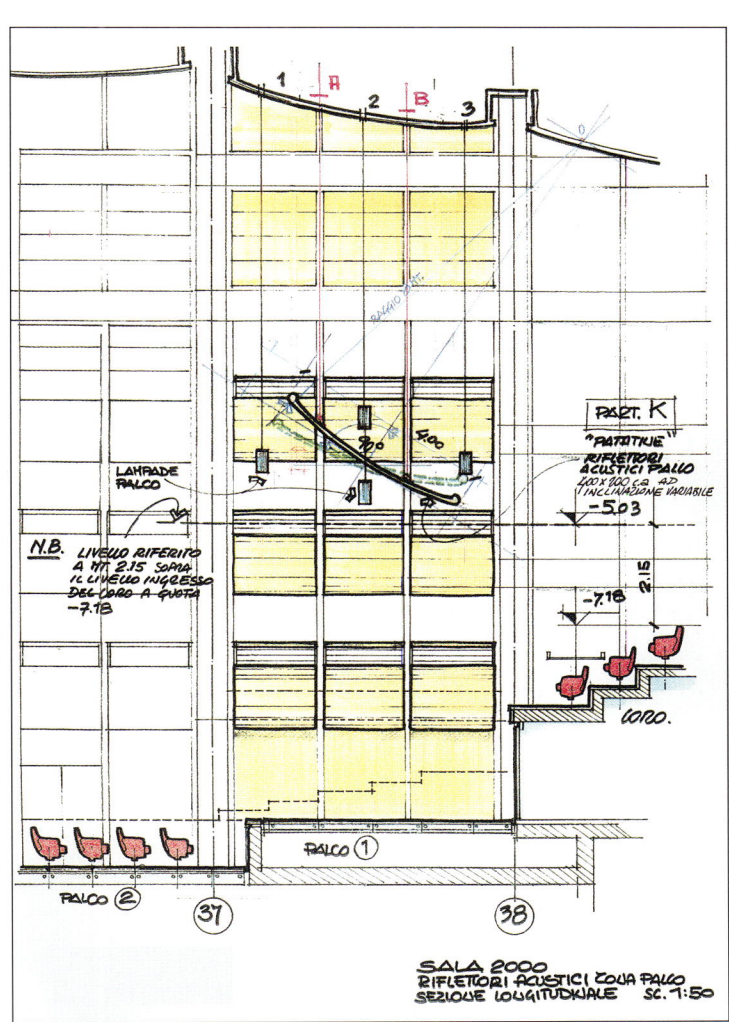

Construction detail of wood panel on balcony / Detalle constructivo de los paneles del balcón

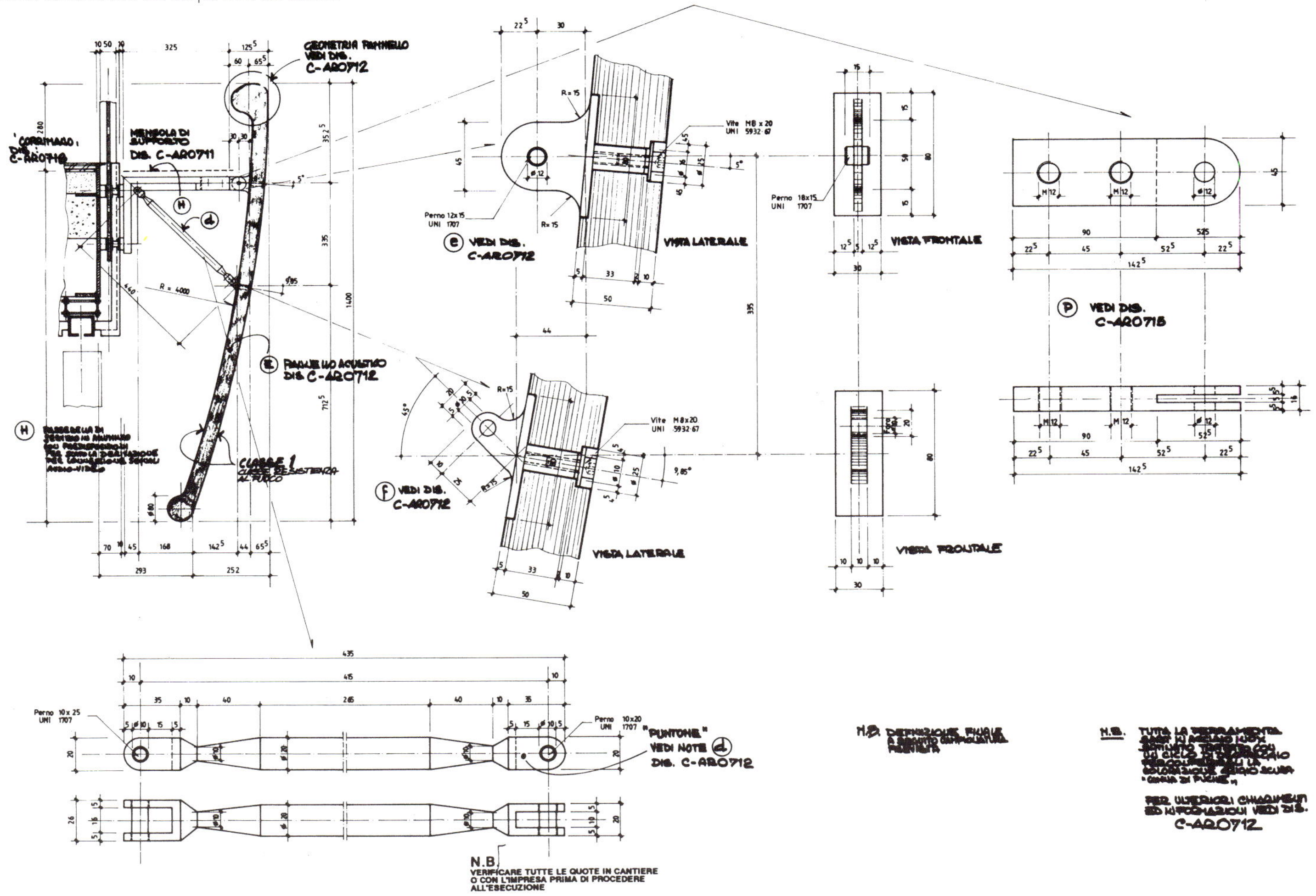

Josep Benedito & Agustí Mateos
Casa Llojta de Mar

Barcelona, Spain   Photographs: Lluís Casals

The Casa Llotja de Mar is an 18th century artistic and historic monument located in Barcelona's Plaza Palau. The Trade Hall and Consul Hall, conserved in the neoclassic building, together comprise the most important examples of two-story Gothic-era civil architecture in the Mediterranean.

The 14th century Gothic building and later extension of the 15th century side aisles housed the Sea Consulate, the body which governed Catalan commercial relations on the Mediterranean.

After the War of Succession (1714) it was used as a barracks. Once the ban on Catalan overseas trading had been lifted, construction of the Llotja de Mar began, to be completed in 1802, although most of the interior decoration came later.

In 1996, Barcelona's Chamber of Commerce, Industry and Navigation sponsored the rehabilitation of the Llotja de Mar, creating a General Works Plan which lasted five years and which focussed on the building's infrastructure and in restoring the exterior as well as the interior.

The building frequently hosts a wide variety of cultural and commercial events, which necessarily entail flexibility of use and high mobility of equipment and visitors. This meant that, added to concerns of the site's archaeology, history and technical-construction aspects, the renovation also had to encompass the need for ease of movement within the building and the flexible, changing usage in the halls.

Two new stairwells with their corresponding elevators, allowing greater and better vertical mobility, were installed. In both cases, the project was carried out using modern elements and materials, in contrast with the existing structure.

The rehabilitation of the Gothic Hall merited special attention. Modern heating and stereo equipment has been installed, without altering the original structure.

La Casa Llotja de Mar, monumento histórico y artístico, es una construcción del siglo XVIII, situada en la Plaza Palau de Barcelona. El edificio neoclásico conserva en su interior el *Saló de Contractació* y el *Saló de Cònsuls* que forman el conjunto más importante de la arquitectura gótica civil mediterránea en doble planta.

El edificio gótico del siglo XIV y la posterior ampliación de las naves laterales del XV alojaron el Consulat de Mar, organismo que facilitaba las relaciones mercantiles por vía marítima del comercio catalán en el Mediterráneo.

Después de la Guerra de Sucesión (1714) fue utilizado como cuartel. Levantada la prohibición del comercio catalán con ultramar se impulsó la construcción del actual edificio, terminado en 1802, aunque la mayoría de su decoración interior sea posterior.

La Cámara de Comercio, Industria y Navegación de Barcelona promovió a partir de 1996 su rehabilitación, realizando un Plan General de Obras que ha durado cinco años y se ha centrado especialmente en las infraestructuras del edificio y en la restauración tanto exterior como interior.

El edificio contempla, en su función, la celebración de eventos institucionales de carácter cultural y comercial, de una gran variedad y que tienen lugar con alta frecuencia. Esto significa un uso cambiante y una gran movilidad de equipamientos y usuarios. Estas condiciones implicaban plantear la rehabilitación atendiendo, no únicamente a los temas relativos a la arqueología del lugar, a sus elementos históricos y a los aspectos técnico-constructivos, sino teniendo en cuenta además la necesidad de facilidad de movimientos en el edificio y el uso cambiante y flexible de los salones.

Cabe destacar de la rehabilitación las dos nuevas escaleras del edificio con sus correspondientes ascensores que permiten una mayor y mejor movilidad vertical. En ambos casos se ha realizado una intervención con elementos y materiales actuales en contraste con los existentes. Especial atención ha merecido la rehabilitación del Salón Gótico, que se ha dotado de modernas instalaciones de climatización y comunicación, sin alterar los elementos que lo forman.

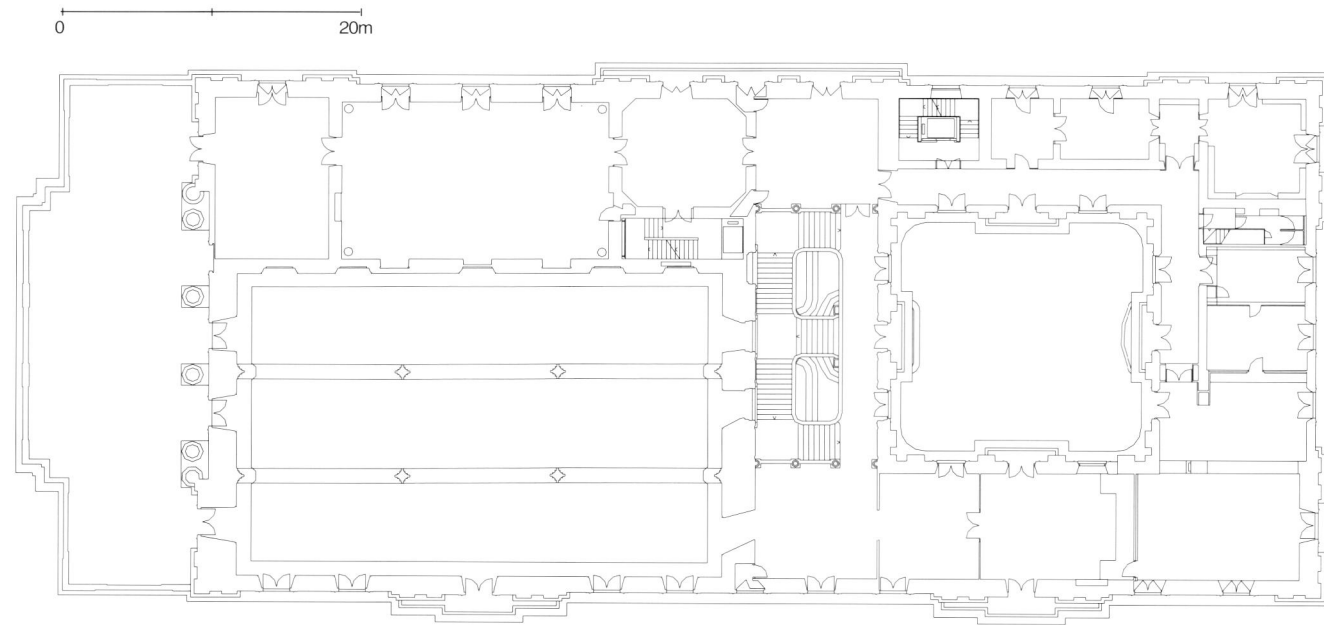

Top floor plan / Planta alta

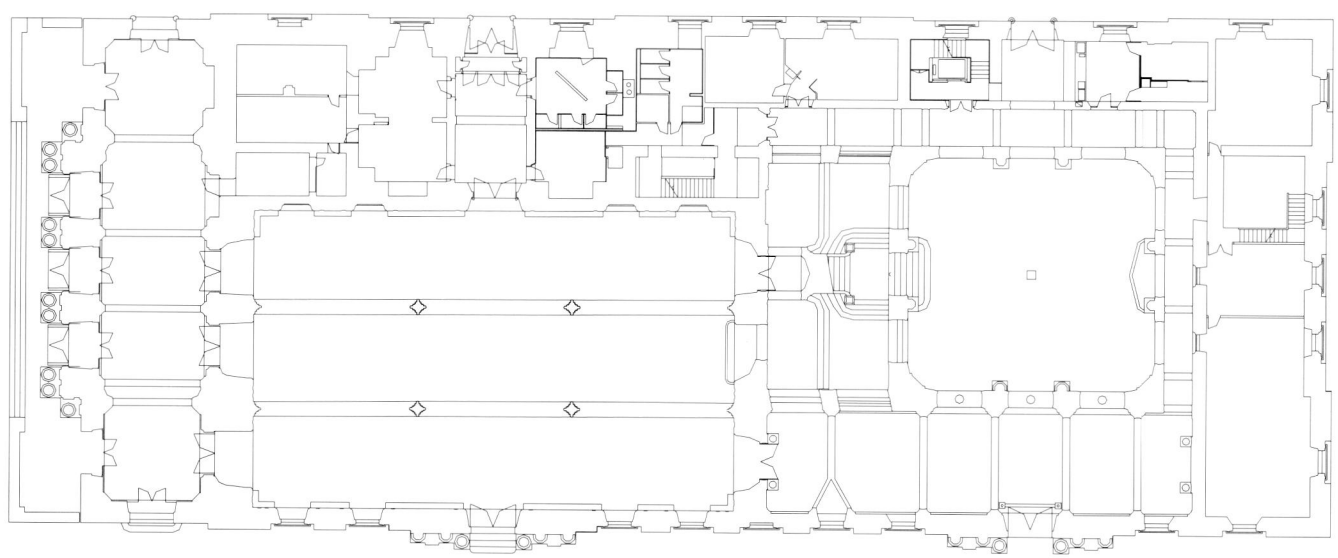

Ground floor plan / Planta baja

Both the 14th century Gothic-era building and the neoclassic 18th century halls were so well conserved –specifically, the spectacular tiled floors and elegant ceilings– that very little real rehabilitation had to be effected. New heating equipment and stereo installations for public events have been added.

Tanto el vestíbulo gótico del siglo XIV como el neoclásico del siglo XVIII se conservaban bastante bien -con sus espectaculares suelos de baldosas y la elegancia de los techos altos- y no fue necesario realizar grandes obras.
En estos espacios se han instalado nuevos sistemas de calefacción y de megafonía.

153

New lighting was installed at the base of the columns, further emphasizing their strong presence. Unlike in the new stairwells and service areas (following page), where modern materials and bright colors were used, the decision to completely retain the Gothic-era grandeur of this hall was deliberate.

Para reforzar la presencia de las columnas se decidió que éstas estuvieran también iluminadas por su base. A diferencia de en las escaleras y áreas de servicio (página siguiente), donde se han usado materiales modernos y colores brillantes, se decidió conservar toda la grandeza del vestíbulo gótico.

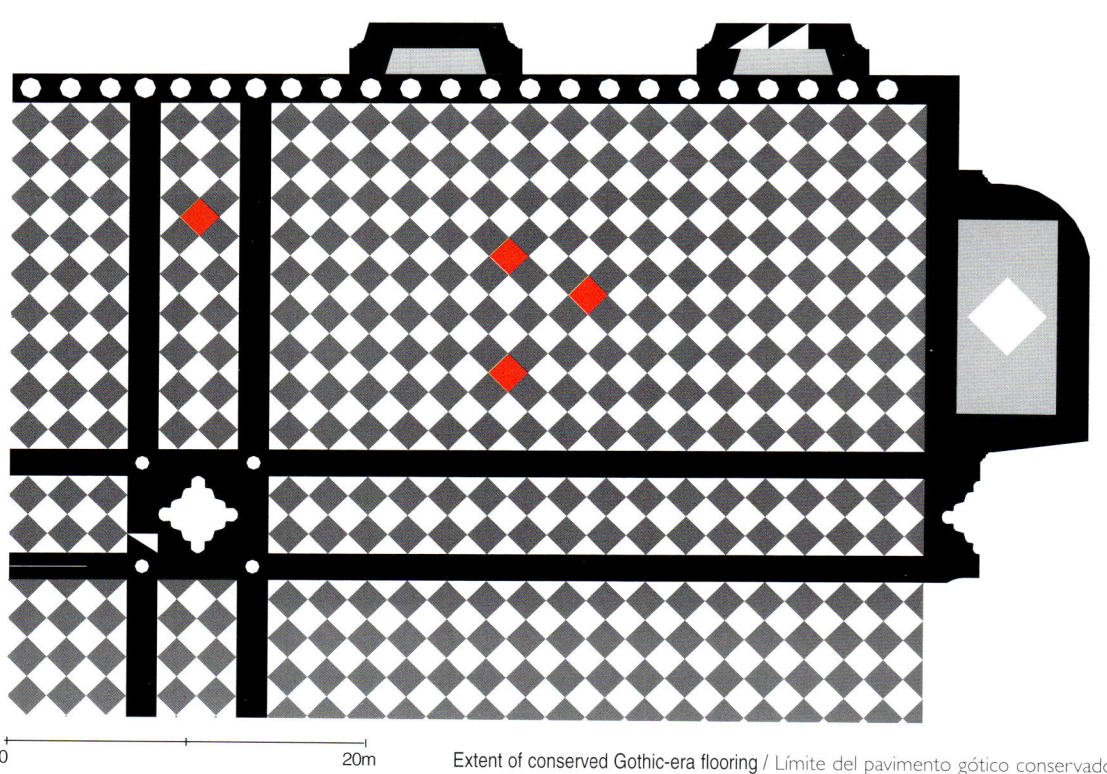

Extent of conserved Gothic-era flooring / Límite del pavimento gótico conservado

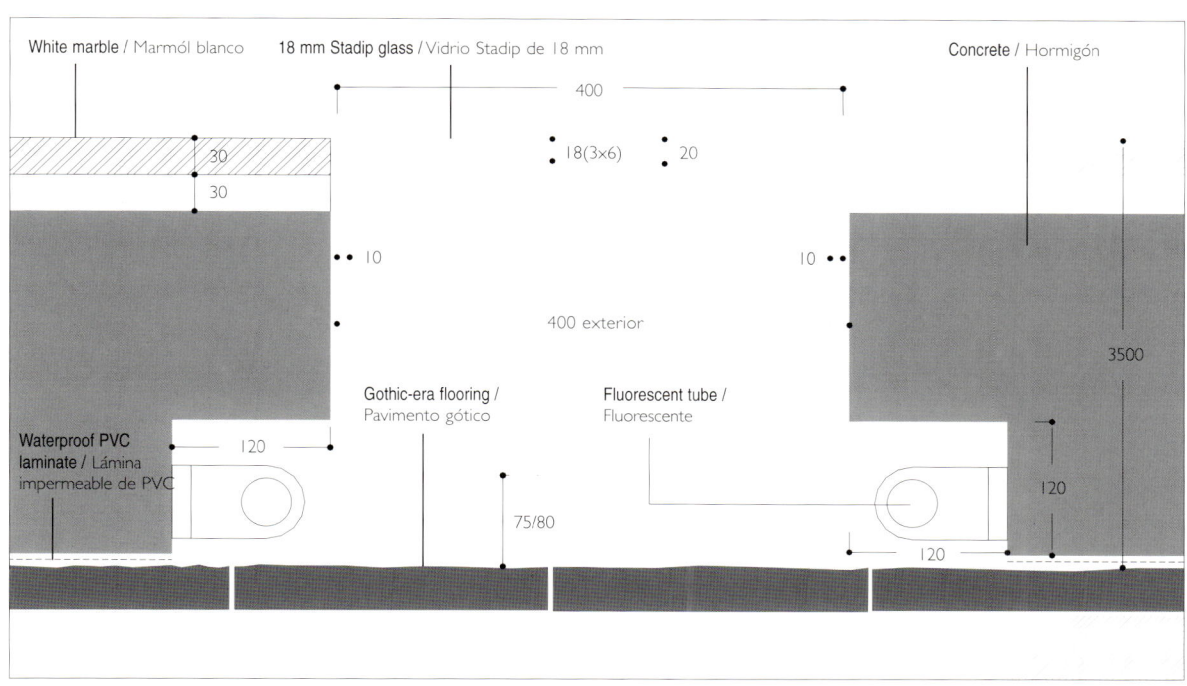

Construction detail of floor / Detalle contructivo del suelo

Gabetti & Isola, Fusari

Restoration of the Former "Ceramiche Titano" Building

San Marino, Republic of San Marino   Photographs: Vaclav Sedy

The scheme for this apartment building completes a site in transformation. Originally designed as a china factory, the existing building was constructed in various stages. Modifications were made some years ago when it was transformed into a Ferrari museum. The new brief called for a building with services on the lower floors, residential units on the upper floors and an underground garage.

The existing exterior walls of ashlar stones were restored, while additional floors, conceived with a prevalence of sections, wooden boarding and curtain walls were added.

Galleries for offices and shops were created behind the facade on the lower floors, with direct access from the road on the front and back facades. The shop-side face of these internal galleries is a continuous partition of floor-to-ceiling glass which traces a curving path alongside the existing wall. The resulting corridor forms an open, outward-looking loggia.

Single-story and duplex flats, with long, uninterrupted loggias and deep balconies were inserted into the residential areas on the top floors. Like the shops below, these loggias were created inside the existing facade and are defined on the inner side, which gives onto the flats, by a sinuous glass wall. The loggias on the upper floors jut out over the facade, creating deep balconies, cutting into the stone facade below and stretching upwards to form lofty attics. The support beams of these sharply projecting balconies are connected vertically by tie beam struts.

Wooden planks set on a metal framework comprise the flooring of the loggias and balconies, which are enclosed by sheets of glass with wooden handrails and electrically-operated awnings. The new roof cladding consists of earthen tiles over a base of wooden boards.

El diseño de este edificio de apartamentos viene a completar una construcción en continua transformación. El edificio existente, originalmente diseñado como fábrica de porcelana, se construyó en varias etapas. Algunos años atrás se llevaron a cabo algunas modificaciones para convertirlo en un museo de Ferraris. El nuevo encargo consistía en dotar el edificio de un garaje subterráneo, una zona de servicios en las plantas inferiores y viviendas en las superiores.

Las paredes de sillar existentes se restauraron, y se agregaron plantas adicionales con gran predominancia de secciones, entablados de madera y muros cortina.

En los pisos inferiores, tras la fachada, se dispusieron unas galerías para oficinas y comercios dotadas de acceso directo a la calle por las fachadas frontal y posterior. Dentro de estas galerías, el lateral donde se ubican los comercios consiste en una pared de vidrio a toda altura que dibuja un recorrido serpenteante junto a la pared existente. El pasillo resultante da lugar a una logia abierta al exterior.

En las viviendas de las plantas superiores se dispusieron pisos de una planta y dúplex provistos de largas logias continuas y grandes balcones. Como las tiendas de las plantas inferiores, estas logias se crearon dentro de la fachada ya existente, y están delimitadas en su lado interior por una sinuosa pared vidriada. Las logias de las plantas superiores sobresalen por la fachada, se interrumpen en la fachada de sillar inferior y se prolongan hacia arriba formando áticos tipo loft. Las vigas portantes de estos balcones proyectados se conectan verticalmente mediante vigas de arriostramiento.

Logias y balcones, rodeados por hojas de vidrio, barandillas de madera y toldos eléctricos, presentan suelos formados por paneles de madera fijados sobre una estructura metálica. El nuevo revestimiento de la cubierta consiste en tejas de arcilla sobre una base de paneles de madera.

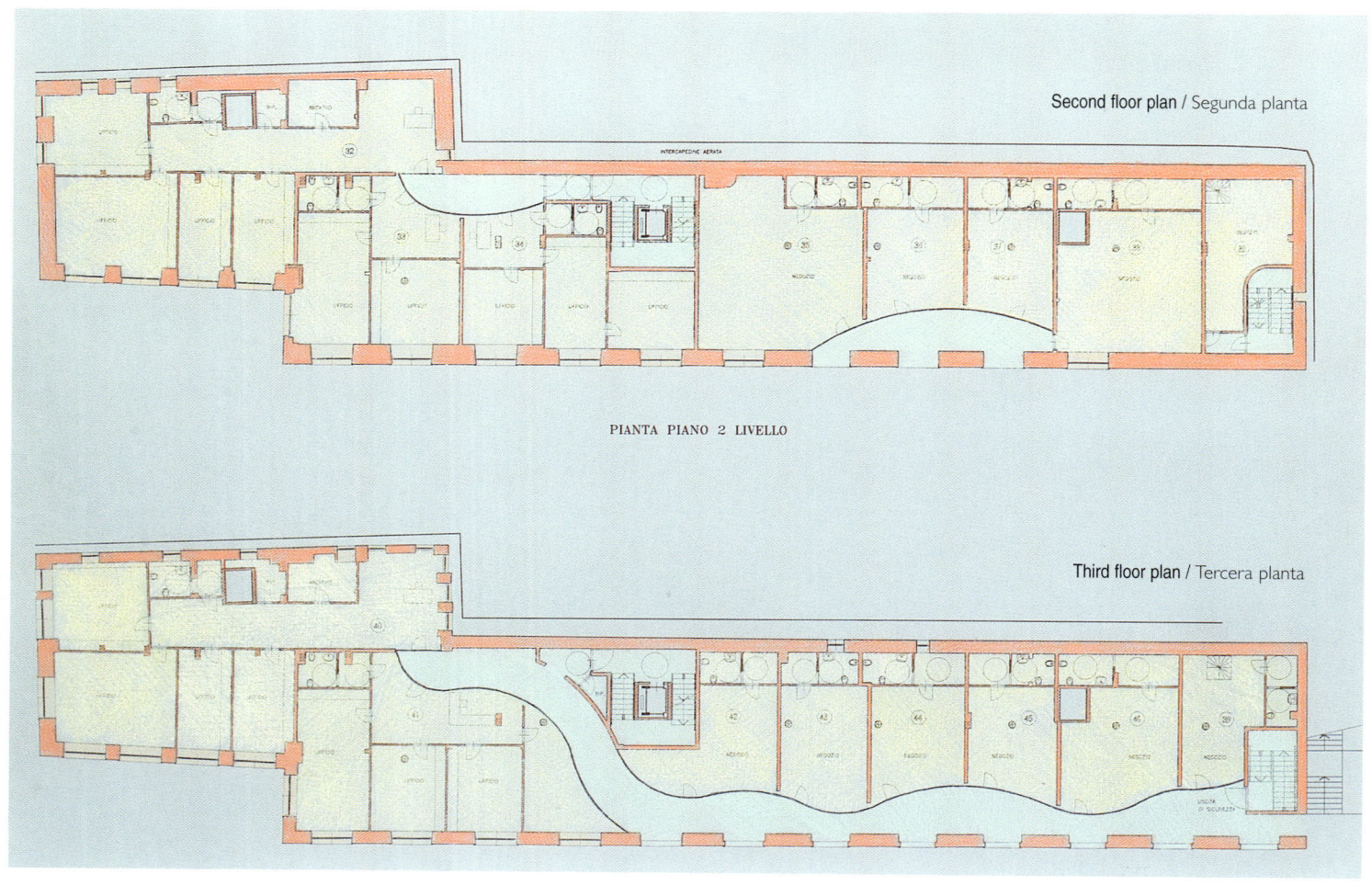

Second floor plan / Segunda planta

PIANTA PIANO 2 LIVELLO

Third floor plan / Tercera planta

Fifth floor plan / Quinta planta

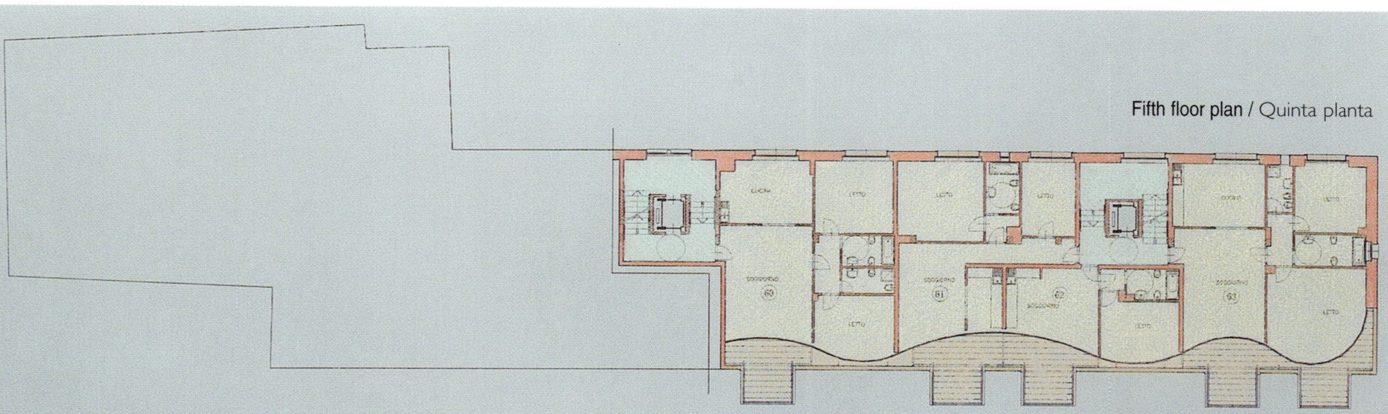

PIANTA PIANO 5 AMMEZZATO

Sixth floor plan / Sexta planta

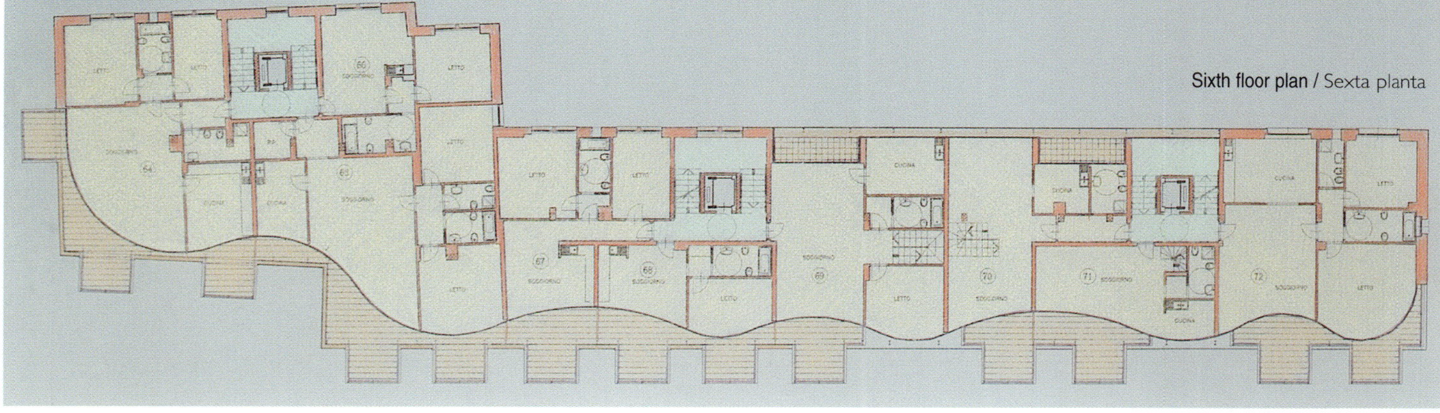

Seventh floor plan / Séptima planta

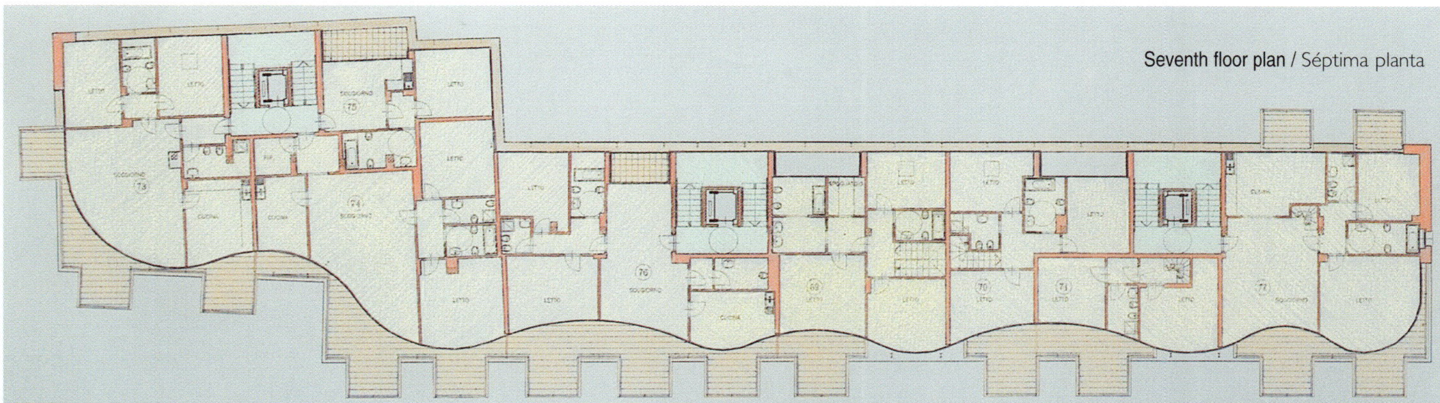

PIANTA PIANO 7 LIVELLO

Roof floor plan / Planta cubierta

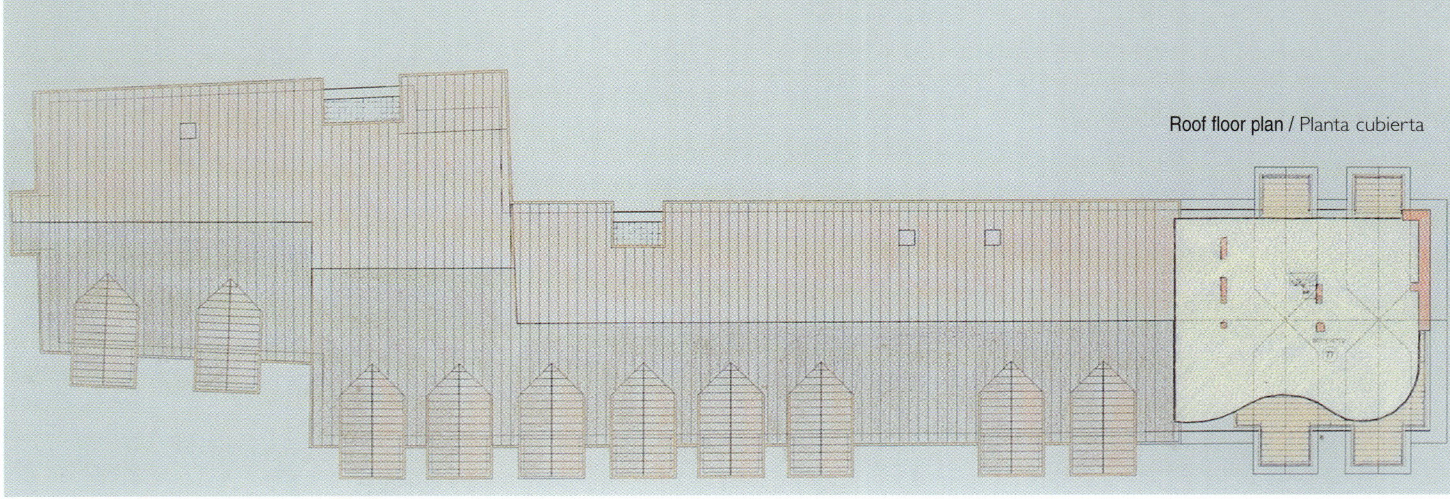

161

South-east elevation / Alzado sureste

The existing walls of ashlar stone were restored; sections, wooden planking and curtain walls predominate in the new upper floors. The awnings along the balconies are electrically operated and regulated by anemoscope for safety reasons. The new roof cladding consists of earthen tiles lying on a base of wooden boards.

Las paredes de sillar fueron restauradas; en las nuevas plantas superiores predominan secciones, entablados de madera y muros cortina. Los toldos de los balcones funcionan mediante electricidad y se autorregulan, por motivos de seguridad, mediante un anemoscopio. El nuevo revestimiento de la cubierta consiste en tejas de arcilla sobre una base de paneles de madera.

South-west elevation / Alzado suroeste

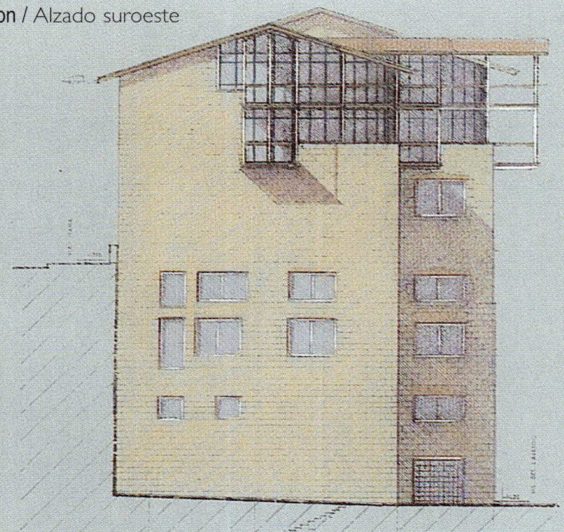

North-east elevation / Alzado noreste

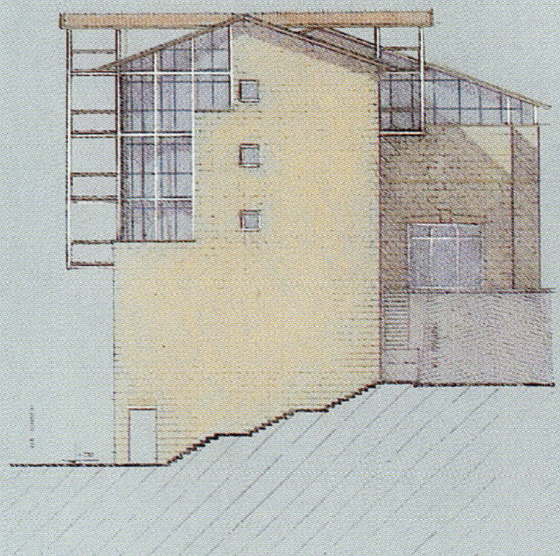

North-west elevation / Alzado noroeste

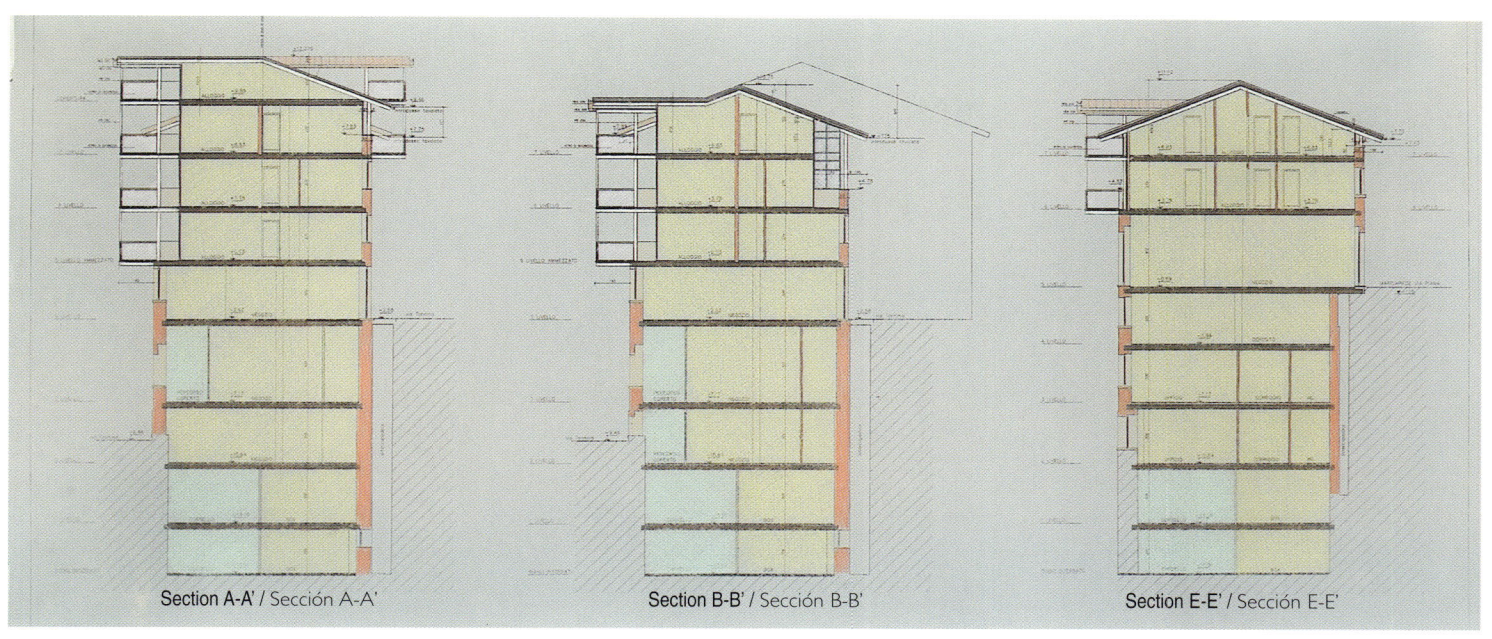

Section A-A' / Sección A-A' Section B-B' / Sección B-B' Section E-E' / Sección E-E'

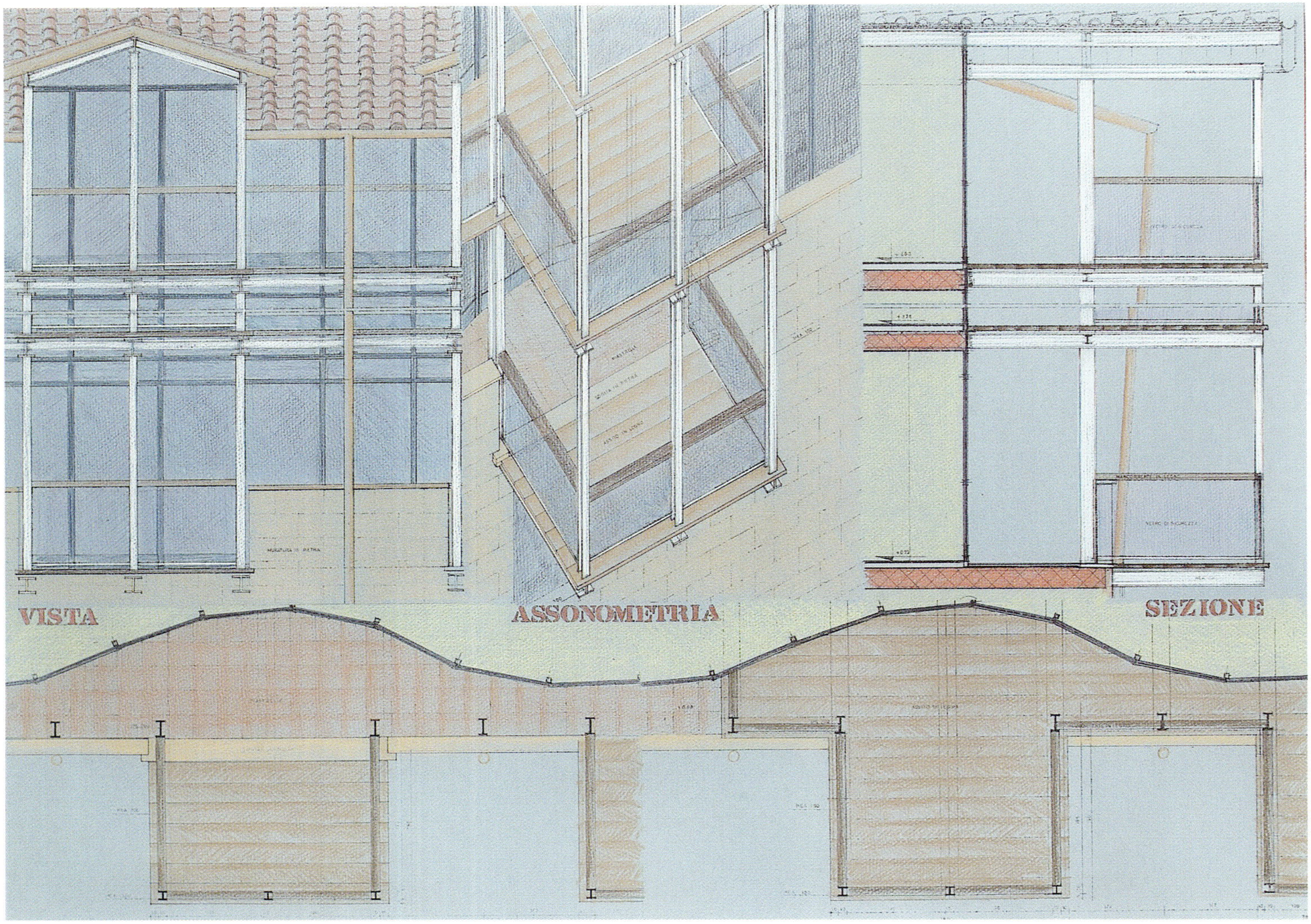

VISTA   ASSONOMETRIA   SEZIONE

Flats with long uninterrupted loggias and deep balconies were inserted into the top floors. The loggias were created inside the outer edge of the existing facade and are defined on the inner face by a long, sinuous glass wall. On the top floors, the loggias jut out over the facade, creating deep balconies whose support beams are connected vertically by tie beam struts.

En las plantas superiores se dispusieron apartamentos provistos de largas logias continuas y grandes balcones. Estas logias se crearon dentro de la cara exterior de la fachada existente, y están delimitadas en su interior por una larga y sinuosa pared vidriada. Las logias de las plantas superiores sobresalen por la fachada, dando lugar a grandes balcones cuyas vigas portantes se conectan verticalmente mediante vigas de arriostramiento.

Markus Wespi & Jérôme de Meuron
House in Flawil

Flawil, Switzerland   Photographs: Hannes Henz

Although not immediately visible from the exterior, a closer inspection of this house revealed that it was one of the first prefabricated timber constructions in Switzerland. It is located in an agricultural area where wood has been used extensively in building construction.

The original outer rendering was entirely removed, to be replaced with slats of Douglas fir wood as exterior cladding and insulation all around the house. On the windowless facades, the slats have been placed closely together, while only every third slat was included on the south facade in order to let in views and light. Wood was also used extensively in the interior in order to create a sense of unity, while the roof was replaced with titanium-zinc sheeting.

Although the existing house was very small, the conversion extended it by only 1.5 meters to the south. In the process, the entire south facade was removed and replaced with large windows. Since the other three facades remained closed, the decision was made to harness some of the passive solar energy along the south facade.

A secondary road passes directly in front of the house, so the wooden slats provide a screen for preserving privacy, while also serving as solar protection in the summertime.

From a distance, the house seems to be a completely hermetic structure. In its simplicity, it is reminiscent of the traditional barns so common in this canton.

New insulation, central gas heating and a warm-air stack were installed. The original timber stud walls and concrete plinth were retained. The existing fir flooring on the upper floor was also retained, while parquet was added on the ground floor.

A covered bicycle stand and wood shelter are new additions in the garden.

Aunque no resultara evidente desde el exterior, una inspección más detenida de esta casa puso de manifiesto que se trataba de una de las primeras construcciones de madera prefabricadas de Suiza. Está situada en una zona agrícola en la que la madera ha sido empleada profusamente como material de construcción.

El aspecto externo original se eliminó por completo y se sustituyó por listones de madera de abeto Douglas como revestimiento exterior y sistema de aislamiento alrededor de toda la casa. En las fachadas desprovistas de ventanas, los listones se han dispuesto con muy poca separación entre ellos, mientras que en la fachada sur se dispuso únicamente uno de cada tres listones para que penetraran la luz y las vistas del exterior. También se empleó la madera con profusión en el interior, creando así cierta sensación de unidad, mientras que la cubierta se reemplazó por hojas de titanio-zinc.

A pesar de que la casa original era muy pequeña, la rehabilitación tan sólo la extendió en 1,5 metros hacia el sur. En el proceso, se eliminó toda la fachada sur, sustituyéndola por inmensas ventanas. Como las otras tres fachadas permanecían cerradas, se decidió aprovechar parte de la energía solar pasiva que irradia dicha fachada sur.

Por delante de la casa transcurre una carretera secundaria, por lo que los listones de madera constituyen una pantalla que, a la vez que permite preservar la intimidad del interior, protege de la luz solar en verano. Desde lejos, la casa parece una estructura totalmente hermética. Por su simplicidad, recuerda los graneros tradicionales, tan habituales en este cantón.

Se instalaron un nuevo sistema de aislamiento, una calefacción central de gas y un conducto vertical de aire caliente. Se conservaron las paredes de entramado originales y los plintos de hormigón, así como el suelo de madera de abeto de la planta superior. En la planta baja, en cambio, se añadió suelo de parquet.

En el jardín, se proyectó un nuevo cobertizo para bicicletas y leña.

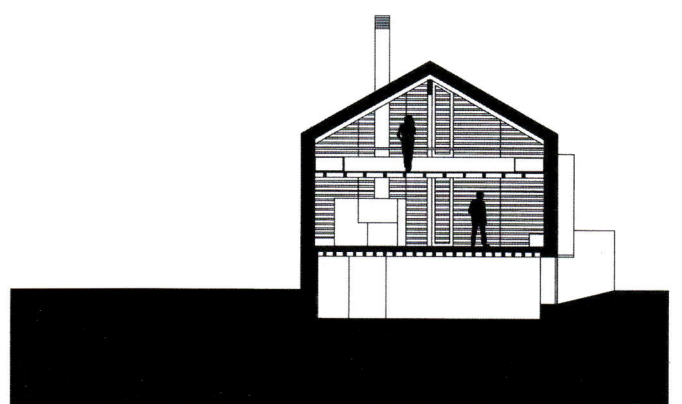

Section AA / Sección AA

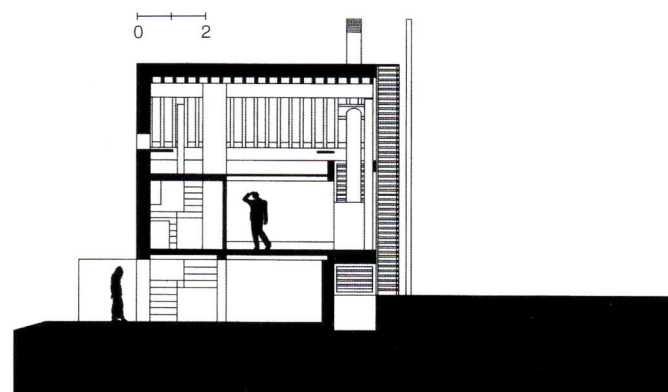

Section BB / Sección BB

1. Covered Bicycle stand / Aparcamiento para bicicletas cubierto
2. Garden / Jardín
3. Entrance / Entrada
4. Bath-toilet / Baño
5. Guestroom / Habitación de invitados
6. Storage / Almacén
7. Heating-washroom / Lavandería y sala de máquinas
8. Kitchen/dining room / Cocina-Comedor
9. Living room / Salón
10. Chimney / Chimenea
11. Study / Estudio
12. Bedroom / Habitación principal
13. Void / Vacío

Although the end result of the renovation has the look of an almost entirely new construction, certain elements of the existing structure were retained: the original timber stud walls, concrete plinth and timber flooring, for example. Pictured here, the house in its original state.

Aunque, viendo el resultado final, la casa parece una construcción completamente nueva, se conservaron algunos elementos de la estructura original: por ejemplo, las paredes de entramado, los plintos de hormigón y el suelo de madera de abeto. En las fotos, imágenes de la casa original.

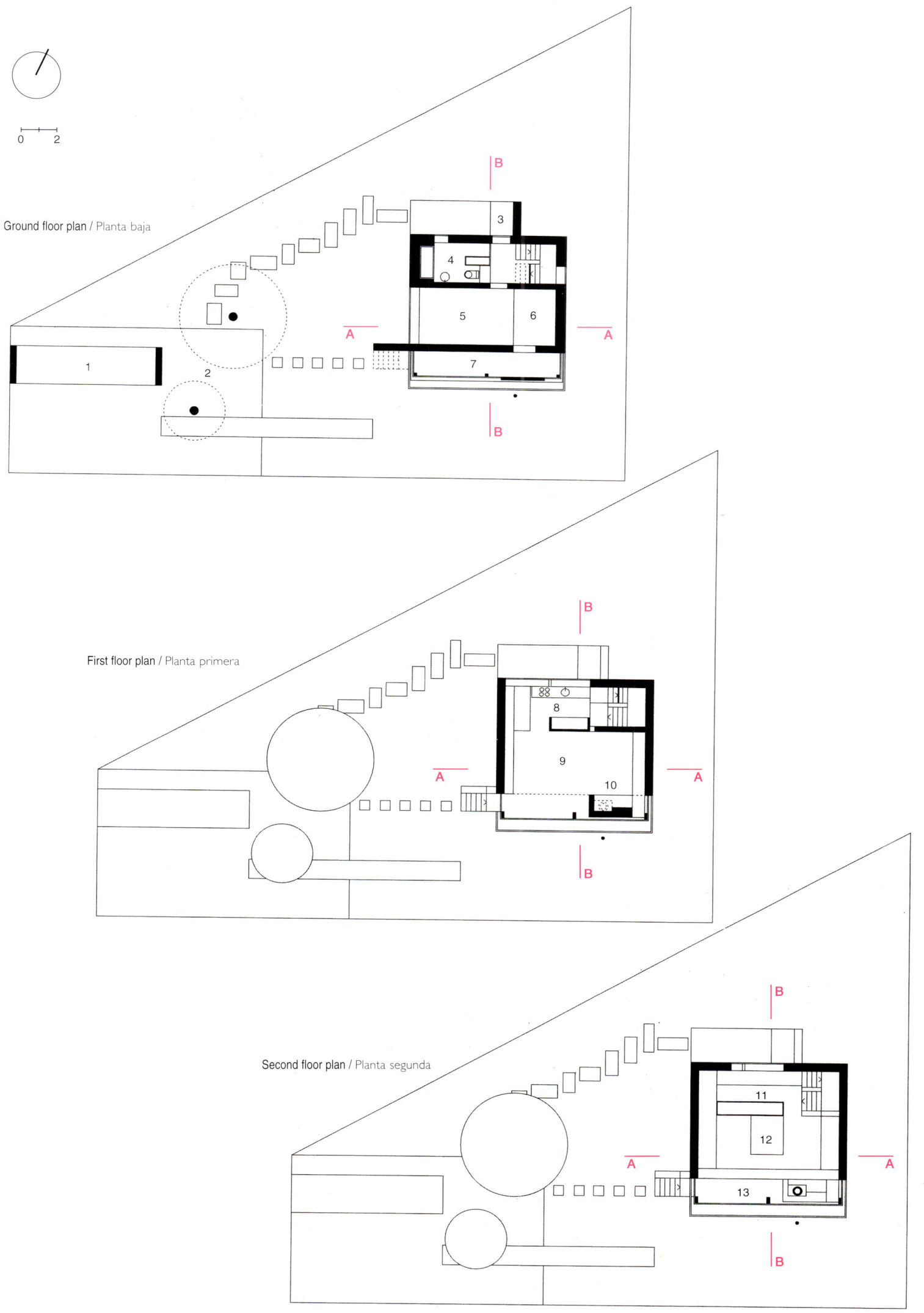

The renovation involved creating a new front entrance, eliminating some of the windows and stripping the original structure's exterior rendering. The roof was replaced by titanium-zinc sheeting, while all exterior walls are clad in Douglas fir slats. The spacing of the slats on the south facade creates a sun shade and a screen for privacy within the home.

La renovación supuso la creación de una nueva entrada principal, la eliminación de algunas ventanas y la completa transformación del aspecto externo de la estructura original. Se sustituyó la cubierta por hojas de titanio-zinc, y se revistieron todas las paredes exteriores con listones de madera de abeto Douglas. La separación de los listones en la fachada sur protege del sol y constituye una pantalla protectora de la intimidad para el interior de la casa.

Crone Nation Architects
Establishment Hotel

Sydney, Australia						Photographs: Phillip Hayson

In 1996, a fire destroyed almost half of this 100-year-old structure. In its intact state, the George Patterson building was a rare and fine example of 19th century commercial architecture and was unusual in combining both retail and warehouse functions. The George Street elevation made use of high-quality materials (stone, bronze and brick) and features finely detailed windows, arched bays to the street with a rusticated sandstone base and fluted pilasters at the upper levels.

After the fire, the rear, former warehouse, section remained as a four-story building, and the front section, including the cast iron support columns, survived in an extensively damaged state. The tower survived in close to its original form prior to the fire.

The renovation strategy sought to preserve as much of the original as possible. New work, while closely following the configuration and material for the earlier work, does not copy it exactly. This allows the observer to understand what is original and what is not.

Externally, materials generally follow or approximate the original work with minor variations. The junction between new and old is delineated along the north, east and south elevations by a band of red bricks. As much as possible of the smoke staining and other evidence of the fire has been retained on the various elevations. The tower is retained as a semi-ruined structure. Internally, original brick and plaster surfaces have been left exposed where they are sound. The iron columns in the George St building have been left exposed with those in the Garden Bar retaining evidence of the fire and subsequent exposure.

Ceilings in the Tank Stream Building were originally unlined and they remain so. The joist structure with beams, herringbone strutting and the underside of the flooring is visible within hotel rooms and in public spaces. Services have been confined to corridors and lesser spaces, where they are set below the structure.

En 1996, un incendio destruyó casi la mitad de este edificio de cien años de antigüedad. Antes del incendio, el edificio George Patterson constituía un raro y hermoso ejemplo de arquitectura comercial del siglo XIX, conjugando de forma inédita la venta al detalle con su función como almacén. La fachada que da a la George Street empleaba materiales de alta calidad (piedra, bronce y ladrillo) y exhibía ventanas prolijas en detalles distinguidos, arcos en voladizo asomándose a la calle con una base de arenisca rústica y pilastras estriadas en las plantas superiores.

Tras el incendio, la sección posterior del edificio, el antiguo almacén, quedó como un edificio de cuatro plantas, y la parte frontal, incluidas las columnas de soporte de hierro colado, sobrevivió no sin sufrir graves desperfectos. La torre mantuvo prácticamente intacto su aspecto original anterior al incendio.

La estrategia de renovación pretendía preservar al máximo los elementos originales del edificio, teniendo muy en cuenta la configuración y materiales anteriores aunque sin copiarlos al pie de la letra. Así, el espectador puede ver fácilmente qué es original y qué no lo es.

En el exterior, los materiales, generalmente, siguen o se aproximan a los originales sin mayores variaciones. La separación entre la parte nueva y la vieja está marcada, a lo largo de las fachadas norte, este y sur, por una línea de ladrillos rojos. En todas ellas, se han preservado en la medida de lo posible las partes ennegrecidas por el humo y otras señales del incendio. La torre se ha dejado como estructura semiderruida.

En el interior, las superficies originales de ladrillo y yeso se han dejado a la vista cuando se encontraban en buen estado. Las columnas de hierro de la fachada que da a la George Street se han dejado visibles; las que pertenecen al Garden Bar exhiben los efectos del incendio y de la posterior acción de la intemperie.

Los techos originales del edificio Tank Stream eran lisos, y así se han mantenido. La estructura de viguetas, con vigas, riostras cruzadas y la superficie inferior del suelo, es visible dentro de las habitaciones del hotel y en los espacios públicos. Los servicios se han dispuesto en los pasillos y espacios menores, situándose por debajo de la estructura.

West elevation / Alzado oeste

2nd and 4th floor plans of hotel / Plantas nivel 2 y nivel 4 del hotel

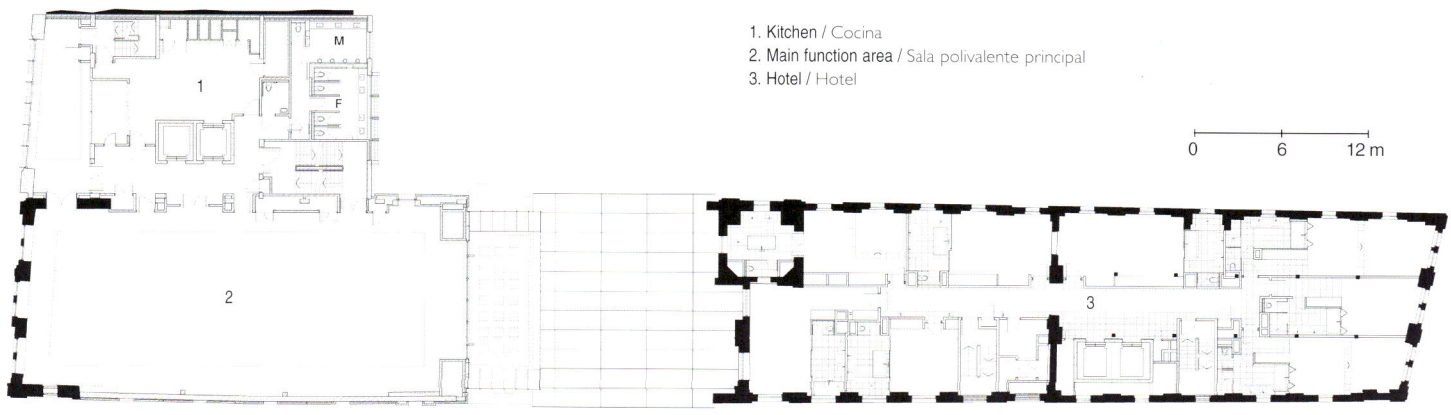

1. Kitchen / Cocina
2. Main function area / Sala polivalente principal
3. Hotel / Hotel

South elevation / Alzado sur

Almost all existing windows, both steel and timber, have been conserved. The new fire and acoustic strategy required that all of the timber floors be covered with a topping slab. Voids in the existing floor structure have been expressed by the use of different joist configurations between the infill panel and existing structure.

Se han conservado prácticamente todas las ventanas originales, de acero y madera. La nueva estrategia acústica y antiincendios obligó a cubrir todos los suelos de madera con losas protectoras. Los vacíos existentes en la estructura original de los suelos se ha representado mediante distintas configuraciones de las viguetas entre el panel de relleno y la estructura original.

Almost all of the timber and iron columns have been left exposed, with those in the Garden Bar retaining evidence of the fire. Ceilings lined with timber and pressed metal have been repaired. The joist structure with beams, herringbone strutting and the underside of the flooring is visible within hotel rooms and in public spaces.

Prácticamente todas las columnas de madera y hierro se han dejado a la vista; las que pertenecen al Garden Bar exhiben los efectos del incendio y de la posterior acción de la intemperie. Se han reparado los techos bordeados de madera y metal comprimido. La estructura de viguetas, con vigas, riostras cruzadas y la superficie inferior del suelo, es visible dentro de las habitaciones del hotel y en los espacios públicos.

Longitudinal section / Sección longitudinal

1. Private lounge / Salón privado
2. Main function area / Sala polivalente principal
3. Restaurant / Restaurante
4. Main bar / Bar principal
5. Floor / Planta
6. Hotel floor / Planta del hotel
7. Night club / Discoteca
8. Hotel lobby / Recepción del hotel

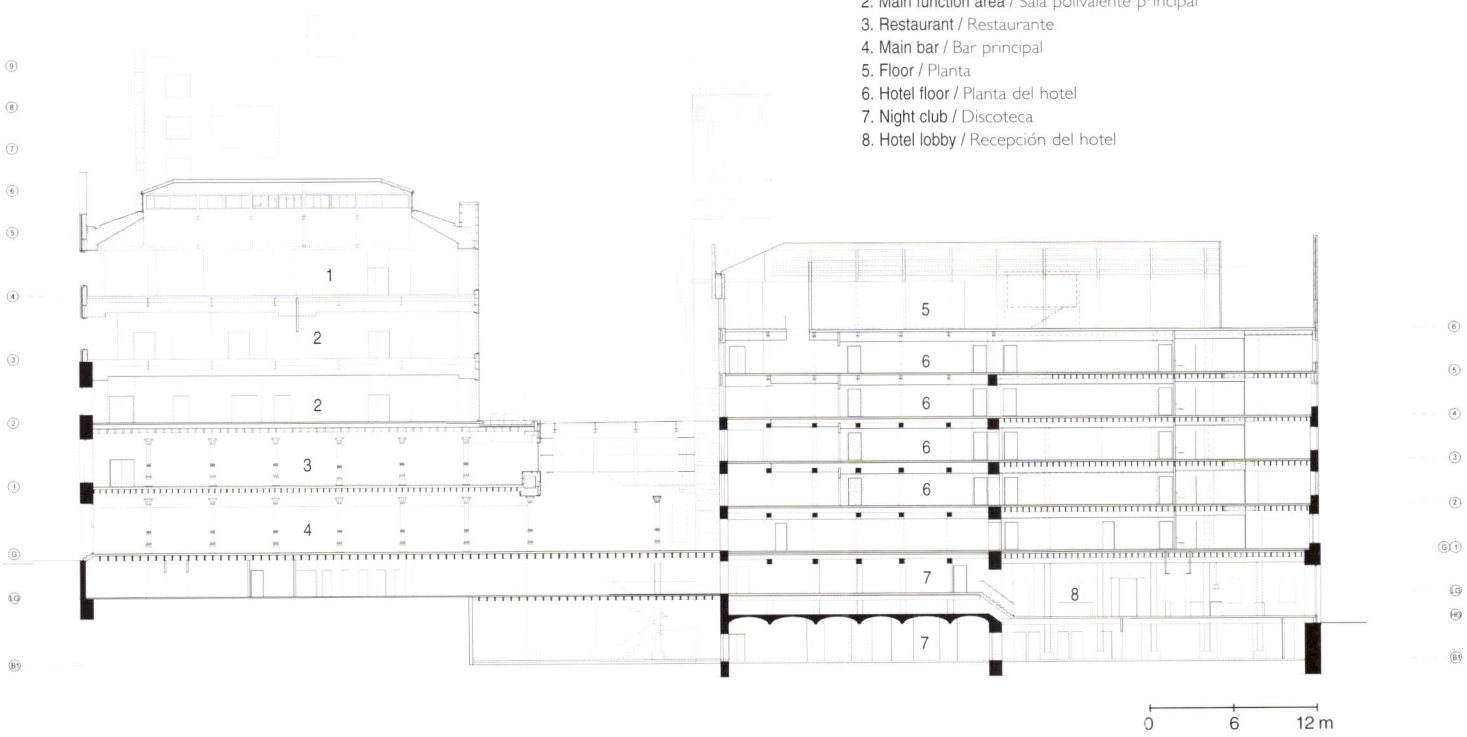

181

Prof. Jürg Steiner

The Coking Plant / Exhibition space

Kokerei Zollverein, Essen. Germany   Photographs: Steiner Architectural Office, Werner J. Hannappel, Frank Vinken & Joachim Schummacher

In the conversion to an exhibition site, the Coking Plant had to be equipped especially with "traffic areas": rails, stairs, bridges and additional floors. The parts of the plant to be viewed are the weighing tower, the mixing plant and the 140-meter-long conveyer bridge. The exhibit *Sun, Moon and Stars* has been set up throughout these spaces and is conceived as a covered tour. The main exhibition building is the 35-meter-high mixing plant, to which a fourth floor has been added to the existing three. Two thirds of the cubic volume was occupied by twelve bunkers with high, windowless walls of raw concrete with a strip-like skylight. Sixteen large openings now link the bunkers, transforming them into galleries.

Strip windows have been installed wherever necessary. The long sides of the building were without vertical intermediate pillars and could therefore be fitted with horizontal lighting slits along the entire length of the building. The structure that is visible from the outside is merely a cladding and is only twelve centimeters thick.

The conveyer bridges, which were originally glazed on both sides in their upper half, were later clad in corrugated steel. The conveyer bridge between the weighing tower and the mixing plant has subsequently been freed from its ugly armor and given a new upper part, which is now less framed and slightly higher than the original.

The old elevator shaft in the former main stairwell, which is now the fire escape route, has been fitted with two additional landings to serve the newly created floor on the bunker level and the reception point on the roof.

To do this, it was necessary to raise the height of the staircase tower to enable visitors to reach the upper landing.

A 140-meter-long cable system with four cabins conveys the public from the weighing tower to the top floor of the mixing plant.

In the conversion process, the coke oven batteries –technically the plant's central elements– were not overlooked. Battery 9 has been broken through along its length, providing an open view of its inner workings.

Para su conversión en lugar de exposición, la planta de coquización tuvo que equiparse especialmente con "zonas de tránsito": carriles, escaleras, puentes y suelos adicionales. Las partes de la planta que pueden visitarse son la torre de pesaje, la planta de mezclado y el puente transportador de 140 metros de longitud. La exposición 'Sol, Luna y Estrellas' se ha montado a lo largo de estos espacios, concibiéndose como recorrido integral.

El edificio principal de exposición es la planta de mezclado de 35 metros de altura, al que se ha añadido una cuarta planta adicional. Dos tercios del volumen estaba ocupado por doce carboneras de paredes altas y ciegas de hormigón en bruto. Ahora, dieciséis grandes aberturas comunican las carboneras convirtiéndolas en galerías.

Se han instalado ventanas allí donde se han considerado necesarias. Los laterales largos del edificio no estaban provistos de pilares verticales intermedios, lo que permitió practicar pequeñas aberturas horizontales a lo largo de toda su longitud para mejorar su iluminación. La estructura visible desde el exterior sólo es un revestimiento de doce centímetros de grosor.

Los puentes transportadores, originalmente vidriados por ambos lados en su mitad superior, se revistieron con acero ondulado. El puente transportador que une la torre de pesaje con la planta de mezclado se ha desprovisto posteriormente de su poco estética armadura, y se ha dotado de una nueva parte superior menos blindada y ligeramente más alta que la original.

Al antiguo hueco del ascensor, situado en la antigua escalera principal, ahora salida de incendios, se le han añadido dos paradas adicionales para acceder a la nueva planta, dispuesta al nivel de la carbonera, y al punto de recepción de la azotea.

Para poder hacerlo, tuvo que prolongarse la torre de la escalera, de manera que los visitantes pudieran llegar hasta la última parada.

Un sistema de cable de 140 metros de longitud, con cuatro cabinas, transporta a los visitantes desde la torre de pesaje hasta el piso superior de la planta de mezclado.

En el proceso de reconversión, no se pasaron por alto las baterías de los hornos de coque, técnicamente los elementos más importantes de la planta. La batería número 9 se ha seccionado longitudinalmente, permitiendo la observación de sus mecanismos internos.

Axonometric view of the mine / Axonometría de la mina

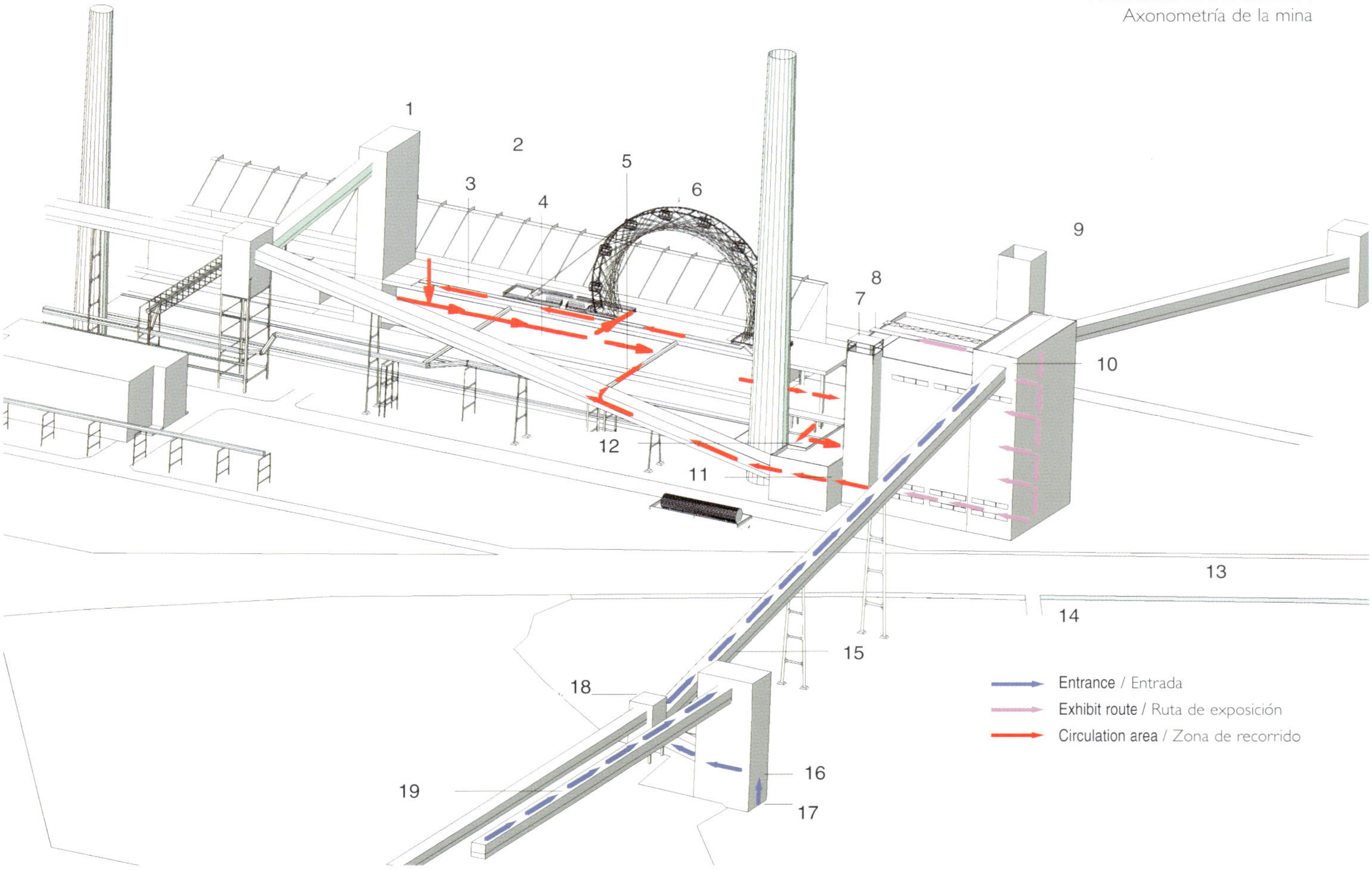

1. Intermediate bunker / Tolva intermedia
2. Battery 9 / Batería 9
3. Field of sunflowers / Campo de girasoles
4. Ovens / Zona de calderas
5. Walkway over the pipe bridge linking Battery 9 to the conveyer bridge / Paso sobre el puente de tuberías como enlace entre la batería 9 y la cinta transportadora
6. Ferris wheel / Noria gigante
7. Uppermost point of elevator / Altura del ascensor
8. Viewing platform / Plataforma de visión
9. Mixing plant / Planta de mezclado
10. Upper station / Estación superior
11. Coat check, exit, exhibit shop, cafeteria / Guardarropa, salida, tienda, cafetería
12. Walkway between the chimney stack and mixing plant / Paso entre la campana de la chimenea y planta de mezclado
13. Lawn / Césped
14. Parking lot / Aparcamiento
15. Bridge with two trams / Puente con dos funiculares
16. Ticket office, coat check, entrance / Taquilla, guardarropa entrada
17. Entrance to the old weighing tower / Entrada a la antigua Torre de pesado
18. Lower station / Estación inferior
19. Entrance to the XII Zollverein mine / Entrada a la mina Zollverein XII

→ Entrance / Entrada
→ Exhibit route / Ruta de exposición
→ Circulation area / Zona de recorrido

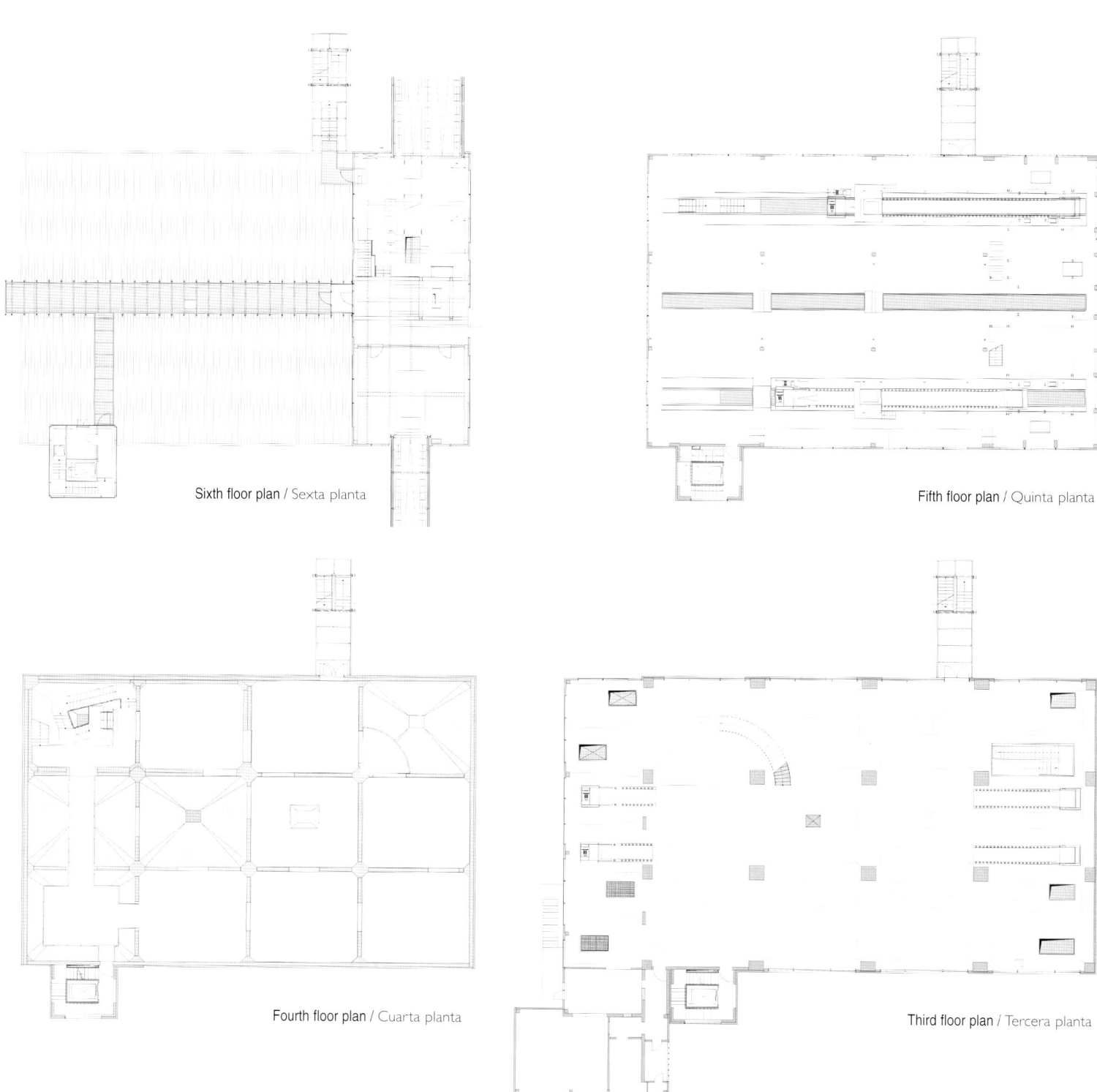

Sixth floor plan / Sexta planta

Fifth floor plan / Quinta planta

Fourth floor plan / Cuarta planta

Third floor plan / Tercera planta

Since the main load-bearing structures were placed throughout the space, instead of being concentrated along the facades, it was possible to install glazed surfaces along the perimeter.
As part of the plant's conversion into an exhibit space, bridges and walkways were added to facilitate circulation with wheelchairs and prams.

Gracias a que las estructuras portantes principales estaban repartidas por todo el espacio en lugar de concentrarse a lo largo de las fachadas, se pudieron instalar superficies vidriadas a lo largo del perímetro de la planta.
Parte de la conversión de la planta en lugar de exposición consistió en disponer puentes y pasarelas para facilitar la circulación de sillas de ruedas y coches para bebés.

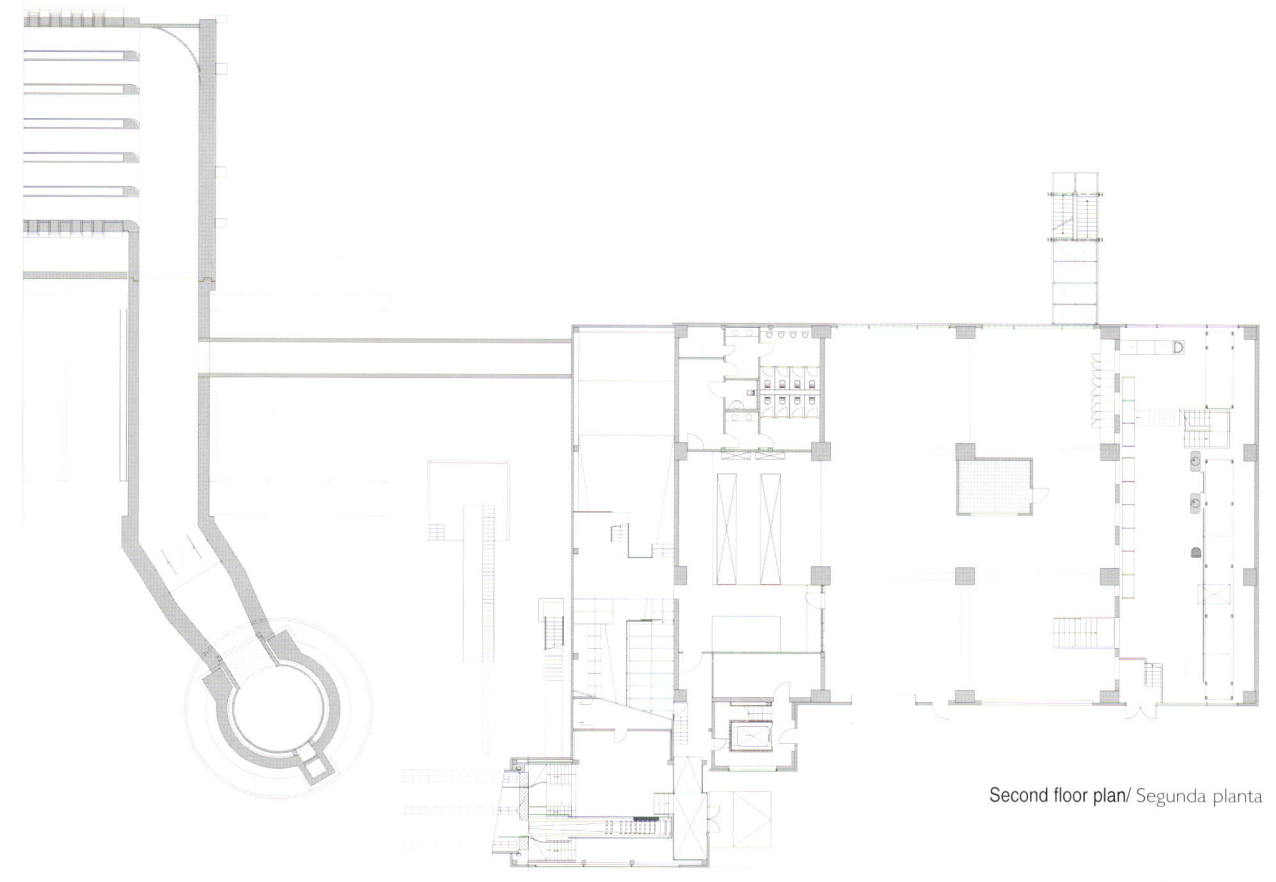

Second floor plan/ Segunda planta

Although the architectural language of the plant was determined by functional demands, the renovation process has highlighted its high artistic value, as seen in the incorporation of the old coking ovens into the exhibit space. Two new landings have been added to the massive concrete-clad stairwell, which was built from the old elevator shaft.

Aunque el lenguaje arquitectónico de la planta fue fruto de requisitos funcionales, el proceso de reconversión ha querido poner de relieve su elevado valor artístico, como puede observarse en la integración de los antiguos hornos de coquización en el espacio de exposición. Se han añadido dos nuevas paradas a la escalera revestida de hormigón, construida a partir del antiguo hueco del ascensor.

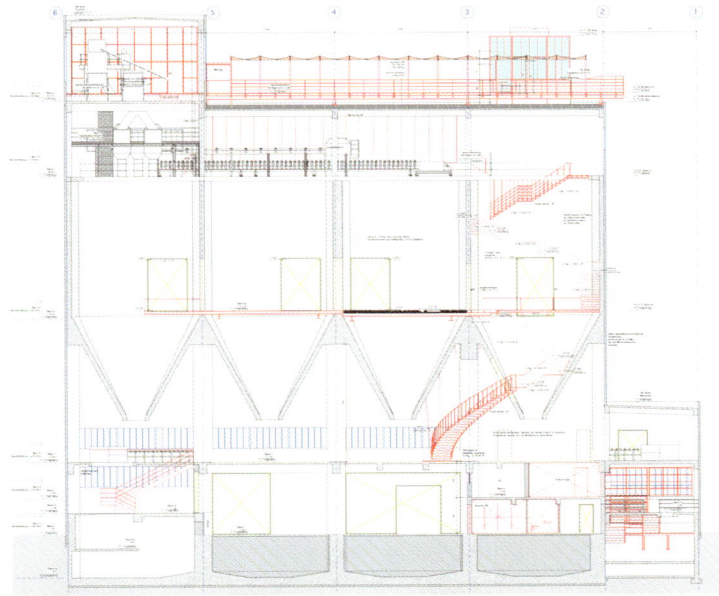
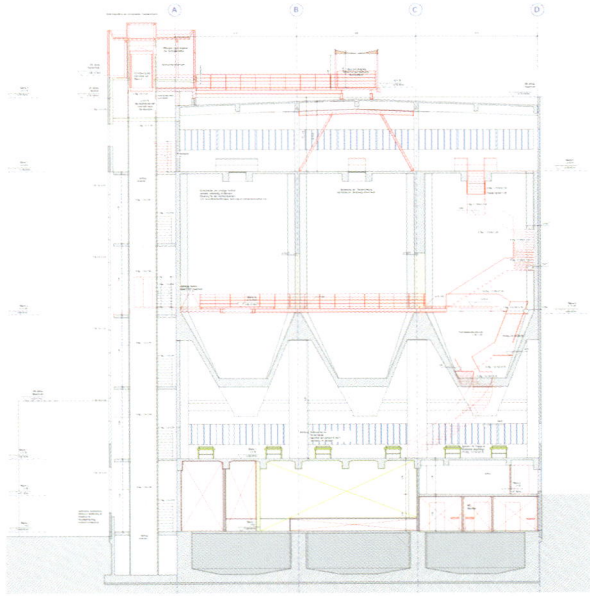

Main building sections / Secciones del edificio principal

Jahn Associates Architects
Grant House

Sydney, Australia

Photographs: Brett Boardman and Ghaham Jahn

The Grant House is located in the back streets of inner city Sydney, where rows of terrace houses are separated by small-scale industrial warehouses. The site was originally a timber yard and the original exterior brick walls have been retained to face the street and act as an apron to the layers of timber and steel that make up the new facade. Two of the Oregon pine trusses from the original building have been reused over the first floor living area.

Entry is through the outer brick skin and is marked simply by a galvanized steel lintel plate. Through this portal, the threshold space between the street and the interior allows contemplation of the sanctum within.

The idea of the home as a sanctuary in the city is central to the design, defining the organization of the spaces within the building and their materiality. The house is stacked to the south, enabling a ground-level, north-facing courtyard to emerge. The courtyard allows for natural day lighting of the interior, controlled by operable aluminum louvers on the ground floor to screen the lower bedrooms. Situated within this tranquil and contemplative space is the timber-clad studio, designed as a workspace and meditation room. It is placed to take advantage of the courtyard's water feature as well as providing a visual and physical link with the street entry.

The interior spaces are calm and protective, wrapping around the courtyard, and designed to accommodate an extensive art collection, as well as its future expansion.

The interior play of spatial relationships and materials in conjunction with the folded planes of the exterior, which wrap the surface of the building through its successive skins, unite to both embrace the life of the city and shun it. In addition, the simplicity of the new volume brings a new dimension to the street and encourages interaction through the natural aging of the materials, the original brick shell acting as the catalyst for an inventive and human response to the experience of living in the city.

La Grant House está situada en las calles secundarias del centro de Sidney, donde hileras de casas con terrazas están separadas por almacenes industriales de media escala.

El lugar era antiguamente un almacén de madera y los muros de ladrillo exteriores fueron mantenidos para orientarse hacia la calle y actuar como un delantal para las capas de madera y acero que constituyen la nueva fachada. Dos de las cerchas de pino de Oregón del edificio original se han reutilizado sobre la sala de estar de la primera planta.

La entrada se realiza a través de la piel exterior de ladrillo y únicamente está enmarcada por un dintel de acero galvanizado. A través de este portal, el espacio de la antesala proporcionado entre la calle y el interior permite la contemplación de un interior relajante.

La idea de plantear la casa como un santuario inmerso en la ciudad ha sido el motor del diseño, definiendo la organización de los espacios dentro del edificio y su materialidad. La casa está organizada en diferentes volúmenes en el lado sur, dando lugar a un patio en planta baja orientado al norte que parece emerger. Este patio permite que el interior quede iluminado con luz natural, controlada por unas persianas de aluminio en la planta baja que protegen los dormitorios inferiores. Situado dentro de este espacio tranquilo y contemplativo se encuentra el estudio revestido de madera, diseñado como un espacio de trabajo y una sala de meditación. Está situado para aprovecharse de las ventajas del elemento acuático del patio, así como para proporcionar un enlace físico y visual con la entrada.

Los espacios interiores son como refugios tranquilos, envolviendo el patio y diseñados para acomodar una amplia colección de arte, así como para su futura expansión.

El juego interior de relaciones espaciales y materiales, en conjunción con los planos doblados del exterior, los cuales envuelven la superficie del edificio a través de sus pieles sucesivas, y se combinan tanto para dar la bien venida a la vida de la ciudad como para rechazarla. Adicionalmente, la simplicidad del nuevo volumen aporta una nueva dimensión a la calle y alienta la interacción a través del envejecimiento de los materiales, actuando la capa original de ladrillos como el catalizador para una respuesta inventiva y humana a la vida urbana.

192

Exploded axonometric view / Axonometría explosionada

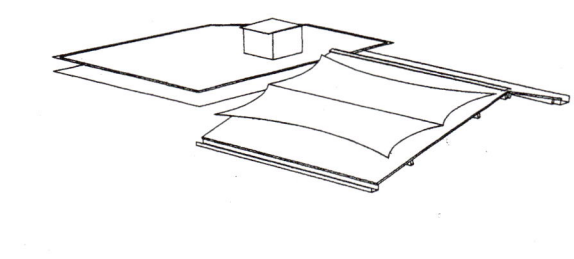
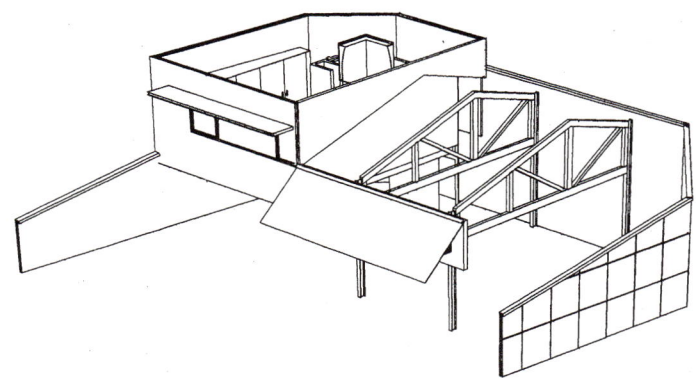
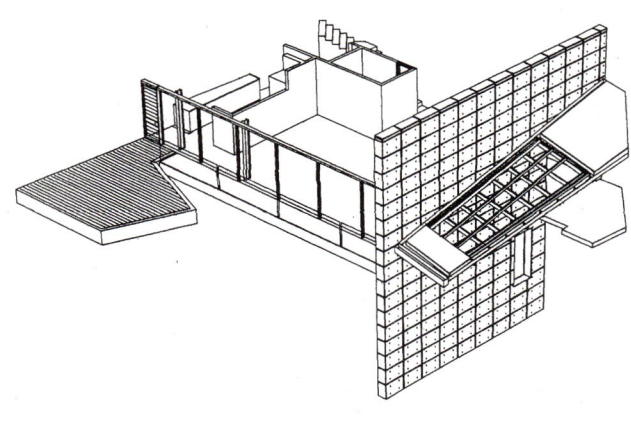
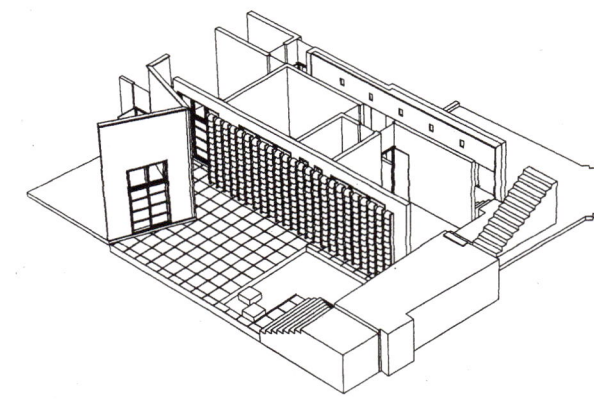
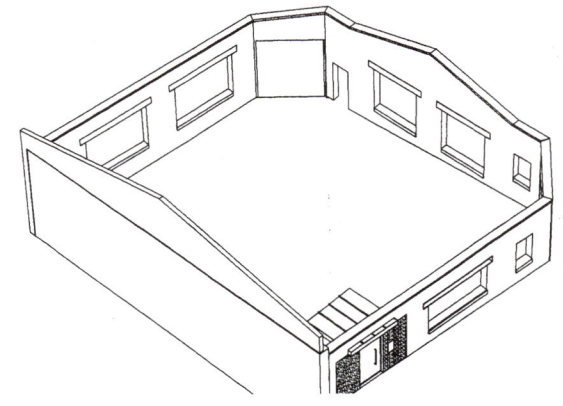

The house is stacked to the south, enabling a ground level, north-facing courtyard to emerge. The courtyard allows for natural day lighting of the interior, controlled by operable aluminum louvers on the ground floor to screen the lower bedrooms.

La casa está orientada hacia el sur, permitiendo la creación de un patio encarado al norte en la planta inferior. A través de este patio entra la luz natural que ilumina el interior, controlada por persianas móviles de aluminio que protegen los dormitorios inferiores.

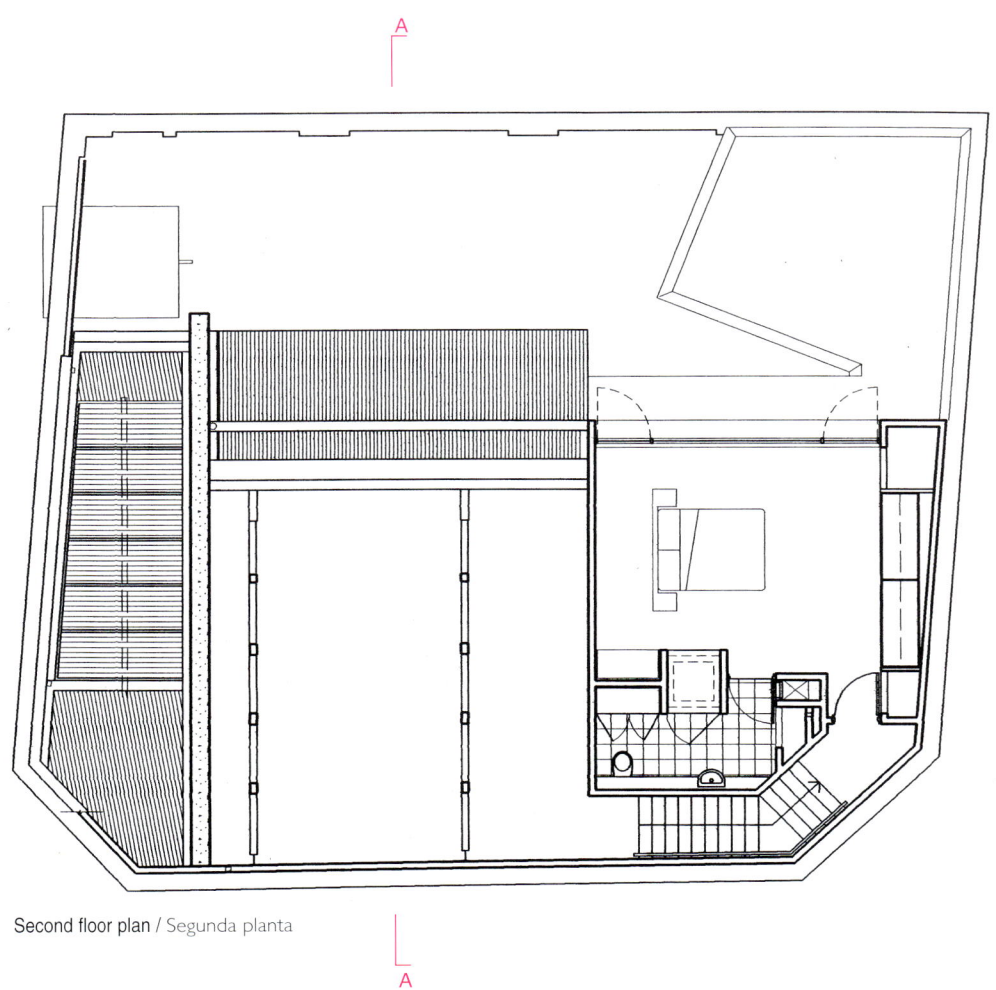

Second floor plan / Segunda planta

The uppermost floor accommodates the master bedroom, revealed on the exterior as a horizontal layer of corrugated metal sheeting, a material often seen cladding the impromptu lean-to structures attached to nearby terraces.

La planta superior aloja el dormitorio principal, el cual desde el exterior aparece como una capa horizontal de metal ondulado, un material usado frecuentemente para revestir las estructuras de las las improvisadas terrazas cercanas.

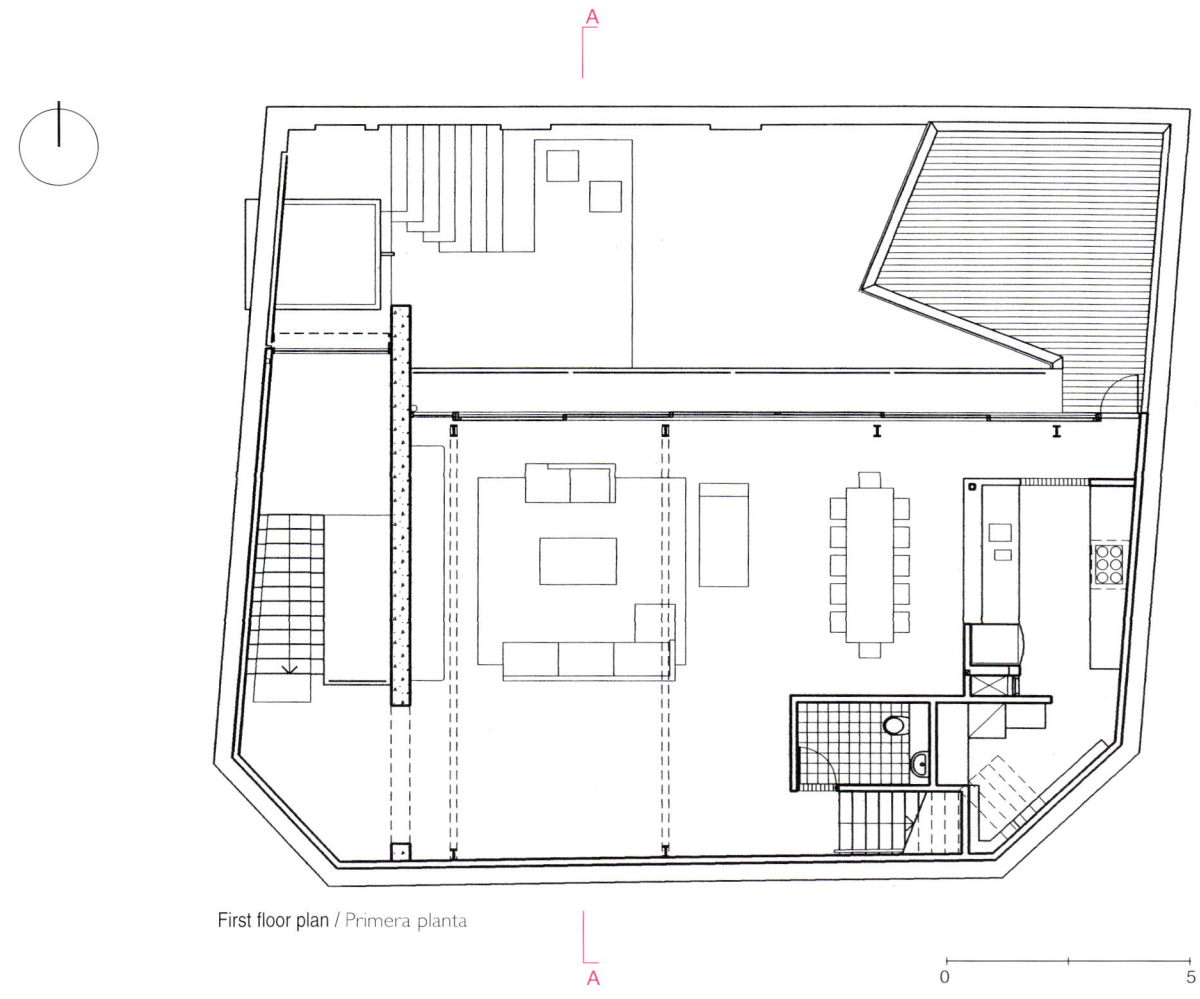

First floor plan / Primera planta

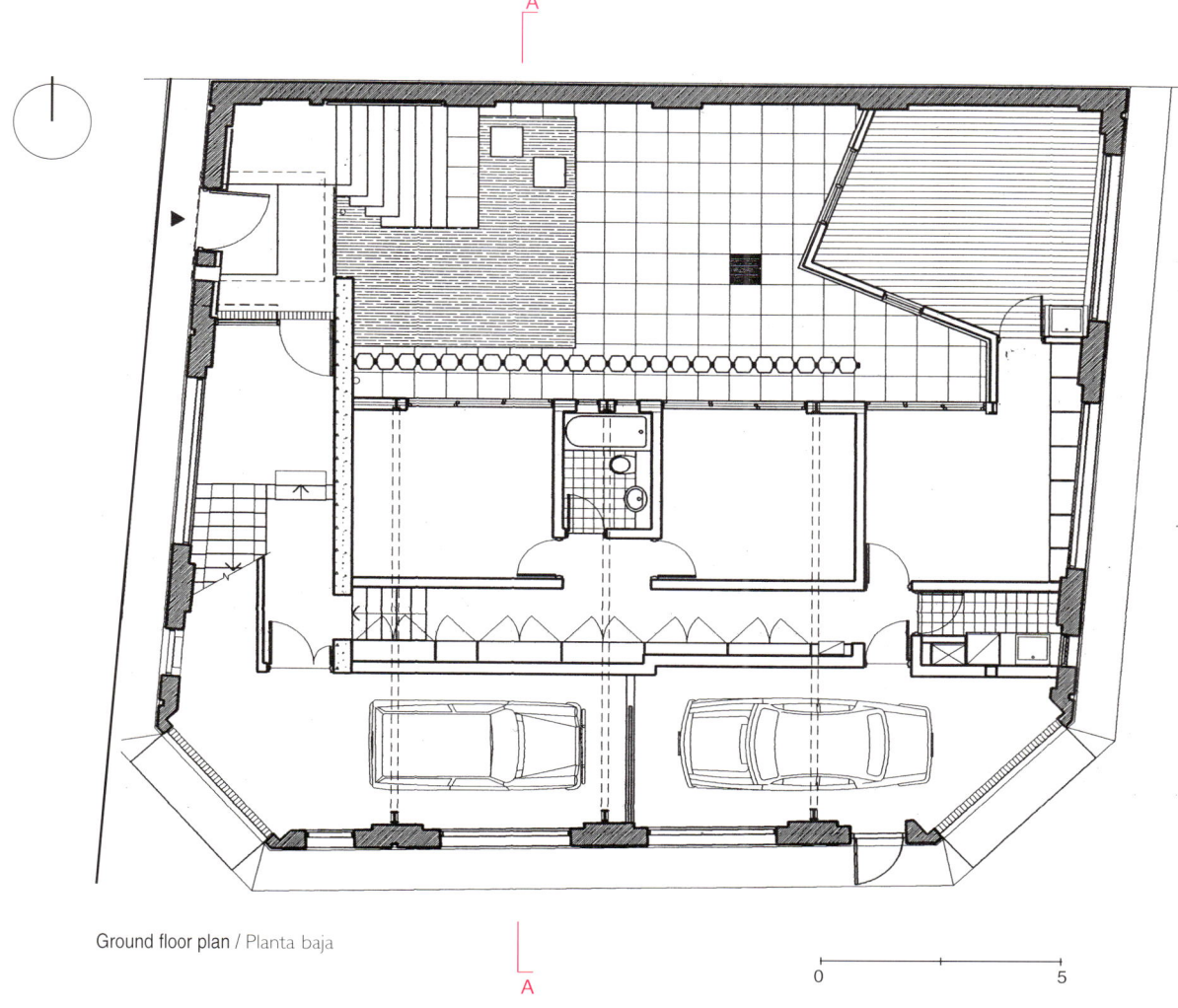

Ground floor plan / Planta baja

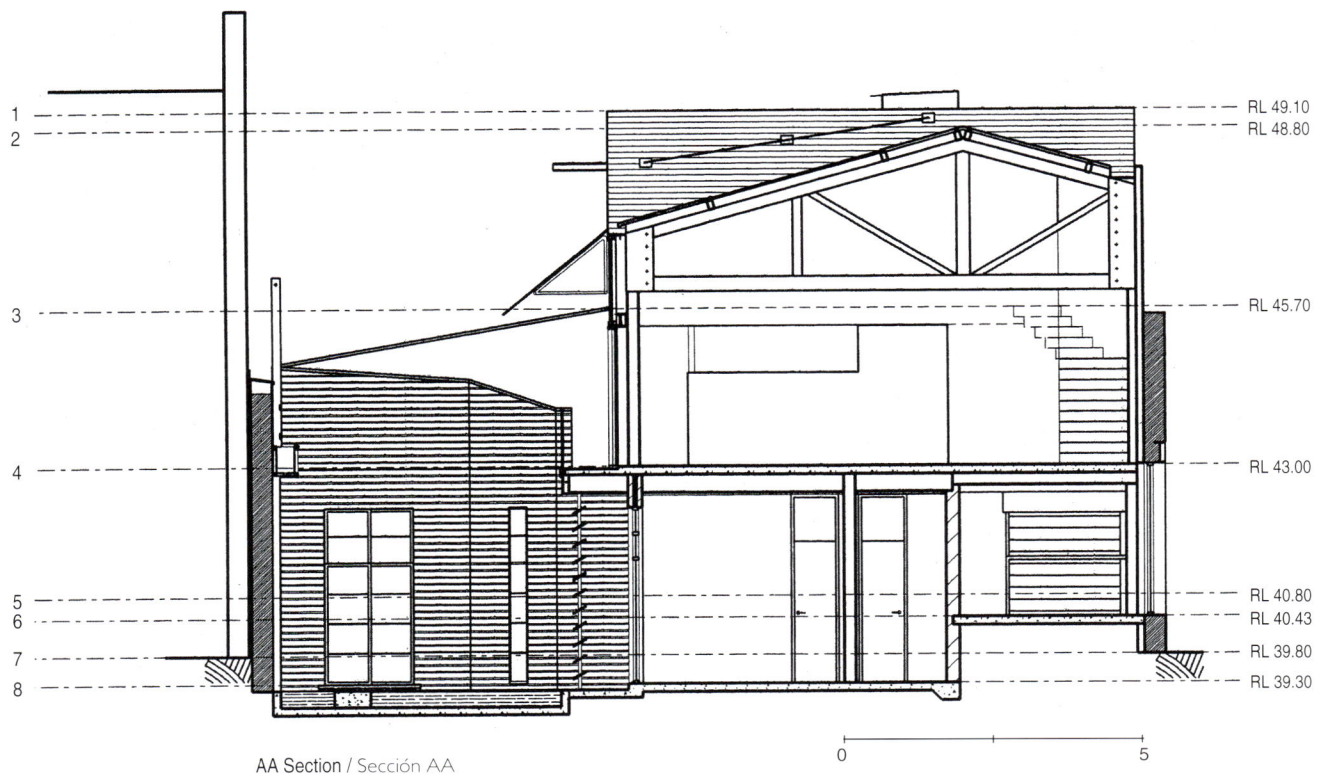

AA Section / Sección AA

1. Second floor roof / Cubierta. Segunda planta
2. First floor roof / Cubierta. Primera planta
3. Second floor master bedroom / Habitación principal. Segunda planta
4. First floor living / Salón. Primera planta
5. Raper St. entry / Entrada por la calle Raper
6. Ground floor / Planta baja
7. Studio floor / Nivel estudio
8. Existing ground floor / Planta baja original

Correa + Estévez, arquitectos (Maribel Correa y Diego Estévez)

Rehabilitación del Instituto "Cabrera Pinto" como centro museístico y cultural

Tenerife, Islas Canarias. Spain   Photographs: Carlos Anglés

The Cabrera Pinto Institute is one of the most notable buildings in the historic and artistic district of the city of La Laguna. The structure dates from the beginning of the 16th century and was originally a convent and church. It consists of a main cloister, which is flanked by halls and connected to the Church of San Agustín. In the 18th century, a second cloister was built, adjoined to the original and to the church itself. Towards the end of the century, the grounds were being used as an educational institution, a function which has continued uninterrupted to the present. Its conversion into a place of learning necessitated a series of changes over the years, which ultimately adversely affected the structures, to the point where their original appearance was all but indiscernible.

The aim of the project was to completely rehabilitate the building, adapting it to the requirements of a museum and cultural center located in the oldest and most symbolic section of the building complex. Here, various rooms have been equipped for exhibits, ceremonies, a library and a newspaper archive. These new public spaces function independently of the center, while they are at the same time linked to its educational aspect. The administrative and teaching facilities are in the newest wing of the building.

The project called for "cleaning", tearing down the numerous superfluous structures in order to create large areas which would pave the way for a new museum. The Renaissance-era cloister, which was sitting in a partially ruinous state, was restored with preventive shoring on all of the structural elements. To do so, the garden had to be drained and the foundations of the perimeter wall, which itself was hardly intact, were strengthened. The patio galleries were also shored up and stripped down for the restoration of the elements of value, such as the double colonnade of red stonework, the roof and wooden lagging and ribs.

The original geometry of the second cloister floor plan was recovered through a process of tearing down all undesired components, individually analyzing the elements to be conserved and adding new enclosures and finishes.

The new classroom wing has been expanded, formalizing a third patio, which is connected to the other two, in the institutional area of the most recent construction. This creates a curious succession of cloister patios built at different points in the building's history.

El Instituto "Cabrera Pinto" constituye uno de los más destacados edificios que posee el conjunto histórico-artístico de la ciudad de La Laguna. La construcción se remonta a principios del siglo XVI y cumplía una función conventual y eclesiástica, por lo que su tipología respondía a un claustro principal con naves ubicadas alrededor del mismo y conectado a la iglesia de San Agustín. En el siglo XVIII se construyó un segundo claustro adosado al primero y a la propia Iglesia. A finales de ese siglo el inmueble comenzó a ser utilizado como centro docente, actividad que se ha mantenido hasta la actualidad. Ese uso eminentemente educativo obligó a que, en sucesivas etapas, el centro fuera objeto de actuaciones incontroladas que llegaron a desvirtuarlo prácticamente en su totalidad.

El objeto del proyecto consiste en la completa rehabilitación del edificio, adecuándolo a una función museística y cultural que se sitúa en la zona más antigua y simbólica del edificio y en la que se han adaptado diversas salas para exposiciones, un salón de actos, la biblioteca y la hemeroteca. Estos nuevos espacios tienen un funcionamiento público e independiente del centro, pero a su vez, ligado a la función educativa. Por otro lado, se mantiene el uso administrativo y docente en la zona más moderna del edificio.

Los criterios de la solución adoptada fueron "limpiar" y derribar las múltiples y desordenadas construcciones añadidas para configurar grandes áreas que permitan su nuevo uso museístico. Así pues, se decidió restaurar el claustro renacentista que presentaba un estado semirruinoso con apuntalamiento preventivo en todos sus elementos estructurales. Para ello hubo que drenar el jardín y reforzar la cimentación del murete perimetral que prácticamente no existía. También se apuntalaron y desmontaron las galerías del patio para la restauración de los elementos de valor, como son la doble columnata de toba roja labrada, la cubierta y los entablonados y envigados de madera.

Asimismo, se recuperó la geometría original del segundo plano claustral con el derribo de componentes indeseables, análisis individualizado de los elementos existentes a conservar y una nueva aportación de cerramientos y acabados.

El nuevo bloque de las aulas se ha ampliado formalizando un tercer patio, conectado a los otros dos, en la zona docente de más reciente construcción. Esto crea una curiosa sucesión de patios claustrales construidos en diferentes momentos de la historia del edificio.

Current floor plan / Planta actual

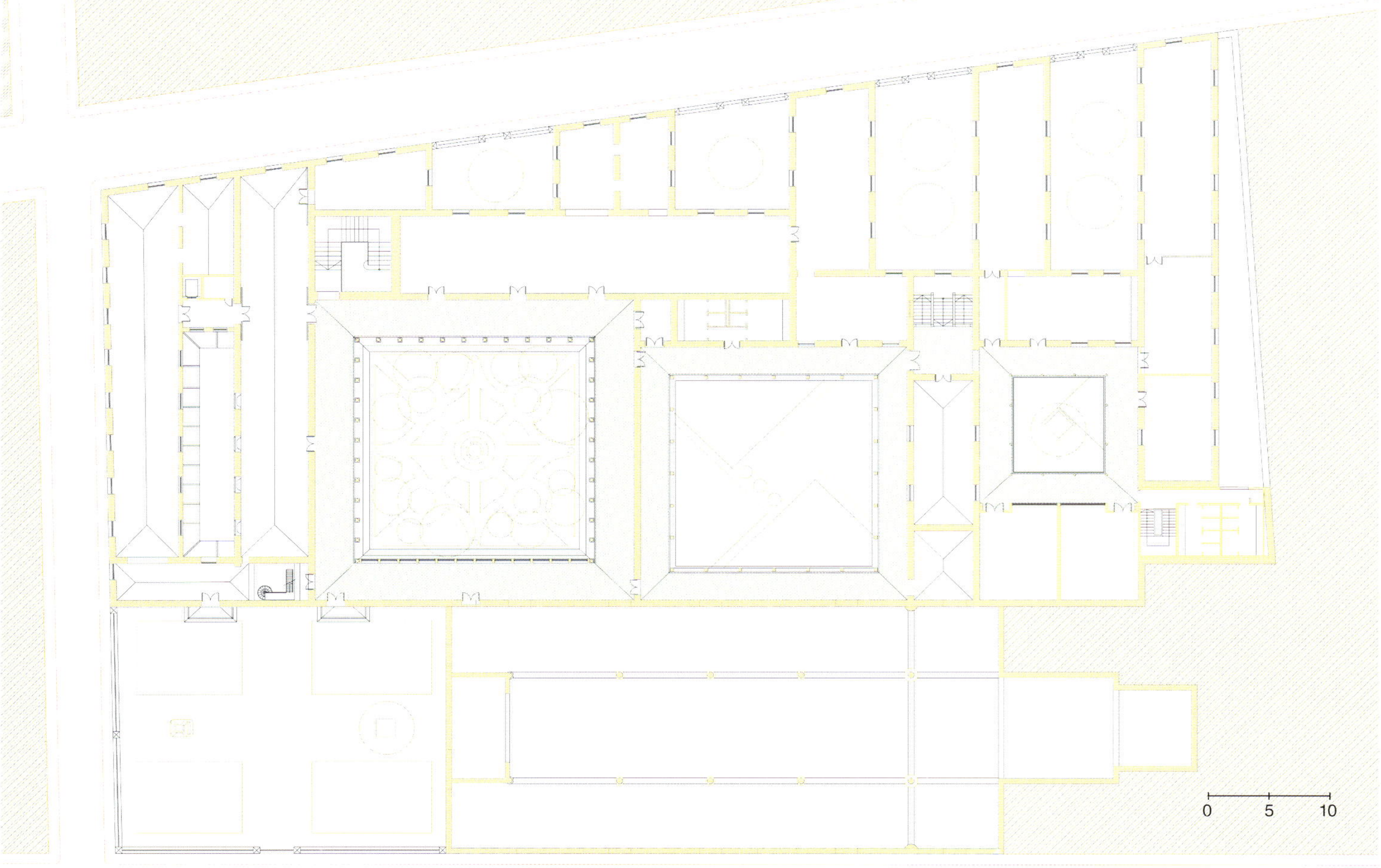

Original floor plan / Planta original

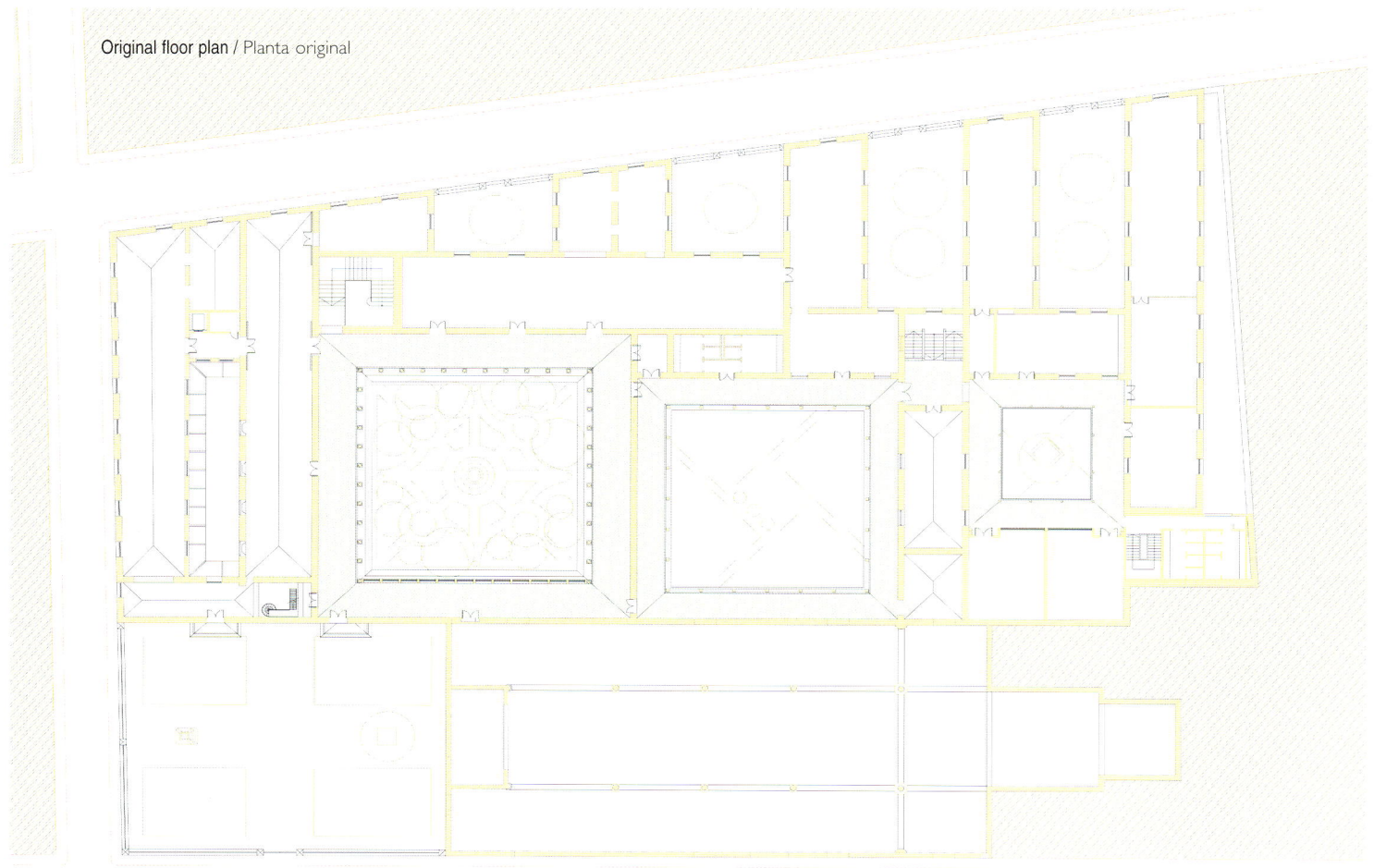

A clean expanse of glass running the perimeter of the upper gallery is supported by a wood frame, which is fastened to the glass along the bottom edge; bronze pincer-like elements hold the glass in place along the upper arris. This separation allows ventilation at all times and also keeps out rain water, which is the primary cause of the deterioration of the upper gallery and its wooden fixtures.

El cerramiento de la galería superior se realizó mediante un plano limpio de cristal apoyado perimetralmente sobre un marco de madera que recoge el vidrio por su parte inferior. En la arista superior unos elementos de bronce sostienen el vidrio a modo de pinzas. Esta separación permite una ventilación continua y evita la posible entrada de agua de lluvia, causa principal del deterioro de la galería alta y sus elementos de madera.

Four walled-in spaces from the 16th century settlement were discovered in one of the rooms. These have been formally recuperated with modern window carpentry.

En una de las salas se descubrieron cuatro huecos de asiento del siglo XVI que estaban tapiados. Éstos se han recuperado formalmente con una versión actualizada de la carpintería de las ventanas.

The wooden pillars of the upper gallery in the second cloister have been restored. A fringe of glazing has been installed below the eaves of the gallery roof, bathing the church's stone face in light and emphasizing its vertical continuity.

En el segundo claustro se restauraron los pilares de madera de la galería superior. En la cubierta de la galería superior se ha dejado una franja acristalada de manera que la luz bañe el paramento pétreo de la iglesia y acentúe su continuidad vertical.

Construction detail / Detalle constructivo

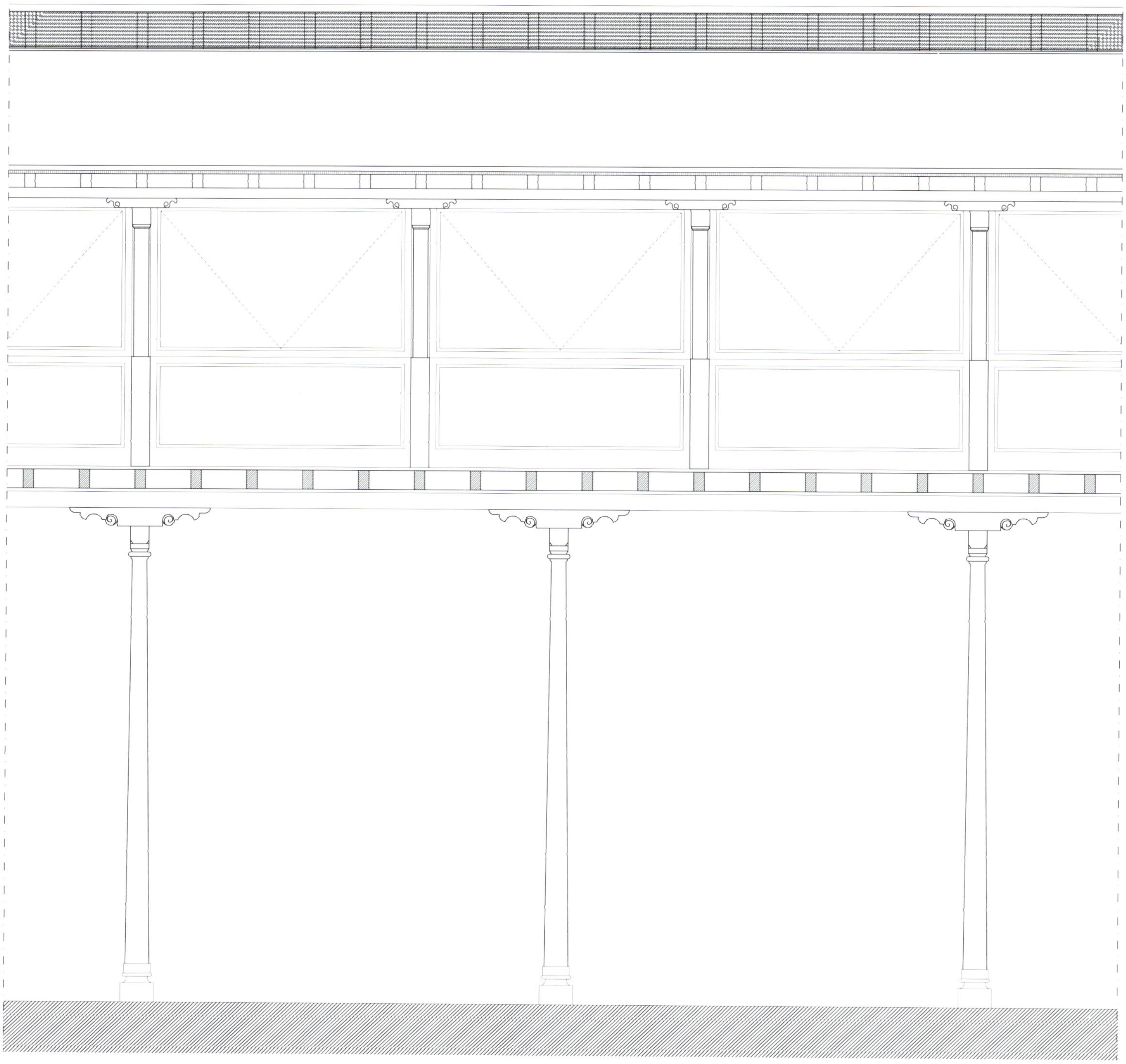

Jean-Paul Philippon

Musée d'Art et d'Industrie

Roubaix, France   Photographs: Arnaud Loubry

The transformation of these old baths into a museum is an excellent example of the possibilities offered by modern architecture for adapting a large space to a use other than its original.

This early 20th century building once served the cult of the body as well as the spirit. While the saunas, baths and pools were meant for bodily hygeine, the volumes, light and spatial distribution are reminiscent of convents. Thus, the artwork now put on display here loses none of its value; rather, it can be appreciated with a more privileged clarity.

Work done to the structure was based on a concern for how the museum is viewed and for the composition of the walkways. The addition of a new wing, which finalizes the paintings segment, and of a room for temporary exhibits was done by geometric inference of the existing construction. The former lies parallel to the pool and effectively concludes the visit to the Belles Artes section, located in the old baths. The latter is an extension of the space between the pool and the industrial facade of l'Espérance street, thereby defining the space intended for temporary exhibits and the auditorium.

The lobby sits below a long steel coat within a transparent volume that wraps the old structures, the perimeter wall and the cafeteria. This serves as a connection to all the other areas and also lets light and views pass over the upper bridge housing the teaching workshops. Horizontally, the eye is drawn to the farthest views of the pool, garden or temporary exhibit; vertically, following the path of the service elevator, one's attention is led upward.

All paths converge at the entrance to the museum, in the "compass room", specifically, which is the former workout room in which vestiges of the swimming pool can still be seen.

A central strip of the old swimming pool, whose original mosaic edgings peek out along the periphery, still holds water and is delimited by wood platforms supporting the sculpture exhibit. Refracted from the water's surface, light glimmers on the glass cases and sculptures, which seem to tremble in the shimmering light.

With highly worn steel due to the humid, chlorinated air, the original vaulted ceiling was in danger of collapse. The massive arches of the roof and intrados were freed and then strengthened with restored armature. A new exterior rustproof roof was installed; while perforated plasterboard has been suspended from the interior face, providing acoustic padding and ventilation.

La transformación de estos antiguos baños en un museo es una excelente muestra de las posibilidades que ofrece la arquitectura moderna para adecuar un gran espacio a un uso diferente al original.

El edificio, de principios del siglo XX, estaba orientado tanto al culto al cuerpo como al del espíritu: las saunas, baños y piscinas estaban destinados a la higiene corporal, pero sus volúmenes, su luz y la articulación de sus espacios evocan un convento. Así, las obras de arte que ahora ocupan este lugar no quedan desvirtuadas, sino que incluso pueden apreciarse con una claridad privilegiada.

Las principales intervenciones estructurales responden a una preocupación de percepción del museo y de composición de los recorridos. La implantación de una nueva ala para cerrar el recorrido de pintura y de una sala de exposición temporal se realizó por deducción geométrica de la construcción existente. Una es paralela a la piscina y permite cerrar la visita de las Bellas Artes, situada en los antiguos baños. La otra prolonga esta dirección entre la piscina y la fachada industrial de la calle de l'Espérance, definiendo así el espacio de las exposiciones temporales y del auditorio.

El vestíbulo se organiza, bajo un largo abrigo de acero, en un volumen transparente que envuelve las antiguas estructuras, el muro perimetral y la cafetería. Éste sirve de conexión a todos los espacios y deja pasar la luz y la mirada por encima del puente superior que alberga los talleres pedagógicos. En horizontal, la mirada es atraída por las vistas más lejanas hacia la piscina, el jardín o la exposición temporal; verticalmente, siguiendo el trayecto del montacargas, la atención se desvía hacia los lados superiores.

Todas las direcciones se encuentran en la entrada del museo, concretamente en "la sala de la brújula", antigua sala de musculación en la que los objetos emblemáticos de la piscina están aún presentes.

En la parte central de la piscina el agua ha sido conservada y está delimitada por tarimas de madera que soportan las esculturas, dejando aparecer en su periferia las antiguas orillas de mosaico. El agua refleja la luz, el destello de las vitrinas y las formas temblorosas de las esculturas. La bóveda estaba amenazada de ruina, con los aceros muy aquejados debido al ambiente húmedo y clorado. Se liberaron los grandes arcos de la cubierta y del intradós para consolidarlos con sus armaduras restauradas. En el exterior se ha realizado una nueva cubierta inoxidable, mientras que en el interior se ha doblado con placas de yeso perforadas colgadas, permitiendo controlar el ambiente acústico y la evacuación de humos.

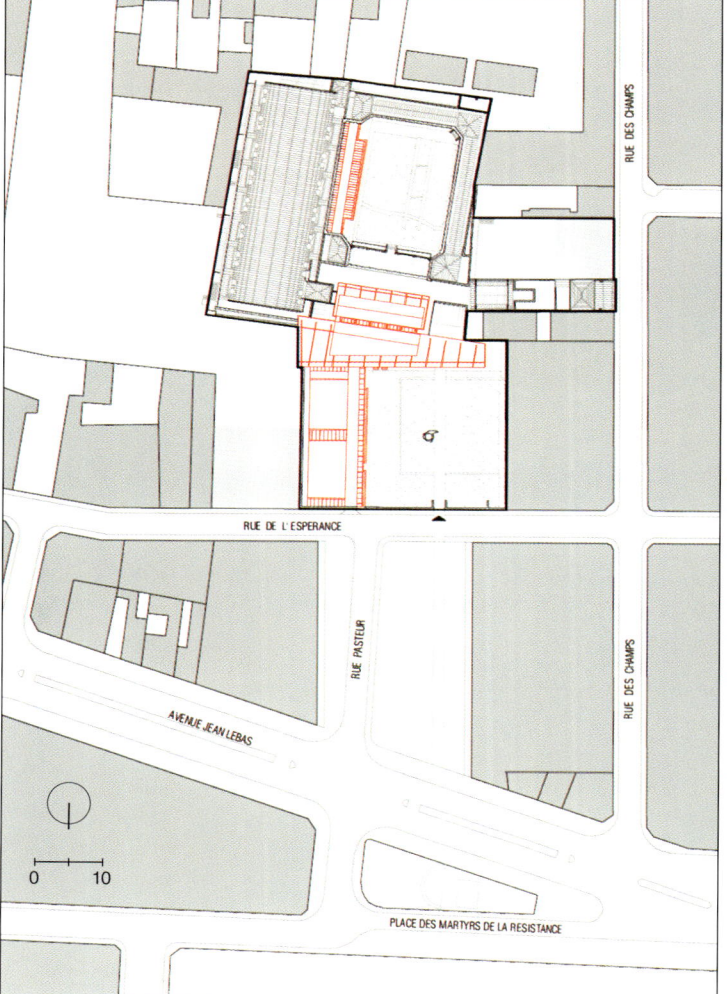

Site plan / Plano de situación

— Plot line / Línea de parcela
Converted existing building / Pre-existencia transformada
Extension / Ampliación

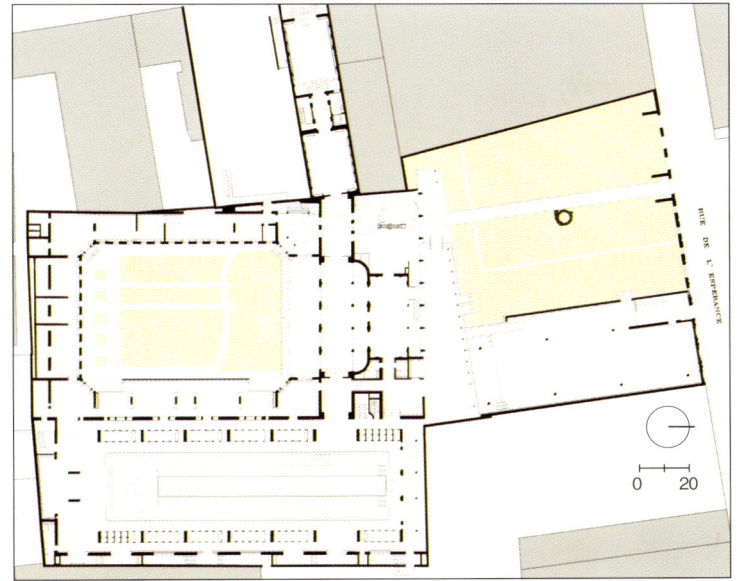
First floor plan / Planta primera

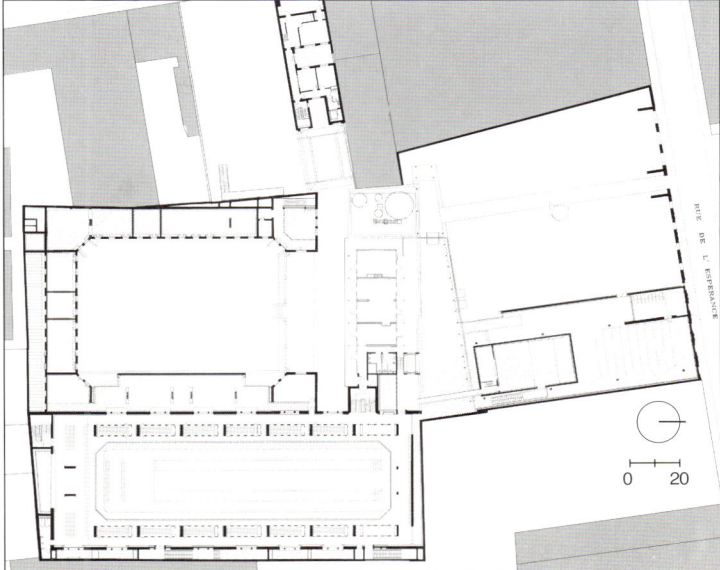
Ground floor plan / Planta baja

Being highly deteriorated, the tympana at both ends were restored with new glass brought in from all over the world due to the difficulty of finding stained glass from the original era. This glass is mimicked on the exterior by another layer, contributing to better conservation and temperature control.

Los tímpanos de los extremos estaban extremadamente degradados y fueron restaurados utilizando nuevos vidrios provenientes de todo el mundo debido a la dificultad de encontrar vidrios impresos y coloreados de esa época. Para favorecer la conservación y asegurar una climatización controlada del espacio, se doblaron con una nueva vidriera exterior.

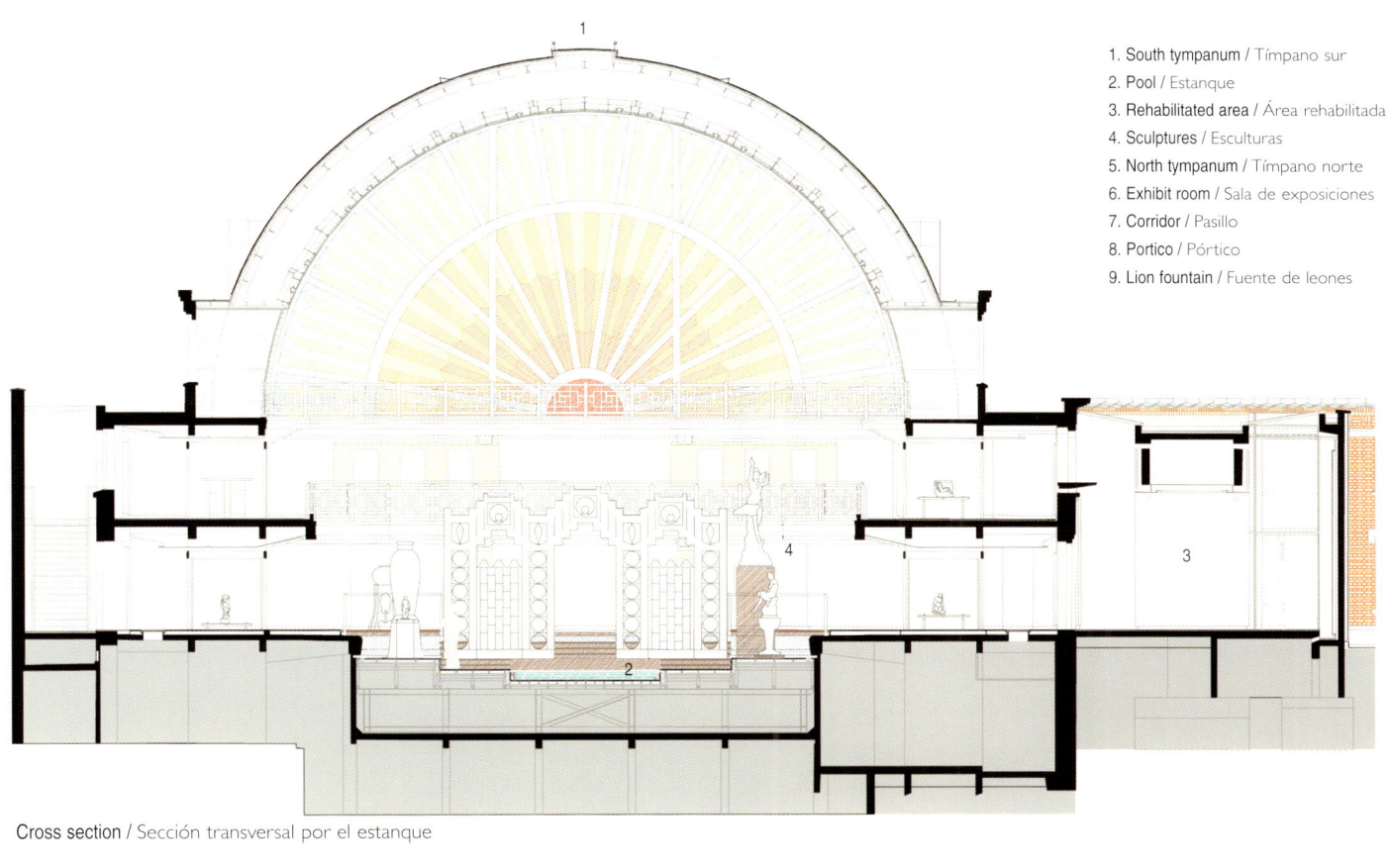

1. South tympanum / Tímpano sur
2. Pool / Estanque
3. Rehabilitated area / Área rehabilitada
4. Sculptures / Esculturas
5. North tympanum / Tímpano norte
6. Exhibit room / Sala de exposiciones
7. Corridor / Pasillo
8. Portico / Pórtico
9. Lion fountain / Fuente de leones

Cross section / Sección transversal por el estanque

Longitudinal section / Sección longitudinal por el estanque

217

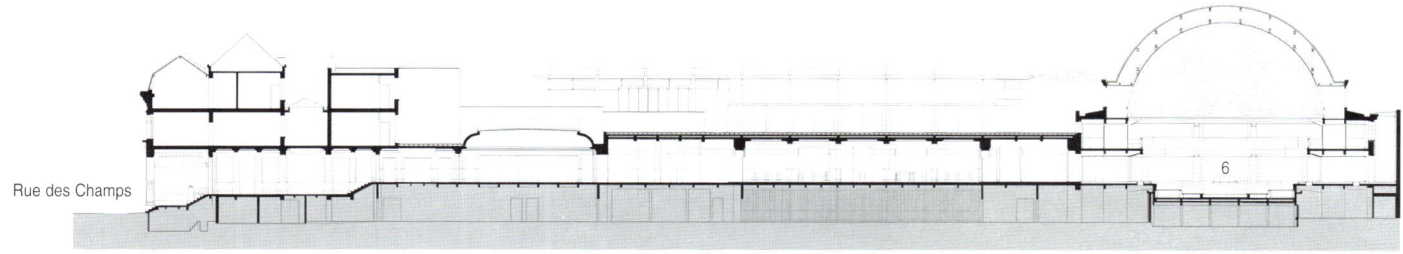

Sections of the complex / Secciones del conjunto

Rue des Champs

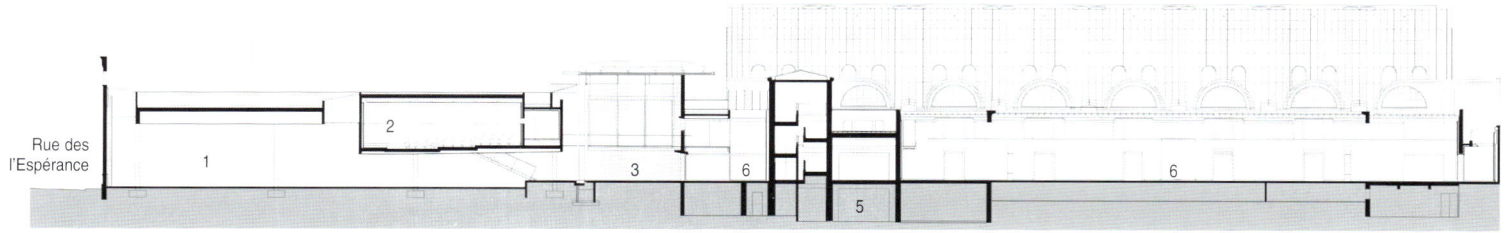

Rue des l'Espérance

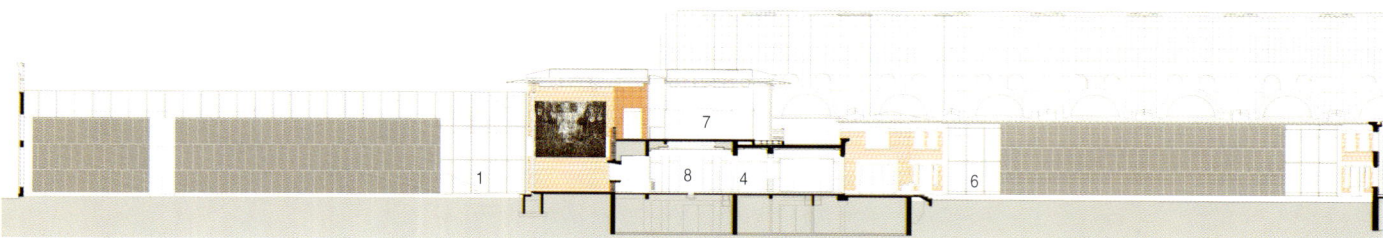

South sections / Sección por el vestíbulo

1. Temporary exhibit room /
   Sala de exposiciones temporales
2. Auditorium / Auditorio
3. Hall / Vestíbulo
4. **Meeting room** / Sala de reuniones
5. Storage / Almacén
6. Rehabilitated area / Área rehabilitada
7. Learning activities room /
   Aula de actividades educativas
8. Restaurant / Restaurante

Exit routes from the restored gallery housing the pool lead either to the left, toward the two halls dedicated to the contemporary artwork of the Roubaix school, or to the right, toward the cafeteria, shop or garden.

La galería de la piscina restaurada se orienta a izquierda hacia los dos vestíbulos consagrados a las obras contemporáneas de la escuela de Roubaix, o a derecha, hacia el café, la tienda o el jardín.

schneider + schumacher

Memorial "Soviet Special Camp Nr.7/Nr.1. in Sachsenhausen"

Sachsenhausen, Germany   Photographs: Jörg Hempel

There can be no question of creating a dominant architectural structure that celebrates its own aesthetic in an area such as this former concentration camp, which is so heavily encumbered with the burden of history. The deceptive banality of the camp wall, which seems low by today's standards, the watchtowers with their strangely out-of-place half-timbering, and the simple masonry of the barracks could hardly contrast more strongly with the harrowing history of this place.

The key task thus entailed defining the fine line between developing a building solely to document the camp's post-1945 function, while at the same time maintaining a sense of its asymmetrical balance in relation to the concentration camp's history.

The building attempts to avoid conventional architectural elements and vocabulary. It is reserved without disappearing entirely.

The learning center, demonstration and seminar rooms (they can be combined) and all additional rooms are located behind the entrance wall and opposite the exhibition, separated by a translucent wall which can be used for exhibits. This room division makes it possible to operate the seminar area from the exhibition room.

The exhibition takes place in a system of glass cases, separated from the outer wall. The surface of the glass cases is at the same level as the entrance, leaving the view into the exhibition room free.

The walls are composed of seamless concrete molds with core insulation. Outer walls are smoothly molded, fitted with aggregates and then water-proofed in order to attain the desired degree of reflection. The surface of the inner shell has a raw appearance resulting from an acid treatment. Steel girders for the roof construction are spaced apart and positioned as high as possible.

En un lugar como este antiguo campo de concentración, tan lastrado por su pasado, no era cuestión de levantar una arquitectura imponente y ensalzadora de su propia estética. La engañosa futilidad del muro, aparentemente muy bajo para unos ojos actuales, las torres de vigilancia, con su peculiar estructura parcialmente de madera, como fuera de lugar, y la sobria construcción de ladrillo de las barracas difícilmente podrían contrastar de forma más dramática con el funesto pasado del lugar.

Por ello, la tarea básica del proyecto consistía en dibujar la estrecha línea existente entre desarrollar un edificio con el único objetivo de documentar la función del campo tras el año 1945 y mantener, a la vez, una sensación de equilibrio asimétrico en relación con la historia del campo de concentración.

El edificio pretende evitar el empleo de vocabulario y elementos arquitectónicos convencionales; es discreto sin esfumarse por completo.

El centro conmemorativo, las salas de demostraciones y seminarios (ambas pueden integrarse) y todas las salas adicionales están situadas por detrás del muro de entrada y enfrente del área de exposiciones, separada por una pared translúcida que puede ser utilizada durante las mismas. Gracias a esta división de las salas, el área de seminarios puede dirigirse desde la misma sala de exposiciones.

La exposición transcurre a lo largo de una serie de cajas acristaladas separadas del muro exterior. Estas cajas de cristal están al mismo nivel que la entrada, permitiendo así la visión de la sala de exposiciones desde la misma.

Las paredes están compuestas por molduras de hormigón sin costuras, con aislamiento térmico. Para conseguir que los muros exteriores alcanzaran el grado de reflexión deseado, se moldearon suavemente, se trataron con árido y finalmente se impermeabilizaron. La superficie de la estructura interior tiene un aspecto rugoso debido al tratamiento con ácido. Las vigas maestras para la estructura de la cubierta se dispusieron tan separadas y elevadas como fue posible.

Aside from the entrance, the building has only two other apertures piercing its homogeneous outer wall. The window glazing lies flush with the shiny concrete exterior and allows views of the stone barracks and cemetery through narrow slits. The floor is sunk 98cm below ground level, and thus accommodates the proportions of the camp wall and the stone barracks.

Aparte de la entrada, el edificio sólo presenta dos aberturas en su homogéneo muro exterior. Las ventanas vidriadas quedan alineadas con el hormigón exterior, brillante, y proporcionan, a través de estrechas ranuras, vistas de las barracas de piedra y del cementerio. El pavimento está hundido 98cm por debajo del nivel del suelo, adaptándose así a las proporciones del muro y de las barracas de piedra del campo de concentración.

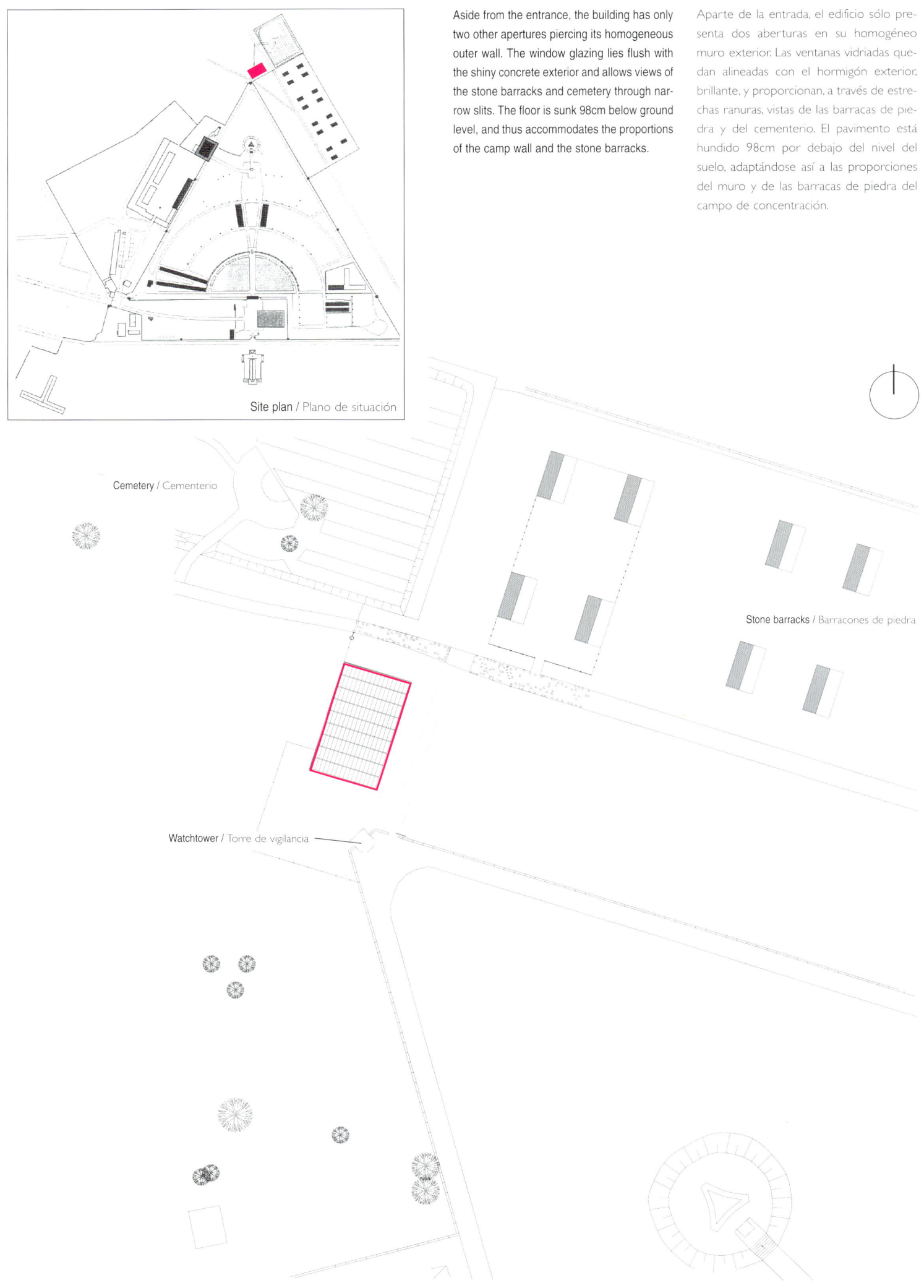

Site plan / Plano de situación

Cemetery / Cementerio

Stone barracks / Barracones de piedra

Watchtower / Torre de vigilancia

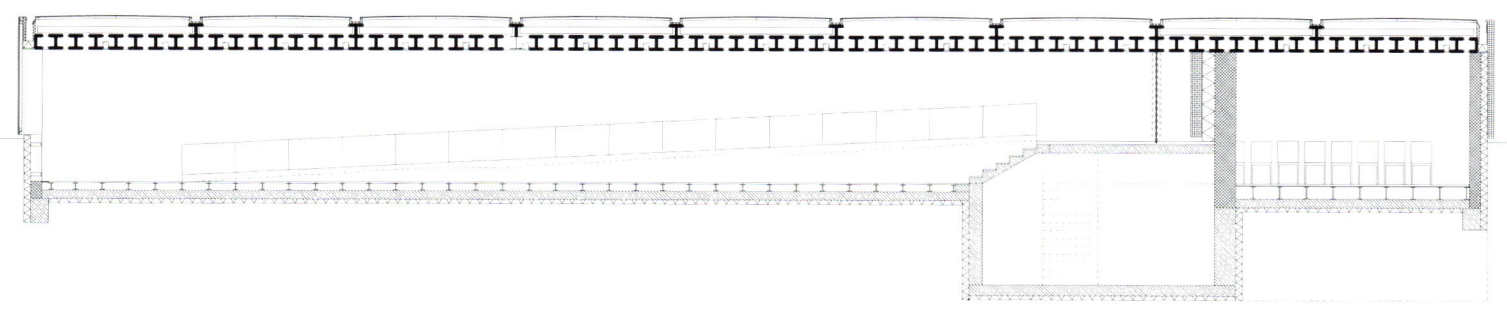
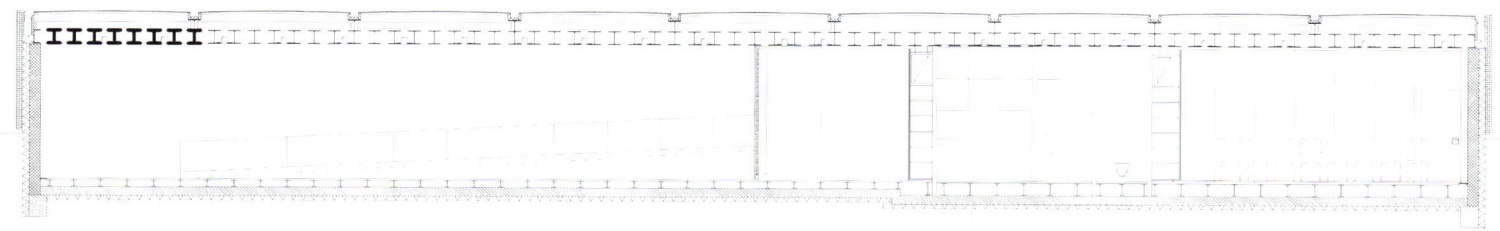

Sections / Secciones

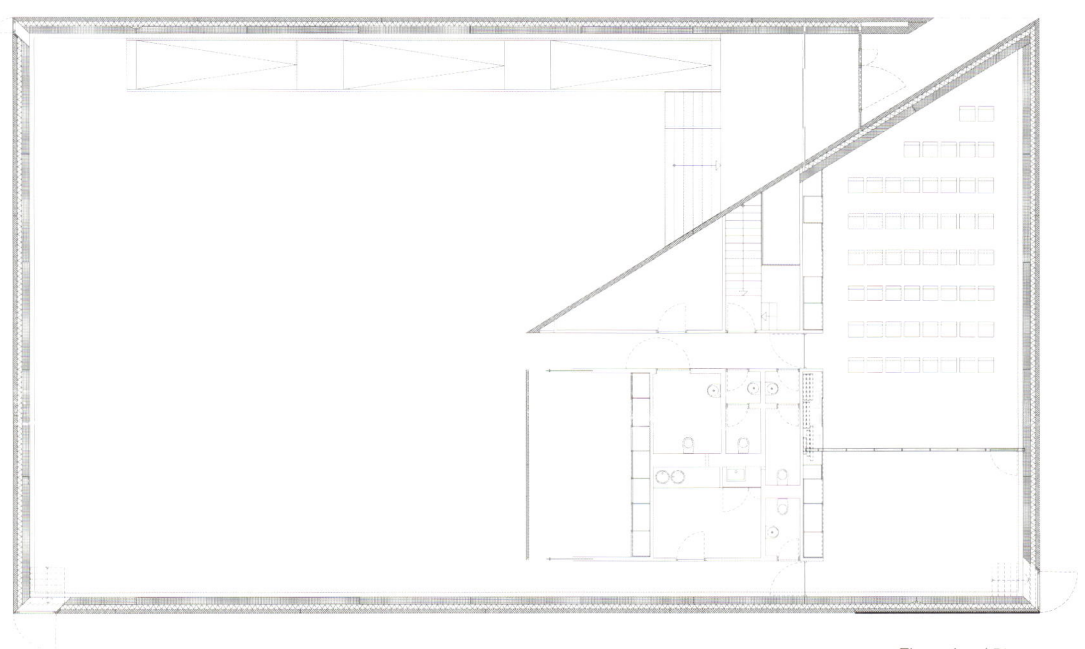

Floor plan / Planta

Slightly curved, UV-protective glass lies on the steel girders and is used to produce diffused roof lighting. All the inner walls are made of either light-weight construction or glass. The doors and walls in the entrance are constructed of steel and glass; untreated, double concrete slabs are used for the floor.

Sobre las vigas maestras de acero se han dispuesto unos cristales ligeramente abombados que filtran la luz ultravioleta, obteniendo una iluminación difusa del interior desde la cubierta. Todas las paredes interiores están compuestas por elementos de construcción ligeros o por vidrio. Las puertas y paredes de la entrada están construidas en acero y vidrio, y el suelo está constituido por losas de doble hormigón en bruto.

Construction detail / Detalle constructivo

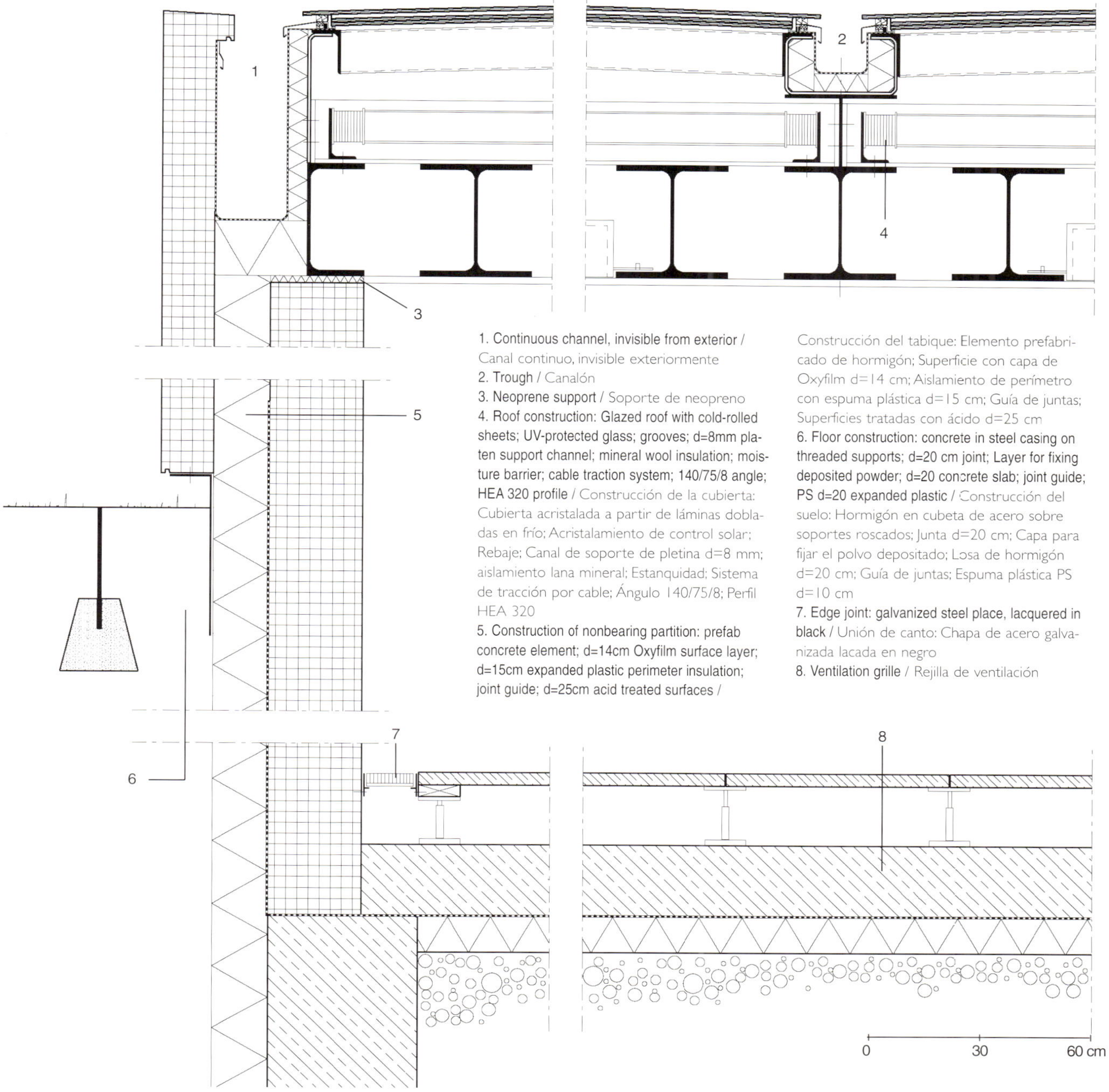

1. Continuous channel, invisible from exterior / Canal continuo, invisible exteriormente
2. Trough / Canalón
3. Neoprene support / Soporte de neopreno
4. Roof construction: Glazed roof with cold-rolled sheets; UV-protected glass; grooves; d=8mm platen support channel; mineral wool insulation; moisture barrier; cable traction system; 140/75/8 angle; HEA 320 profile / Construcción de la cubierta: Cubierta acristalada a partir de láminas dobladas en frío; Acristalamiento de control solar; Rebaje; Canal de soporte de pletina d=8 mm; aislamiento lana mineral; Estanquidad; Sistema de tracción por cable; Ángulo 140/75/8; Perfil HEA 320
5. Construction of nonbearing partition: prefab concrete element; d=14cm Oxyfilm surface layer; d=15cm expanded plastic perimeter insulation; joint guide; d=25cm acid treated surfaces / Construcción del tabique: Elemento prefabricado de hormigón; Superficie con capa de Oxyfilm d=14 cm; Aislamiento de perímetro con espuma plástica d=15 cm; Guía de juntas; Superficies tratadas con ácido d=25 cm
6. Floor construction: concrete in steel casing on threaded supports; d=20 cm joint; Layer for fixing deposited powder; d=20 concrete slab; joint guide; PS d=20 expanded plastic / Construcción del suelo: Hormigón en cubeta de acero sobre soportes roscados; Junta d=20 cm; Capa para fijar el polvo depositado; Losa de hormigón d=20 cm; Guía de juntas; Espuma plástica PS d=10 cm
7. Edge joint: galvanized steel place, lacquered in black / Unión de canto: Chapa de acero galvanizada lacada en negro
8. Ventilation grille / Rejilla de ventilación

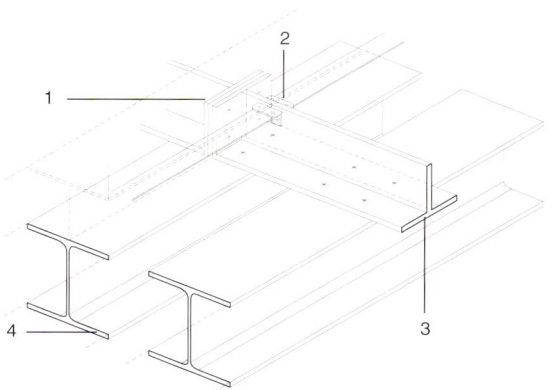

Construction detail / Detalle constructivo

1. Pulley cable / Cable de polea de cambio
2. T H=180; B=220; t=20 profile / Perfil T H=180; B=220; t=20
3. HEA 320 profile / Perfil HEA 320
4. Cap plate / Placa de cabecera

Paulo Mendes Da Rocha
Pinacoteca do Estado

São Paulo, Brazil Photographs: Nelson Kon

Although this late 19th century building, which was meant to house the Arts and Trades Lyceum, was never completed, it was kept in solid condition, with no cracks or foundational problems. Its underlying structure was also intact, although the delicate ornamental profiles sculpted from clay brick were highly deteriorated.

The project's primary goal was the technical adaptation of the building for housing the Pinacoteca do Estado (National Art Gallery). Its identity was defined by the urban location, its interior spaces and the potential public, as well as by the idea of expanding the property and the reception hall for temporary exhibits.

The program set out to solve the building's inherent problems: moisture, which was downgrading the thick walls; the complicated distribution of the exhibit areas scattered across several rooms and structured on the basis of interior voids formed by a central, octagonal rotunda and two rectangular side courtyards.

The interior window frames were set back from the facade, thereby keeping the gaps open and generating high transparency, while highlighting the thick load-bearing brick walls.

The original construction was respected and the imprints of the old scaffolding, construction work and previous uses were conserved. The exterior facades were preserved by the cleaning and neutralizing of accumulated harmful deposits. The countless meandering paths of aged sculpted brick ornaments were kept intact, while chemically protecting them to conserve their color and texture.

As the primary material used in the renovation, steel has been used on the raised walkways, elevators and new stairways, in the structures of the new floors and roofs and in the windows and false ceilings. Such use is justified by the adaptation of local working conditions, by its relative lightness and the desire to establish thought-provoking dialogue with the original structure – between the new and the old.

Collaborators: Eduardo Colonelli, Welinton Torres

El edificio, construido a finales del siglo XIX para acoger el Liceo de Artes y Oficios, nunca llegó a concluirse. Sin embargo, la construcción se conservó sólida, sin grietas ni problemas en la cimentación. La estructura principal también permaneció intacta, pero los delicados perfiles de los ornamentos, esculpidos en los ladrillos de barro, estaban muy deteriorados.

El objetivo primordial de la obra fue la adaptación técnica y funcional del edificio para recibir la Pinacoteca del Estado, cuyo perfil estaba delineado por la localización urbanística, los espacios internos, el público potencial y por la idea de ampliación del acervo y la recepción de las exposiciones temporales.

El proyecto pretendía solucionar los problemas inherentes del edificio: la humedad que degradaba los gruesos muros; la complicada distribución de las áreas de exposición repartidas por las múltiples salas y estructurada a partir de dos vacíos internos conformados por una rotonda central de forma octogonal y dos patios laterales rectangulares. Los marcos de las ventanas internas se retiraron manteniendo así los vanos abiertos, generando una gran transparencia y destacando las gruesas paredes autoportantes de construcción en ladrillo.

La construcción original fue respetada y se conservaron las marcas de los antiguos andamios, de las obras y de las ocupaciones anteriores. Las fachadas externas fueron preservadas al limpiar y neutralizar los agentes agresivos acumulados por la polución. También se mantuvieron los incontables meandros de los ornamentos esculpidos en los ladrillos, muy desgastados, y se protegieron con productos químicos, conservando así su color y textura.

El acero fue el principal material constructivo adoptado. Está presente en las pasarelas, los ascensores, las nuevas escaleras, en las estructuras de los nuevos suelos y cubiertas, en las ventanas y en los falsos techos. El uso del acero está justificado por la adecuación a las condiciones locales de ejecución, por su ligereza y por establecer un diálogo interesante y deseable con la construcción original, entre lo nuevo y lo antiguo.

Colaboradores: Eduardo Colonelli, Welinton Torres

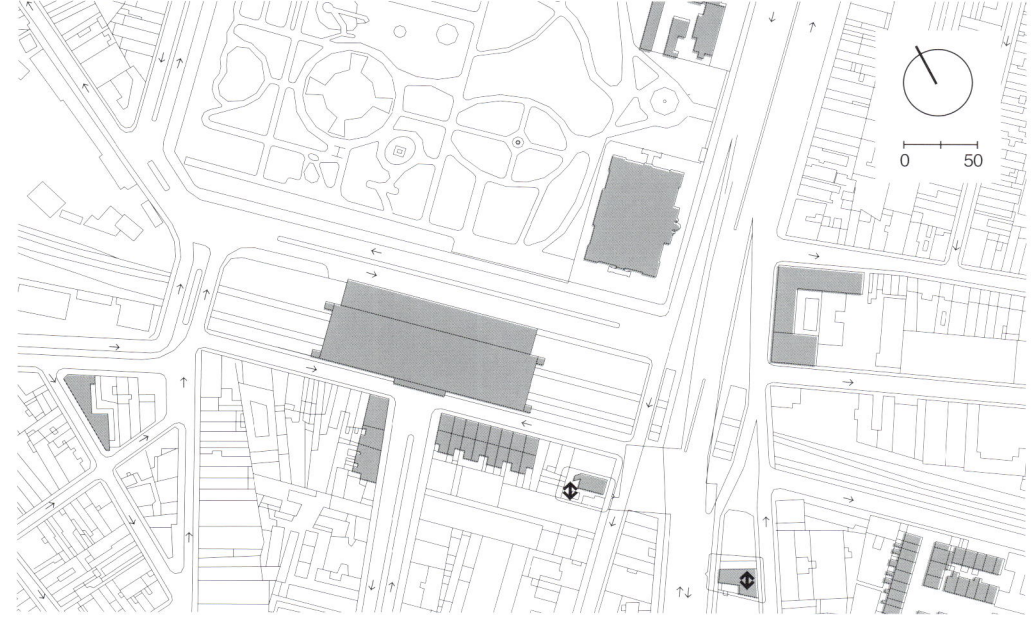

Its urban location and the creation of new circulation routes along the building's longitudinal axis meant that the museum entrance could be placed in front of the Plaza de Luz, on the south face. This altered the relationship of the building to the city and called attention to the terraces as welcoming havens.

La situación urbanística y la localización de la nueva circulación por el eje longitudinal del edificio, al entrelazar las dos terrazas laterales, posibilitaron que la entrada al museo se hiciera frente a la Plaza de Luz, en la cara sur. Esto cambió la relación del edificio con la ciudad, resaltando la utilidad de las terrazas como espacios de acogida.

Site plan / Plano de situación

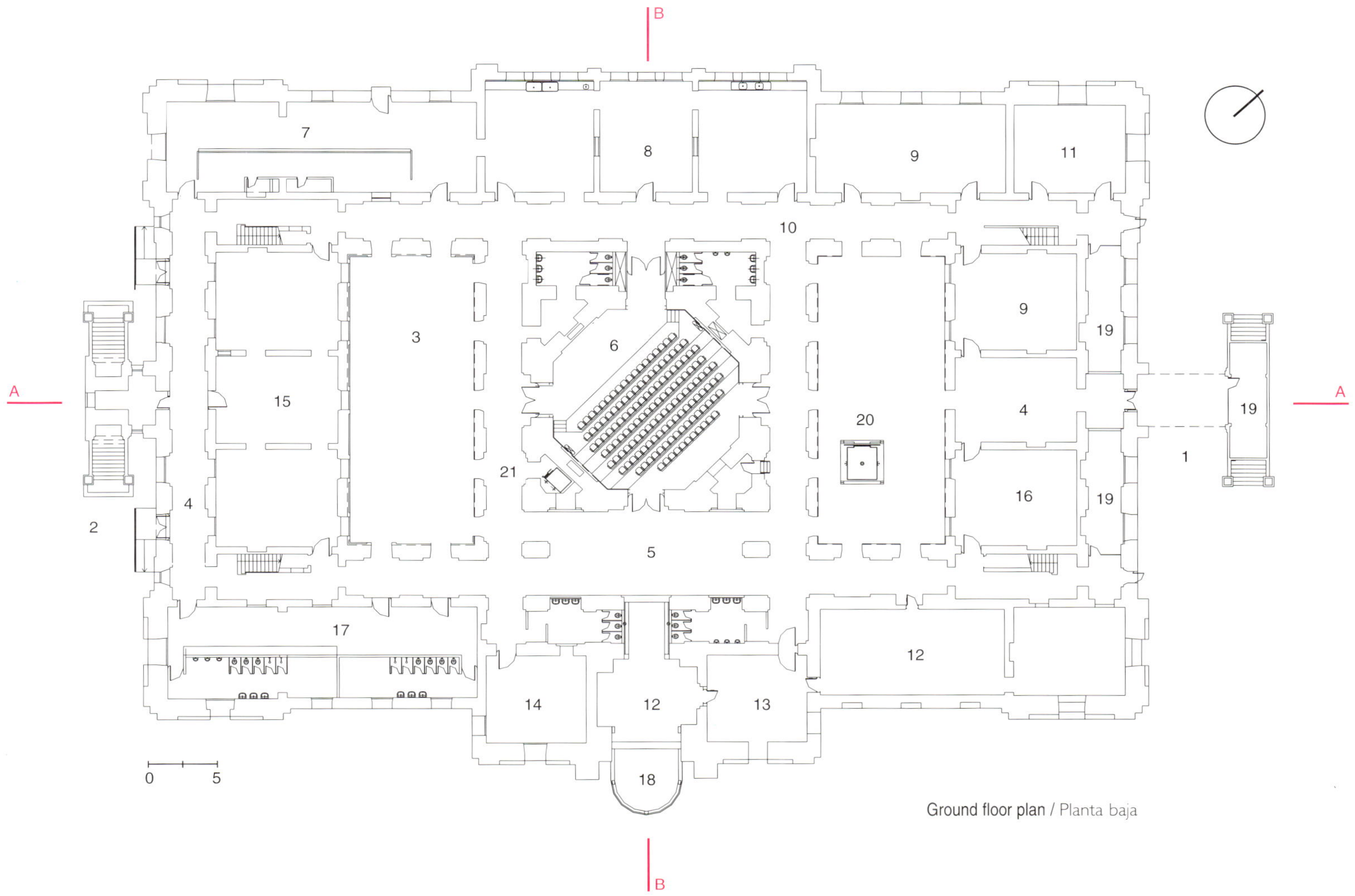

Ground floor plan / Planta baja

1. Services entrance / Acceso a servicios
2. Public entrance / Acceso público
3. Courtyard / Patio
4. Porter's office / Portería
5. Foyer / Vestíbulo
6. Auditorium / Auditorio
7. Restaurant / Restaurante
8. Restoration lab / Laboratio de restauración
9. Montage / Montaje
10. Gallery / Galería
11. Carpenter's shop / Carpintería
12. Artwork storage / Depósito de obras de arte
13. Artwork restoration / Restauración de obras de arte
14. Offices / Oficinas
15. Library / Biblioteca
16. Temporary exhibit space / Sala de exposiciones temporales
17. Staff dressing rooms / Vestuario del personal
18. Machine room / Sala de máquinas
19. Storage / Almacén
20. Elevator / Ascensor

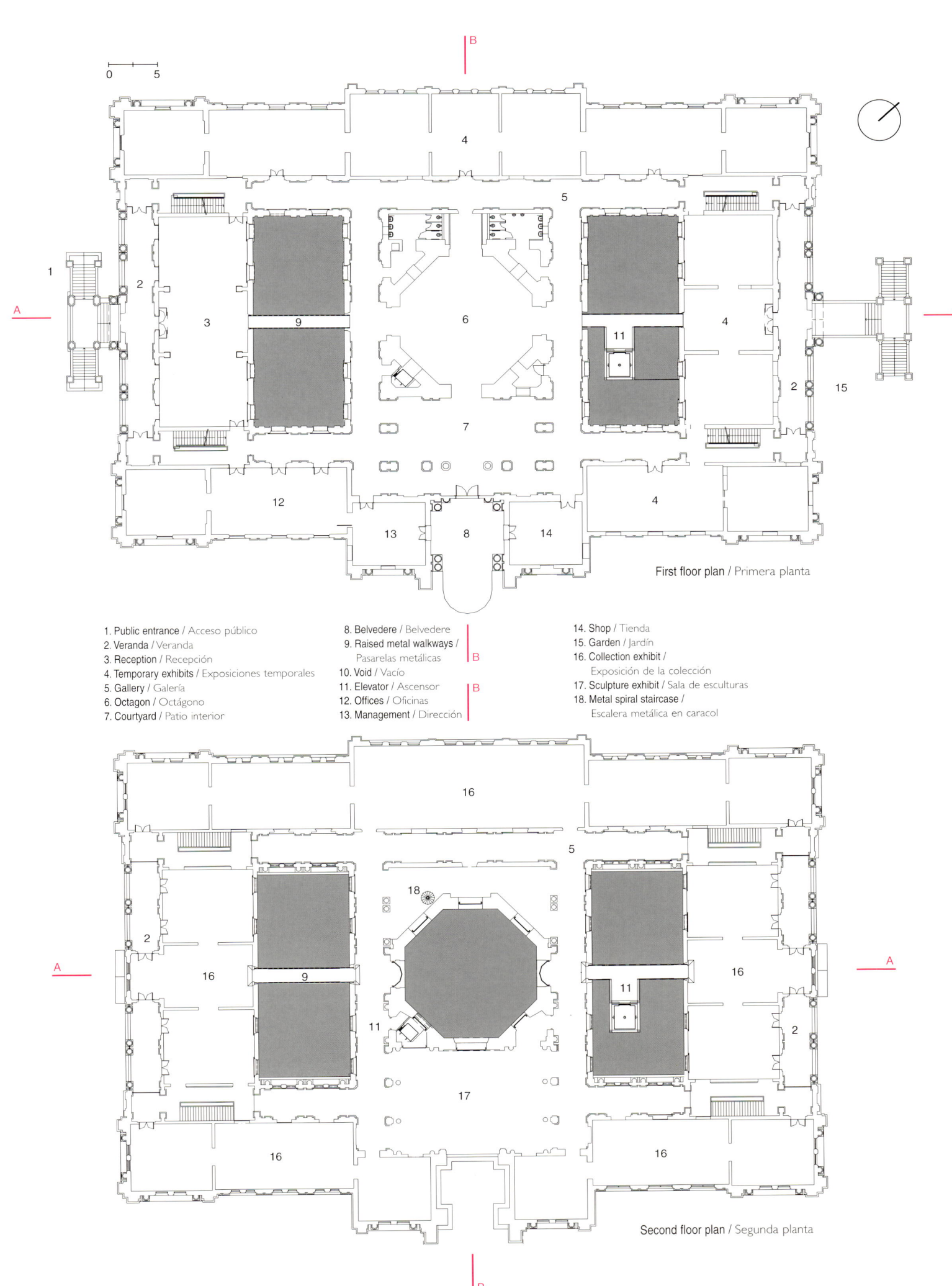

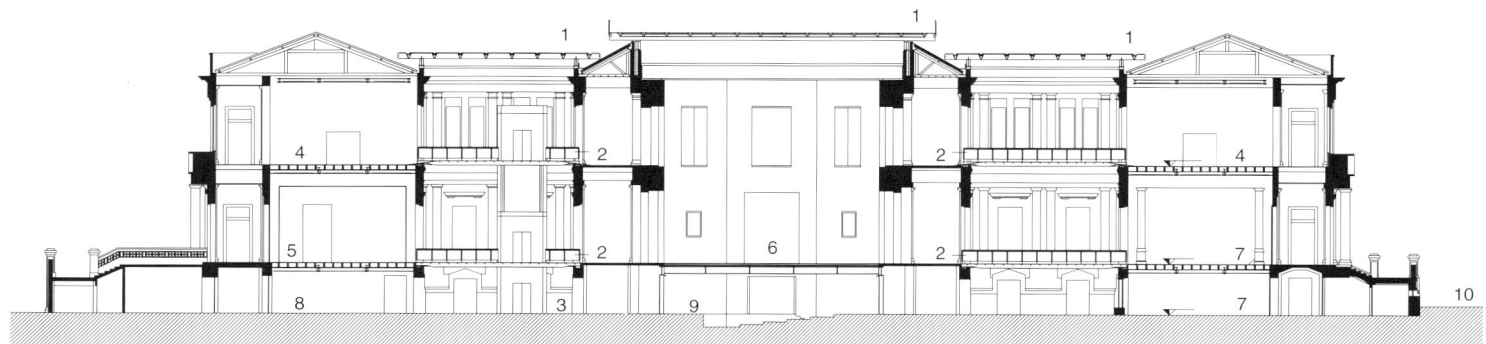

Section AA / Sección AA

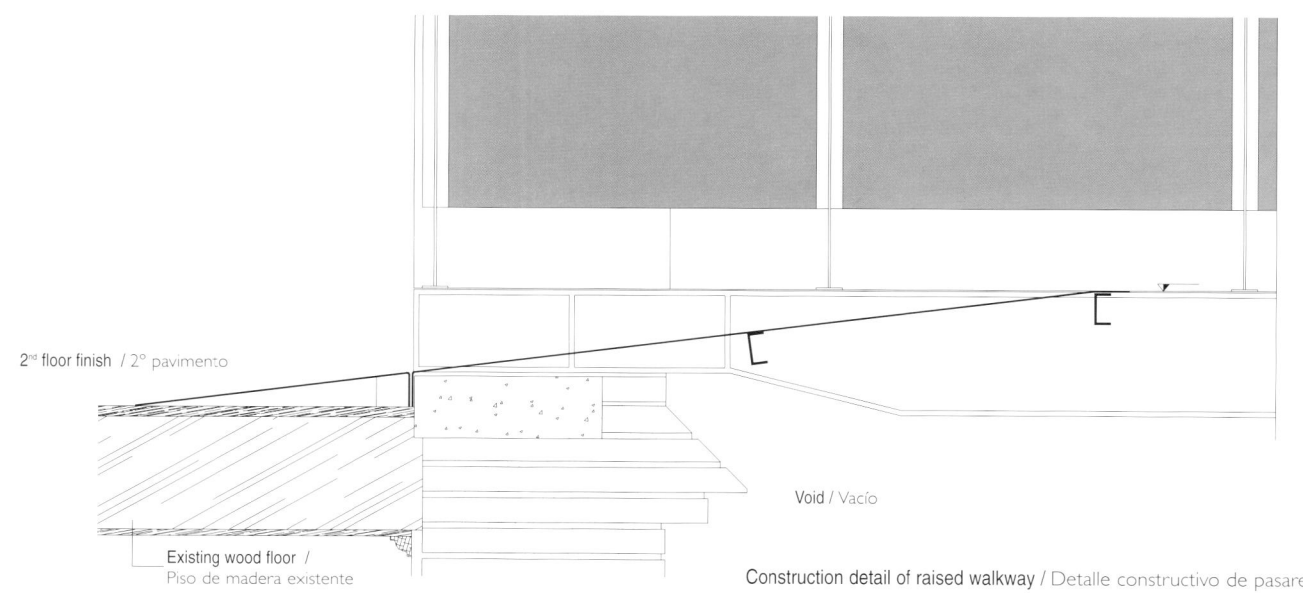

2ⁿᵈ floor finish / 2° pavimento

Existing wood floor / Piso de madera existente

Void / Vacío

Construction detail of raised walkway / Detalle constructivo de pasarela

1. Skylight / Claraboya
2. Raised metal walkway / Pasarelas metálicas
3. Elevator shaft / Torre del ascensor
4. Collection exhibit / Exposición de la colección
5. Temporary exhibits / Exposiciones temporales
6. Octagon / Octágono
7. Reception / Recepción
8. Porter's office / Portería
9. Auditorium / Auditorio
10. Public entrance / Acceso público
11. Machine room-Water depositories / Sala de máquinas-Depósitos de agua
12. Belvedere / Belvedere
13. Restoration lab / Laboratorio de restauración

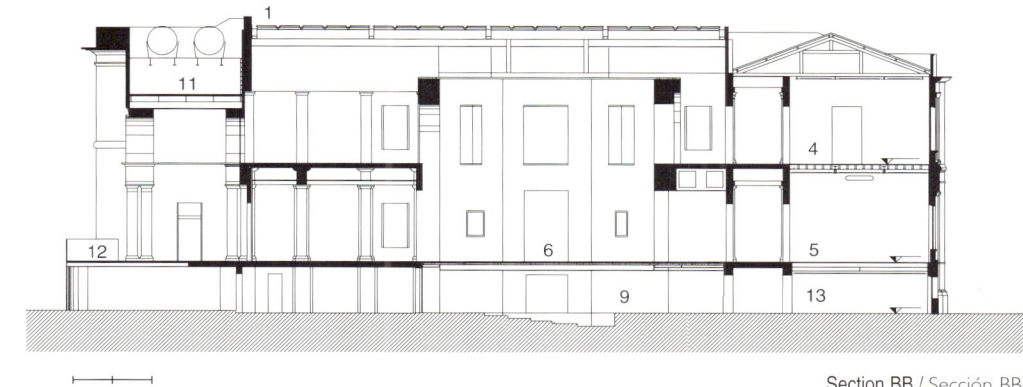

Section BB / Sección BB

Flat skylights of steel profiles and glass laminate cover the interior voids, keeping rainwater out and ensuring the reproduction of the original lighting and ventilating conditions.

Los vacíos internos se han cubierto con claraboyas planas, construidas con perfiles de acero y vidrios laminados. Esto ha prevenido la entrada de la lluvia y garantiza la reproducción de las condiciones originales de iluminación y ventilación.

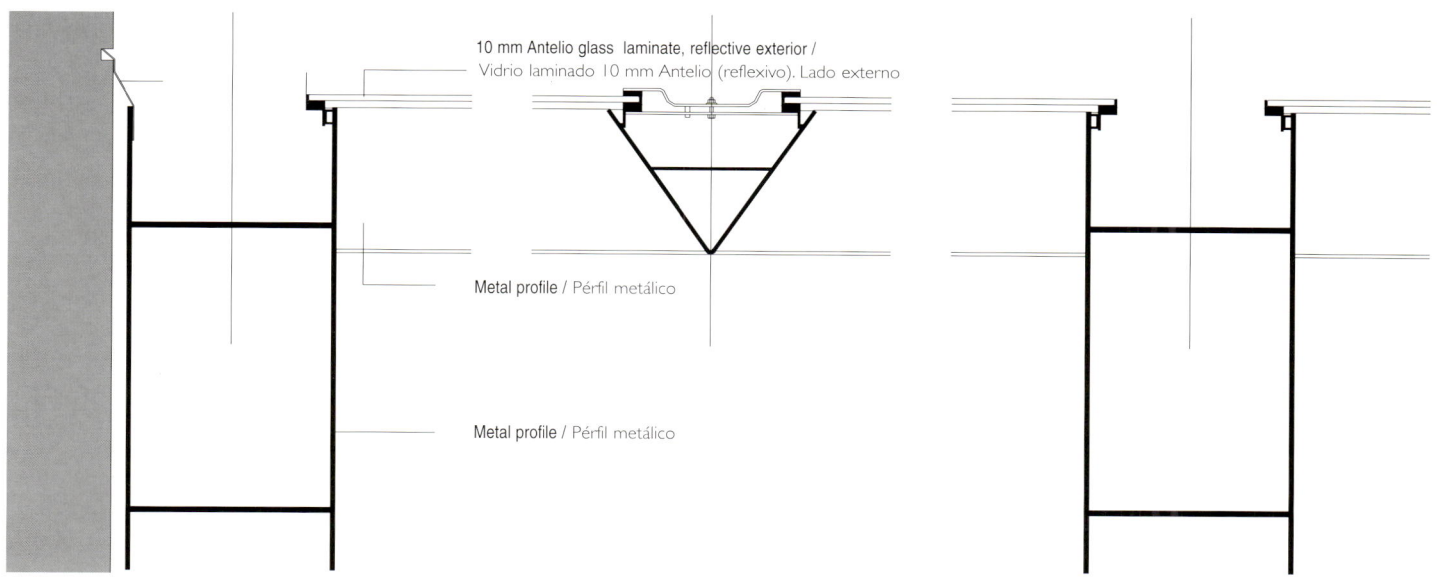

Construction detail of skylight / Detalle constructivo de claraboya